工业和信息化部“十四五”规划教材

航空航天领域智能制造丛书

智能制造系统及关键使能技术

（第二版）

唐敦兵　朱海华　张泽群　编著

科学出版社

北　京

内 容 简 介

随着社会生产力和科学技术的发展，产品需求逐渐多样化和个性化，对产品制造的智能化提出了更高要求。本书结合物联网、通信技术、人工智能等新一代信息技术，探讨智能制造系统的构建与应用。本书主要内容包括：首先，分析制造业的机遇与挑战，帮助学生理解市场需求变化对制造业的影响，培养使命感；其次，叙述智能制造系统的演进过程及其新发展，以及对下一代制造业发展的启示，鼓励学生借势而进；然后，介绍智能制造系统的关键技术，激发学生创新思维；最后，讲解智能制造系统的集成技术，包括多智能体、云制造和数字孪生，鼓励科研创新。

本书可作为普通高等教育相关专业本科生和研究生的教材，也可供科研技术人员参考使用。

图书在版编目（CIP）数据

智能制造系统及关键使能技术 / 唐敦兵, 朱海华, 张泽群编著. -- 2版. 北京 ：科学出版社, 2024. 12. -- (工业和信息化部“十四五”规划教材) (航空航天领域智能制造丛书). -- ISBN 978-7-03-080400-6

Ⅰ. TH166

中国国家版本馆 CIP 数据核字第 20242ZV324 号

责任编辑：邓　静 / 责任校对：王　瑞
责任印制：师艳茹 / 封面设计：马晓敏

科学出版社出版
北京东黄城根北街 16 号
邮政编码：100717
http://www.sciencep.com

北京华宇信诺印刷有限公司印刷
科学出版社发行　各地新华书店经销
*
2022 年 3 月第　一　版　开本：787×1092　1/16
2024 年 12 月第　二　版　印张：12 1/2
2024 年 12 月第五次印刷　字数：320 000

定价：59.00 元

丛 书 序

当今世界百年未有之大变局加速演进，国际环境错综复杂，全球产业链与供应链面临系统重塑。制造业是实体经济的重要基础，我国正在坚定不移地建设制造强国。2020 年 6 月，习近平总书记主持召开中央全面深化改革委员会第十四次会议，会议强调加快推进新一代信息技术和制造业融合发展，要顺应新一轮科技革命和产业变革趋势，以供给侧结构性改革为主线，以智能制造为主攻方向，加快工业互联网创新发展，加快制造业生产方式和企业形态根本性变革，夯实融合发展的基础支撑，健全法律法规，提升制造业数字化、网络化、智能化发展水平。

智能制造是实现我国制造业由大变强的核心技术和主线，发展高质量制造更需要优先推进制造业数字化、网络化、智能化制造。智能制造就是将数字化设计、制造工艺、数字化装备等制造技术、软件、管理技术、智能及信息技术等集成创新与融合发展。智能产品与智能装备具有信息感知、优化决策、执行控制等功能，能更高效、优质、清洁、安全地制造产品、服务用户。数字制造、智能制造、工业互联网变革制造业发展模式，代表制造业的未来。变革制造模式，推动生产资料与生产工具协同，实现网络化制造；变革管理模式，推动异地管理与远程服务融合，实现数字化管理；变革生产方式，推动数字世界与机器世界融合，实现智能化生产。通过发展智能制造，人、机、物全面互联互通，数据驱动，高度智能，从订单管理到设计、生产、销售、原辅材料采购与服务，可实现产品全流程、全生命周期的数字化、智能化、网络化。不仅可以用数字化智能化技术与装备促进传统制造业转型升级，而且可以用数字化智能化技术促进产业基础高级化、产业链现代化。涌现出离散型智能制造、流程型智能制造、网络协同制造、大规模个性化定制、远程运维服务等制造业新模式新业态。更好适应差异化更大的定制化服务、更小的生产批量和不可预知的供应链变更，应对制造复杂系统的不确定性，实现数据驱动从规模化生产到定制化生产，推动更高质量、更高效率、更高价值的制造。

要发展智能制造，就需要加大智能制造相关理论方法、工艺技术与系统装备创新研发，就需要加快培养智能制造领域高水平人才。智能制造工程技术人员主要来自于机械、计算机、仪器仪表、电子信息、自动化等专业领域从业人员，未来需要大量从事智能制造的专门人才。航空航天是关系国家安全和战略发展的高技术产业，是知识密集型、技术密集型、综合性强、多学科集成的产业，也是引领国家技术创新的主战场。与一般机械制造相比，航空航天装备服役环境特殊，产品结构和工艺过程复杂，配套零件种类、数量众多，生产制造过程协同关系繁杂，同时质量控制严格和可靠性要求高，普遍具有多品种变批量特点，这些都为航空航天实现智能制造带来了诸多挑战。为更好实现航空航天领域的数字化智能化发展，推动我国航空航天领域智能制造理论体系建设和人才培养，我们以南京航空航天大学在航空航天制造领域的数字化智能化科研创新成果及特色优势为基础，依托工业和信息化部“十四五”规划航空航天领域智能制造教材建设重点研究基地，从智能制造基本内涵和基本范式出发，面向航空航天领域的重大工程需求，规划编纂了航空航天领域智能制造系列教材，包括智能设计、智能成形、智能加工、智能装配、智能检测、智能系统、应用实践等。这套丛书汇聚了长期活跃在航空航天领域教学科研一线的专家学者，在翔实的研究实践基础上凝练出切实可行的理论方法、典型案例，具有较强的原创性、学术前瞻性与工程实践性。本套丛书主要面向航空航天领域智能制造相关专业的本科生和研究生，亦可作为从事智能制造领域的工程技术人员的参考书目。由衷希望广大读者多提宝贵意见和建议，以便不断完善丛书内容。

航空航天智能制造发展对高水平创新人才提出新需求，衷心希望这套丛书能够更好地赋能教育教学、科研创新和工程实践，更好地赋能高水平人才培养和高水平科技自立自强。让我们携起手来，努力为科技强国、人才强国、制造强国、网络强国建设贡献更多的智慧和力量。

最后，谨向为这套丛书的出版给予关心支持、指导帮助与付出辛勤劳动的各位领导、专家学者表示衷心的感谢。

单忠德

中国工程院院士

2022年6月

前　言

制造业是立国之本、兴国之器、强国之基，党的二十大报告提出“推动制造业高端化、智能化、绿色化发展”。制造业的兴衰直接关系到我国竞争力和国家安全，受经济全球化和市场多元化影响，社会和用户对于产品的需求愈发趋于多样化、个性化和动态化，造成产品种类不断增加，生产批量不断缩小，需求响应周期越来越短，迫使制造企业智能化转型升级。在这种趋势下，越来越多的制造企业开始意识到垂直集中式的生产调控模式已经无法适应当前用户主导、灵活多变的市场变化与需求。多品种并小批量、订单随机到达、参数需求个性化，以及制造车间资源异常、物流冲突、工艺不稳定等未知随机因素使得制造系统的控制变得愈发复杂。因此，如何快速高效响应动态多变的生产需要，灵活组织与重构制造车间资源已经成为当前制造企业提升市场竞争力的关键问题。

智能制造作为国家战略发展目标之一，在《中国制造 2025》和《二〇三五年远景目标》中被明确提出。本书围绕智能制造系统，探讨先进制造技术与新一代信息技术的深度融合，通过分析制造模式的变革和制造系统的演变过程，介绍智能制造系统的理念、框架、建模方法以及关键使能技术，最终聚焦于智能制造系统的应用服务。在关键技术方面，详细阐述了大数据、云计算、物联网、人工智能等使能技术；在理论方法方面，详细介绍了智能制造系统中的智能单元结构模型设计、多智能体组织架构与协商方式、异构设备适配技术、信息交互技术、智能物流调度技术与可视化监控技术。通过设计实验算例，对相关理论与方法进行验证，以便读者深入理解智能制造系统。

本书内容特色主要有：①系统归纳和分析当前智能制造系统的特点及关键使能技术，全面介绍其技术体系；②总结制造企业在当前社会背景下面临的困境及出路，详细讲解智能制造系统及其关键使能技术的实施效果，为制造业提供理论指导和方法支持；③结合实际案例分析智能制造技术及其使能技术的应用效果，理论与实际相结合，促进创新能力和实践能力的培养。

本书由南京航空航天大学唐敦兵、朱海华、张泽群编著。感谢江苏高校“青蓝工程”的资助。

作者水平有限，书中难免有不妥之处，敬请广大读者指正。

作　者

2024 年 3 月

前言

目 录

第 1 章　智能制造系统概述

一般认为智能是知识和智力的总和，前者是智能的基础，后者是指获取和运用知识求解的能力。智能制造包含智能制造技术和智能制造系统两层含义，智能制造技术是支撑制造系统智能化运行的关键，而智能制造系统不仅能够在实践中不断地充实知识库，具有自学习功能，还有搜集与理解环境信息和自身信息，并进行分析判断和规划自身行为的能力。所以，智能制造系统是一种整合了先进技术和自动化流程的制造系统，旨在提高生产效率、质量和灵活性，这种系统利用先进的信息技术，如人工智能、大数据分析、机器学习、物联网、自动化控制和机器人技术等，来优化制造流程和提高生产效率。智能制造的目的是将新一代的信息技术、物联网技术、人工智能技术与制造技术相结合，进而改变传统的制造系统管理模式，以适应复杂多变的市场变化和多品种、小批量的用户需求，进而提升制造系统的生产效率，更好地应对日益激烈的市场变化。

1.1　制造与制造业

制造是制造业的核心活动。制造指的是将原材料或零部件通过一系列加工、组装等工艺转变成成品的过程，涉及机械加工、装配、调试等环节。而制造业则是指以制造为主要活动的产业领域，涵盖了从生产设备制造到最终产品制造的各个环节。制造业是经济的重要组成部分，对于国家的经济发展和工业化进程起着重要作用。

狭义制造：是指使原材料(农产品和采掘业的产品)在物理性质和化学性质上发生变化而转化为产品的过程。传统上把制造理解为产品的机械工艺过程或机械加工与装配过程。

广义制造：是指一个涉及制造工业中产品设计、物料选择、生产计划、生产过程、质量保证、经营管理、市场销售和服务的一系列相关活动和工作的总称。

制造业：是指对制造资源(物料、能源、设备、工具、资金、技术、信息和人力等)，按照市场要求，通过制造过程，转化为可供人们使用和利用的大型工具、工业品与生活消费产品的行业。

制造业在整个经济体系中具有重要地位，它不仅提供就业机会，促进经济增长，还推动了科技进步和社会发展。制造业的发展水平往往也是一个国家工业化程度的重要标志之一。另外，制造业的发展也离不开制造技术、工程和管理等方面的支持。制造技术的进步可以提高生产效率，降低生产成本，提高产品质量；而有效的工程和管理则可以使生产过程更加高效、灵活和可持续。

因此，制造和制造业之间的关系是相互促进的，制造业的发展需要先进的制造技术和管理经验的支持，而制造技术和管理经验的不断进步也为制造业的发展提供了强大的动力。

中国制造业经历改革开放的四十余年，获得了迅速的发展，并且取得了举世瞩目的成就。当前，中国制造业的总产值已占世界总产值的三分之一以上，成为全球第一制造大国。然而，与发达国家相比，中国制造业整体上规模虽大但实力不强，存在一定的差距。近几年，全球整体经济环境的下滑，世界制造业中心的不断转移，加上中美贸易战愈演愈烈这一突发重大因素，对我国制造型企业的经营和发展造成了猛烈的负面冲击。如何应对当前新常态下的全球化市场竞争，已成为当前我国制造业首先要解决的问题。

一方面，从制造业的发展趋势来看，因为社会的生产力和科学技术的发展提升，同时由于信息时代互联网的普及，用户的需求也在不断发生变化，呈现出多样化和个性化的趋势及特点，这给传统的标准化批量生产方式带来了变革式的挑战。另一方面，挑战也往往伴随着机遇，目前我国制造业正在探索一条创新的制造道路。越来越多的企业借助网络与用户建立联系，通过建立网络应用和云平台将用户聚合在同一平台，用户在使用网络应用时，会生成大量数据，其中包含有价值的信息，企业借助这些数据对用户的行为和喜好进行大数据分析，可以准确预测市场，进而进行精准营销。借助互联网、信息分析、云计算等技术，企业建立的网络平台实现了用户与企业之间的对接，使得大规模的个性化定制成为可能。这种制造模式打破了传统制造的单渠道的企业-用户关系。

1.1.1 面向制造的系统

“系统”指的是由各种智能硬件、软件和算法组成的一个整体。这个系统可以自动化地进行生产流程、数据采集、信息处理、控制和决策等方面的任务。它也可以实时地监测和管理整个生产过程，并根据反馈信息进行自我优化和调整，以实现更高效、更可靠和更智能的生产目标。

制造系统是指将原材料或零部件经过一系列加工、装配、检验等环节，最终转化为成品的系统化组织。它包括各种设备、工具、人员、方法和管理控制系统，以及相关的信息流、物料流和能量流。制造系统的主要目标是实现高效率、高质量、低成本的生产过程，以满足市场需求。

1. 制造系统通常包括的内容

(1) 设备和工具：包括各种生产设备、工具和生产线，用于加工、装配和处理原材料和零部件。

(2) 人员：包括生产操作人员、维护人员、管理人员等，负责生产过程中的各项工作。

(3) 方法和工艺：包括生产过程中所采用的工艺流程、操作方法、质量控制方法等，确保产品符合质量标准。

(4) 管理控制系统：包括生产计划、进度控制、库存管理、质量管理等管理控制手段，以确保生产过程的顺利进行。

(5) 信息流：指生产过程中所涉及的信息传递和处理，包括生产计划、工艺参数、质量数据等信息。

(6) 物料流：指原材料、零部件和成品在生产过程中的流动和管理，确保生产过程的顺利进行。

(7) 能量流：指生产过程中所涉及的能源的供应和利用，包括电力、燃料等。

制造系统的设计和优化可以通过提高设备的利用率、优化生产计划、改进工艺流程等方式来实现，从而提高生产效率、降低成本、提高产品质量，以满足市场需求。

2. 制造系统生产控制的发展过程

随着工业技术的发展，制造系统的生产控制结构在不断地进步，制造资源的智能化水平也在不断地提高。依据制造现场数据利用的深度，以及制造系统管理的复杂性与智能化水平，当前制造系统生产控制的发展过程划分为四个阶段，即工业 1.0、工业 2.0、工业 3.0 和工业 4.0。

1) 工业 1.0：机器制造的兴起

工业 1.0 时代始于 18 世纪末的英国，这个时期的主要特征是机器制造的普及，人类社会从手工制造过渡到机械生产。这个时代的标志性技术是蒸汽机、纺织机和炼铁技术的发明，这些技术的出现使得生产效率得到了大幅提升，推动了工业生产的快速发展。

2) 工业 2.0：流水线生产与电气革命

工业 2.0 时代出现在 19 世纪中叶，这个时期的主要特征是流水线生产的普及和电气革命的推动。流水线生产的出现使得生产过程更加规范化、标准化，进一步提高了生产效率。同时，电气技术的广泛应用也使得能源问题得到了解决，为工业生产提供了更稳定、更高效的能源供应。

3) 工业 3.0：自动化与计算机技术

工业 3.0 时代始于 20 世纪中叶，这个时期的主要特征是自动化生产和计算机技术的普及。这个时代的技术标志包括计算机、数控机床、自动化生产线等，这些技术的出现使得生产过程更加智能化，大幅提高了生产效率和产品质量。

4) 工业 4.0：智能制造与物联网

工业 4.0 时代是当前我们正在经历的时期，这个时期的主要特征是智能制造和物联网技术的广泛应用。物联网技术使得设备之间能够相互连接、互相交流，实现生产过程的全面数字化。同时，人工智能、大数据等技术的出现也使得生产决策更加智能化，能够实时调整和优化生产过程。工业 4.0 已经超越了传统的生产流程范畴，成为一种全新的生产方式。

总体而言，四次工业革命使得制造业从传统的机械化生产转变为智能化、网络化的现代制造方式，极大地提升了生产效率和产品质量，推动了制造业的升级和转型。

1.1.2 智能制造与工业 4.0

智能制造和工业 4.0 是现代制造业发展中的两个关键概念，它们密切相关，但也有些许不同。

工业 4.0 的概念最早出现在德国，在 2013 年的汉诺威工业博览会上正式推出，其核心目的是提高德国工业的竞争力，在新一轮工业革命中占领先机。

1. 智能制造系统的特点

智能制造系统(intelligent manufacturing system，IMS)是一种由智能机器和人类相互协作构成的人机一体化制造系统。现代智能制造系统呈现出数字化、集成化、网络化和智能化的特征，其主要特点是：智能感知、实时分析与处理、自主决策和自适应控制的能力，如图 1-1 所示。智能制造系统的支撑技术有多智能体制造系统(multi-agent manufacturing system，MAMS)、合弄制造系统(Holonic manufacturing system，HMS)、人工智能(artificial intelligence，AI)等。

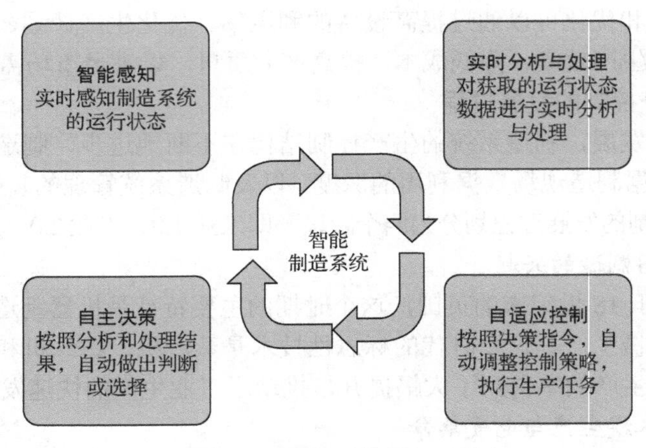

图 1-1 智能制造系统的主要特点

(1)MAMS：是由多个具有单独处理扰动能力的智能体构成的系统，一般采用分布式控制。智能体之间通过协商机制来进行通信协调，系统在制造网络内部发布加工任务信息(招标)，各智能体进行竞标。系统具有自治性、自主性，智能体通过相关协作完成加工任务或者处理各种扰动，优化全局性能目标。

(2)HMS：在生产过程中，每个 Holon 是系统中最小的组成个体，是一个独立自主的单元，整个系统就是由很多不同种类的 Holon 构成的。HMS 一般由产品 Holon、订单 Holon、资源 Holon 等三种基本 Holon 构成。Holon 具有自治性、协作性等特点，同时也接收上级的命令，可以可靠、快速地处理扰动，响应市场的需求，较好地利用资源。

(3)AI：主要研究人造的智能机器，通过系统整合，模拟人类活动的能力，主要包括：机器学习、知识获取、推理与决策、知识处理等方面。机器学习是人工智能的重要研究课题，主要有分析学习、遗传学习和归纳学习等。

可以看出，制造系统由原来能量驱动型向信息驱动型转变，不仅要具备柔性，还要智能，否则难以处理如此复杂而大量的信息。面对多变的市场需要和复杂的竞争环境，要求制造系统表现出更高的机动性、敏捷性和智能化，因此智能制造系统越来越成为学者重点关注的热点问题。

目前，随着互联网、大数据、人工智能等的迅猛发展，智能制造正加速向新一代智能制造迈进。虽然其内涵在不断地演进，但其追求的根本目标是固定不变的，而且从系统构成的角度看，智能制造系统始终都是由人、信息系统和物理系统三部分协同集成的人-信息-物理系统(human-cyber-physical systems，HCPS)。HCPS 既能揭示智能化的技术原理，又能形成智能化的技术架构。由此可以得出结论：智能制造的本质是在不同的情况下，在不同的层次上设计、构建和应用 HCPS。随着信息技术的进步，HCPS 的内涵和技术体系也在不断地演进。

智能制造是一个更全面的概念，涵盖了工业 4.0 所代表的技术和理念，并且更强调全方位的智能化、数字化、灵活性和可持续发展。工业 4.0 可以看作是智能制造的一个重要组成部分，同时智能制造也在不断演进和发展，探索更多新的技术和应用场景。

2. 个性化定制模式

在传统的大规模生产模式下，企业与用户之间的信息交互不足，企业内部的生产组织缺乏灵活性，这是企业依靠规模经济进行生产的主流模式。随着 Internet 平台的发展，企业可以与用户进行深度互动，广泛收集需求，并使用大数据分析来建立生产调度模型，以便他们可以依靠灵活的生产线为用户提供个性化的产品，同时保持规模经济性。图 1-2 显示了大规模生产模式与个性化定制模式的对比。

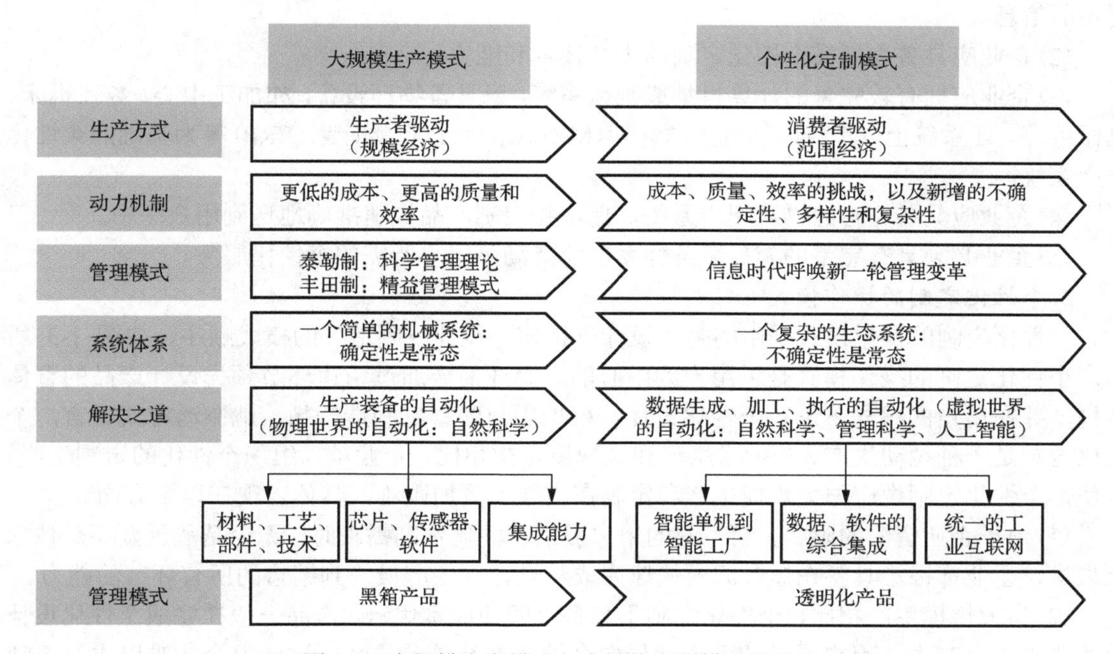

图 1-2　大规模生产模式与个性化定制模式的对比

当前，个性化定制正在成为制造业中的常态，国内外已有多家企业探索并实践个性化定制生产模式，表 1-1 给出了个性化定制的应用案例。

表 1-1　个性化定制的应用案例

代表企业	行业	创新成果
海尔(沈阳冰箱工厂)	家电	目前一条生产线可支持 500 多个型号的柔性大规模定制，生产节拍缩短到 10s 一台，是全球冰箱行业生产节拍最快、承接型号最广的工厂
阿迪达斯讯捷工厂	服装	按照用户需求选择配料和设计，并在机器人和人工辅助的共同协作下完成定制。工厂内的机器人、3D 打印机和针织机由计算机设计程序直接控制，这将减少生产不同产品时所需要的转换时间
红领集团	服装	建起了包含 20 多个子系统的平台数字化运营系统，其大数据处理系统已拥有超过 1000 万亿种设计组合，超过 100 万亿种款式组合
美克家居	家居	通过模块化产品设计、智能制造技术、智能物流技术、自动化技术、IT 技术应用，实现制造端制造体系的智能集成，从而支撑大规模定制商业模式的实现

1) 企业满足个性化定制模式的条件

尽管企业在个性化定制方面展示出了良好的市场前景，但是它们也面临着个性化定制带来的问题和挑战。个性化定制迫使企业需要根据用户的个性化需求来组织生产，这与传统的生产相对固定的大批量、单品种产品截然不同，这就给企业如何利用相关技术转变生产模式带来了困难。虽然面临着困难，但是在当前背景下，国内制造市场已经出现了适应用户的个性化需求的生产模式，正在应用于汽车、服装、电子及其他行业中。有效实施并长期运行个性化定制的生产模式，企业方面要满足以下条件。

(1) 企业应运用网络技术构建与用户交互的系统，该系统集成企业自身的制造资源信息及用户的信息。

(2) 企业应具备大规模个性化定制的生产技术和能力。

(3) 企业应拥有较完善的计算机集成制造系统，应具备物理设备，如加工中心、数控机床、机械手等。在系统上，具备以制造资源计划(MRPII)、企业资源计划(ERP)等为基础的柔性化生产系统。

(4) 企业应具备完善的物流配送系统，保证将定制产品快速准确地送到用户手中。

(5) 企业必须具有完整的售后服务体系，才能满足用户所需的个性化服务。

2) 个性化定制的操作模式

个性化定制的操作模式采用的是“设计→销售→设计→制造”的模式顺序，如图 1-3 所示。个性化定制的操作模式是以用户为中心的。企业需要通过销售环节预先设计产品的整体结构，并在用户的参与下进行个性化设计，根据用户的喜好制造产品。就驱动方式而言，个性化定制是一种拉动生产。与批量生产和大规模定制相比，企业难以组织个性化的定制生产。这使得个性化定制生产与大规模生产和定制在实现上更加困难，具体表现在以下方面。

(1) 由于企业资源的限制，当不同的用户提出个性化定制需求时，无论是从资金还是技术上来讲，企业都很难具备在短时间内快速完成从设计到生产最终到销售的所有环节的能力。

(2) 与大规模生产相比，个性化定制不具备时间和成本优势，产品一般在完成个性化设计后才能投入生产中。用户需求的多样性导致个性化产品的差异性，这使得企业难以进行连续生产，因此难以控制生产效率和成本。这就要求实施个性化定制的企业必须与其他企业紧密合作，进行网络化协同制造，企业间利用彼此的优势，通过分工协作来降低生产成本并提高生产效率。

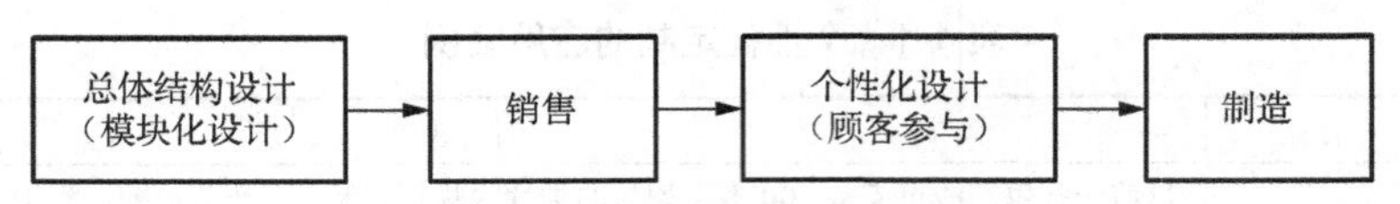

图 1-3　个性化定制的操作模式

目前，个性化定制已被国外公司广泛使用。实践表明，与大批量生产相比，个性化定制的生产模式是未来制造模式的趋势，它可以使企业获得更多的利润并占领更广阔的市场。但是，我国的制造企业通常规模较小，中小型制造企业在整个制造业中所占的比重很大。大多数企业的信息应用系统尚未建立，缺乏现代的管理方法和概念，基础管理薄弱；科学技术基础薄弱，对高精度和创新型人才的培训不足，产品创新体系不完善，自主开发能力差；制造水平不高，设备陈旧，生产技术落后，精度高、效率高的数控设备不到 5%，现代化的柔性生产体系还不完善。与先进的西方国家的制造业水平相比，我国的制造业差距很大。由于上述因素的限制，在我国很少有制造公司实施个性化定制。因此，根据我国制造业的实际情况，探索适合我国制造业的个性化定制模式尤为重要。

1.2　智能制造中的先进技术概述

在工业 4.0 的发展过程中，随着自动化、无线传感、云计算和人工智能等技术与传统的机械制造技术的结合，先后诞生了一系列的先进制造模式，主要包括计算机集成制造系统(computer integrated manufacturing，CIMS)、Holonic 制造系统、多智能体制造系统、信息物理生产系统(CPPS)和数字孪生系统(DTS)等。

1. Holonic 制造系统

Holon 的概念于 1967 年由 Koestler 在其《机器中的幽灵》里首次提出，主要用于描述系统中“部分-整体”这一混合性质。在此基础上建立的 Holonic 制造系统指的是具有分布式控制结构以及自治和协作模块的制造系统，主要包括三个基本模块：产品 Holon、资源 Holon 和订单 Holon。Holonic 制造系统是一种基于多智能体系统的智能制造系统，它将制造系统分解为多个自治的实体(称为 Holons)，每个 Holon 具有一定的智能和决策能力，能够自主地协调和合作完成制造任务。Holonic 制造系统具有分布式控制、自组织性、自治性、协同性、分层结构和开放性等特点。通过智能体技术和分布式控制技术，Holonic 制造系统可以实现灵活的生产流程、提高生产效率和适应性，已经在一些领域得到了广泛应用。

2. 多智能体制造系统

智能体(agent)的概念于 1977 年由 Hewitt 提出，它的定义为：复杂动态环境中能够感知并自治地通过动作作用于环境，从而实现其被赋予的任务或目标的计算机系统。多智能体制造系统是将计算机领域的 Agent 概念应用于制造系统，通过多个智能体间的协作与竞争来实现自组织生产，具有分布式、自适应、鲁棒性等优点。多智能体制造系统是一种智能制造系统，它基于 Agent 技术，将制造系统中的各个组成部分(即 Agent)看作是自治的个体，具有自主的思考和行动能力。这些 Agent 可以相互通信、协作、协调，共同完成制造任务。多智能体制造系统具有分布式控制、自适应性、灵活性和容错性等特点，能够适应不断变化的生产环境和需求，提高生产效率和质量。多智能体制造系统在实现个性化定制、快速响应市场需求等方面具有重要意义，是智能制造的重要发展方向。

3. 信息物理生产系统

信息物理系统(CPS)的概念于 1992 年由美国国家航空航天局(NASA)提出，它在《信息物理系统白皮书》中被定义为：“CPS 通过集成先进的感知、计算、通信、控制等信息技术和自动控制技术，构建了物理空间与信息空间中人、机、物、环境、信息等要素相互映射、实时交互、高效协同的复杂系统，实现系统内资源配置和运行的按需响应、快速迭代、动态优化。”信息物理生产系统(CPPS)是信息物理系统在生产领域中的一个应用，它是一个多维智能制造技术体系，以大数据、网络和云计算为基础，采用智能感知、分析预测、优化协同等技术手段，将计算、通信、控制(3C)三者有机结合起来。信息物理系统通常包括传感器、执行器、通信网络和信息处理系统等组成部分，能够实现物理系统与信息系统之间的紧密集成和互动。信息物理系统在智能制造、智能交通、智能健康等领域有着广泛的应用，可以提高系统的效率、安全性和可靠性，推动物联网和智能化技术的发展。

4. 数字孪生系统

数字孪生的概念于 2003 年由 Michael Grieves 在“物理产品的虚拟数字化表达”讲座中首次提出，作为一个基于数字化技术的模拟系统，它可以在数字世界中精确地模拟现实世界中的物理系统、过程和行为。数字孪生系统是指利用数字化技术和计算机模拟技术，对现实世界中的实体、系统或过程进行虚拟建模和仿真，以实现对实体、系统或过程的全面理解、监控、预测和优化。数字孪生系统通常由三部分组成：实体的数字化模型、实时数据采集和更新机制、数据分析和决策支持系统。数字孪生系统可以在虚拟环境中对实体、系统或过程进行实时监控和仿真，帮助用户更好地理解和管理实体、系统或过程，提高效率、降低成本，并支持智能决策和优化。数字孪生系统在工业制造、城市管理、医疗健康等领域有着广泛的应用前景。

在“虚实结合”方面，数字孪生与 CPS 具有极大的相似性，但这两个概念是源于不同领域，本身是没有什么交集的，数字孪生是从仿真领域发展起来的，而 CPS 起源于控制领域。但是，就目前我们所说的工业领域，二者是有重叠的。数字孪生的实体、虚拟孪生体、数据传感等构建的系统可以理解为是一种 CPS，或者说是 CPS 的一部分，也就是说 CPS 的概念更大一点。数字孪生侧重于实体与虚拟体之间的一致性、虚拟模型高保真，而 CPS 还会进一步强调虚实互补和控制。

1.3 智能制造展望

智能制造是指利用先进的信息技术(如物联网、大数据、人工智能等)实现制造过程的智能化和自动化，是当前制造业发展的重要趋势之一。未来，随着技术的不断进步和应用的深入，智能制造将呈现出以下几个方面的发展趋势：产品服务系统定制化服务策略、构建面向大规模定制的智能化与柔性化制造系统。智能制造未来的发展将朝着更加数字化、柔性化、智能化和人机协同的方向发展，这将为制造业带来更多的机遇和挑战，推动制造业向高质量、高效率和可持续发展的方向迈进。

1. 产品服务系统定制化服务策略

由于用户需求具有高度不确定、复杂多样和动态变化等特性，因此只从标准化、模块化的产品和服务集合中进行选配和集成的传统策略不一定能满足所有用户的需求，应探索用户参与的、基于深度交互设计的新型 PSS 定制化设计体系。

1) 需求挖掘

基于物联网、大数据等技术，实时获取产品运行、商品交易和用户反馈等数据，挖掘用户现有或潜在的需求及其行为偏好，把握用户所需与产品相关的服务内容甚至对产品和服务的一体化需求，为 PSS 定制和服务定制化设计提供依据。

2) PSS 定制或服务定制框架

根据需求挖掘结果，设计并优化与产品匹配的服务模块，或者同时设计产品基础和通用模块以外的可定制模块集及服务模块集。其中应重点关注具有高度拓展性和自适应性的模块设计，使得其自身形态和性能可随具体需求而进行一定程度的变化，并能与其他产品或服务模块敏捷地进行适应个性化需求的重组。

3)用户参与的多主体协同深度交互设计方式

应采用数字化建模与业务协同模式，并借助虚拟现实等技术呈现出贴近实际场景的多维感知效果和虚拟体验，使用户更好地参与产品和服务内容及其耦合方式的全周期迭代，最终实现制造商、零售商、用户共同参与的多主体、协同化、交互式设计，并创造对消费需求具有动态感知能力的设计、制造和服务新模式。

2. 构建面向大规模定制的智能化与柔性化制造系统

发展大批量个性化定制服务，不仅需要 PSS 设计与配置层面的革新，同时也需要与之相适应的高效、敏捷、智能的制造系统，从而提高用户满意度和服务水平，并提升企业赢得市场与用户的能力。为了对企业现有生产制造系统实行智能化、敏捷化改造，需要特别关注以下三方面内容。

1)构建新信息技术支撑的信息化基础设施与平台

企业应建设低时延、高可靠、广覆盖的工业互联网基础设施体系，加快 5G 等新一代信息技术与现有工业信息化体系的融合，并搭建跨企业、跨业务系统的横向、纵向和端到端信息集成和数据共享平台，持续推动企业数字化转型的进程。

2)建设基于数字孪生的虚拟仿真系统

基于新信息技术支撑的信息化基础设施与平台，可利用数字孪生技术构建数字化虚拟仿真系统。数字化虚拟仿真系统可以将物理系统进行数字化建模和虚拟呈现，让物理系统更加透明化，也使得物理车间与虚拟车间的双向真实映射与实时交互成为可能，并提供更加实时、高效、智能的服务。

3)设计智能敏捷的生产管理策略

为增强定制设计和敏捷制造能力，并与基于数字孪生的虚拟仿真系统全面集成，需采用智能化、敏捷化的生产管理策略，包括资源自适应动态配置、分布式协同生产计划、前瞻性主动调度。

思考与练习

1-1　四次工业革命的特点分别是什么？

1-2　个性化定制与传统制造模式的区别是什么？

1-3　智能制造中的先进制造模式有哪些？

1-4　信息物理系统与数字孪生系统的区别和联系有哪些？

第 2 章　先进制造模式

先进制造模式是一种综合性的生产方式，结合了先进技术、创新方法和高效管理，旨在提高生产效率、降低成本、提升产品质量以及满足快速变化的市场需求。制造业是国民经济的重要支柱，是衡量一个国家的综合国力的标准。进入 21 世纪以来，随着贸易全球化进程的加速，市场环境的日益复杂，产品更新换代的速度加快，用户的需求也变得多样化和个性化，制造系统的模式不断发生着改变，伴随着物联技术、通信技术、嵌入式技术及人工智能等新型技术的发展，智能制造开始走上了历史舞台。随着智能制造战略的持续推进，其内涵也在不断演进，同时智能制造系统也经历着持续演变的过程。本章首先讨论先进制造系统的分类，介绍各制造系统的概念和组成部分，然后以智能制造系统为重点，叙述其演进过程，最后介绍智能制造系统的新发展和对下一代制造业发展的启示。

2.1　制造模式变迁

制造模式的变迁是一个漫长而复杂的历史过程。最初，人类的生产活动主要依靠手工劳动，生产工具简单，生产效率低下。随着工业革命的到来，机械化生产逐渐取代了手工生产，大规模工业生产成为主流，生产效率大幅提高。20 世纪后期，随着信息技术的发展，自动化生产逐渐兴起，生产过程更加智能化和自动化。21 世纪以来，随着物联网、大数据和人工智能等技术的不断成熟，智能制造逐渐成为制造业的新趋势，生产过程更加智能化、柔性化和个性化。未来，随着技术的不断进步和应用的深入，智能制造将继续发展，为制造业带来更多的机遇和挑战。本节从 HCPS 的角度对智能制造的演化足迹进行综述，深入探讨新一代智能制造系统的含义、特点、技术框架和关键技术。

2.1.1　基于 HPS 的传统制造

人类在两百多万年前第一次学会了制造和使用工具，从石器时代到青铜时代再到铁器时代，这些早期简单的生产制度在人类和动物的推动下持续了一百多万年。随着以蒸汽机的发明为标志的机械化第一次工业革命，以及以电动机的发明为标志的电气化第二次工业革命的发展，人类不断地发明、创造和改进各种机器，并将其应用于工业生产制造各种商品。这些传统的制造系统，使由人和物组成的机器取代了大量的手工劳动，极大地提高了制造质量、效率和社会效益生产力。

传统制造装备的构成包括动力装置、传动装置和工作装置三部分，这种传统制造系统由两个主要组成部分构成，即人和物理系统(如机器)，因此是人-物理系统(HPS)，如图 2-1 所示。在 HPS 中，完成工作任务的物理系统充当“执行体”，而人类是“主人”，人类既是物理系统的创造者，也是物理系统的管理者和使用者。在 HPS 中，完成工作任务所需的许多活动，如感知、学习、认知、分析决策、控制，都必须由人来完成。例如，在使用传统手工操作机床进行工件的加工时，操作者必须通过仔细观察、分析决策、手工控制和操作加工过程，按照预定的轨迹完成加工任务。HPS 的示意图如图 2-2 所示。人类负责管理和控制物理系统，而物理系统代替人类完成大量体力劳动，两者相辅相成。

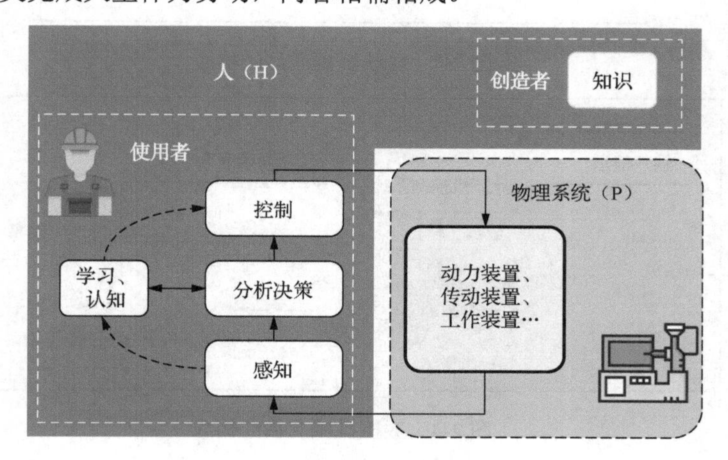

图 2-1　基于人-物理系统的传统制造

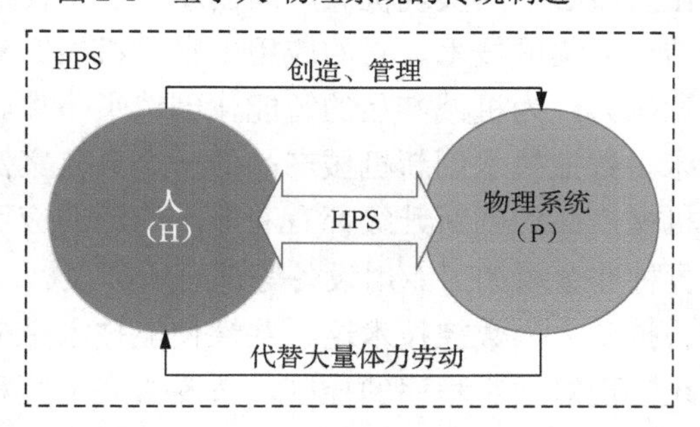

图 2-2　HPS 的示意图

2.1.2　基于 HCPS 的数字化制造

20 世纪中期，制造业对于信息技术发展的需求愈加强烈，在计算机、通信、数控等信息技术的发展和广泛应用的推动下，制造业进入了数字化制造时代。以数字化为标志的信息革命引领并推动了第三次工业革命。

传统机械产品主要包括动力装置、传动装置和工作装置三部分，如图 2-3 所示。主要有两种思路实现对传统机械装置的创新：一种是从机械产品的工作装置出发；另一种是从机械产品的动力装置和传动装置出发，完善产品的驱动和控制系统。所谓的数字化就属于第二种创新思路，优化机械产品的驱动和控制装置。数控机械产品的构成如图 2-4 所示，数控机械产品的主要核心创新技术路线分为两方面：一方面将带有伺服电机的驱动系统代替传统机械中的动力装置和传动装置，大大简化和提升了传统的机械传动机构，从而提高机械产品的运动控制能力；另一方面为传统机械产品配上一个“大脑”，即计算机控制系统，通过计算机控制产品的机械运动与工作过程，方便了数控的机械操作，使得数控同时具备了多功能、高柔性、高精度、高效能、高可靠性等特征，为智能化创造了条件。

图 2-3　传统机械产品的构成

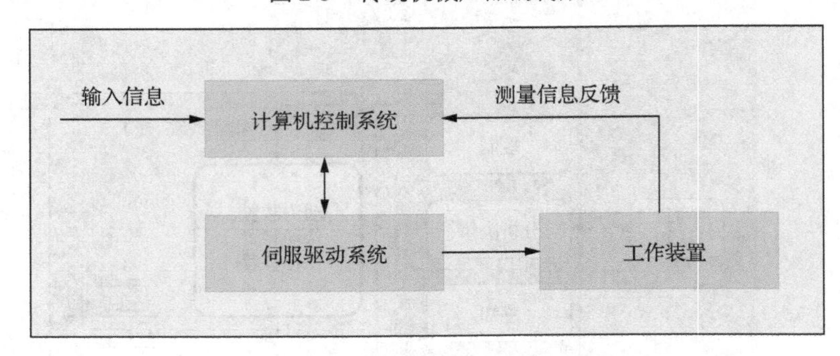

图 2-4　数控机械产品的构成

数控技术是以数字化为核心，为实现机械产品创新提供了使能技术，是先进自动化控制技术和机械制造技术相结合的集成技术。它的应用丰富了机械产品的内涵，扩展了产品的功能，提高了产品的市场竞争力，为机械产品的智能化创造了条件。提及数控，通常会让人联想到数控机床，数控机床是数控技术创新机械产品的一个典范案例，然而，数控技术是一种共性使能技术，对各种机械产品的创新升级都有着非常广泛的应用，如交通运输设备、制造专用设备、武器装备及各种非金属加工专用设备等都有所涉及。

数控制造装备的核心推动力为数控技术这一共性使能技术带来了一场动力革命。数控装备是基于计算机控制系统实现对数字程序的控制，按照事先编写和提前存储好的控制程序完成对运动轨迹和时序逻辑的控制，伺服控制装置接收计算机生成处理的微观指令，以驱动电机等执行元件带动设备运行，这样的驱动方式具有柔性高、适应性强、可靠性强、自动化程度高、生产效率高等特点。这种通过微处理器来控制设备运动的方式，可以代替人类的部分工作能力，甚至比人的反应更快、精度更高、工作性更稳定。

与传统制造系统相比，数字制造系统的特点是在人和物理系统之间出现了一个信息网络系统，将以前的二元“人-物理”系统转变为三元“人-信息-物理”系统，基于人-信息-物理系统的数字化制造如图 2-5 所示。网络系统由软件和硬件组成，其主要功能是通过对信息的计算分析，代替原来人类操作者去完成以前由人类操作者执行的各种任务，包括感知、分析决策和控制。例如，与传统的手工操作机床相比，对应了配备有 CNC 系统的网络系统的计算机数控加工机床。它在人和机器之间添加了一层计算机数控系统，操作者在进行加工时，根据工件的加工工艺需求，将加工过程中需要的刀具与工件的相对运动轨迹、主轴速度、进给速度等按规定的格式编成加工程序，CNC 系统可以根据操作者提供的数字加工程序自动引导机床完成加工过程。

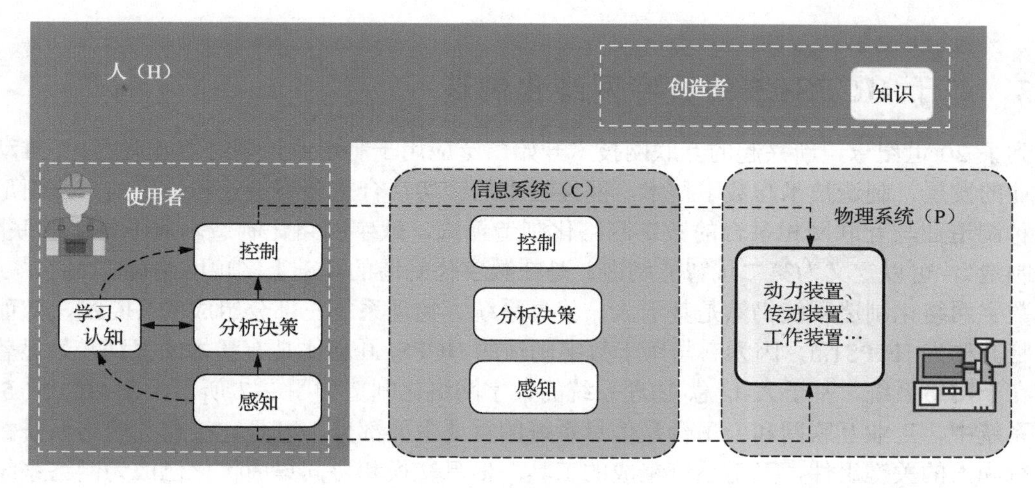

图 2-5 基于人-信息-物理系统的数字化制造

数字制造可被定义为第一代智能制造，用于数字制造的 HCPS 在本节中称为 HCPS1.0。与 HPS 相比，HCPS1.0 集成了人类、网络系统和物理系统的优势，大大增强了计算、分析、精度控制和感知能力，故基于 HCPS1.0 的制造系统在自动化、效率、质量、稳定性和解决复杂问题的能力等方面都有显著提高。HCPS1.0 不仅可以进一步减少操作人员的体力劳动，而且部分脑力劳动可以通过网络系统来完成，从而有效地提高了知识传播和利用的效率，HCPS1.0 的示意图如图 2-6 所示。从二元系统 HPS 到三元系统 HCPS 的升级产生了两个新的二元子系统：人-网络系统和网络-物理系统。美国学术界在 21 世纪初提出了 CPS 的理论，德国工业界将 CPS 作为“工业 4.0”的核心技术。此外，网络系统的引入基本上改变了机器的特性，将机器从一元物理系统转变为二进制 CP(即智能机器)，从这个意义上讲，第三次工业革命可视为第二个机器时代的开始。在 HCPS1.0 的背景下，虽然物理系统继续充当“执行机构”，但网络系统执行了大量的分析、计算和控制工作，而人类仍然执行以前的工作，仍旧是主宰。首先，物理系统和网络系统都是由人类设计和创造的，其基本的分析、计算和控制模型、方法和规则都是由人类通过借鉴理论知识、经验和实验数据并将其编程到网络系统中来开发的。其次，HCPS1.0 的运行在很大程度上依赖于操作者的知识和经验。例如，使用如上所述的数控机床的操作者必须根据自己的知识和经验对加工过程进行适当的编程，对加工过程进行监控，并在必要时进行调整优化。

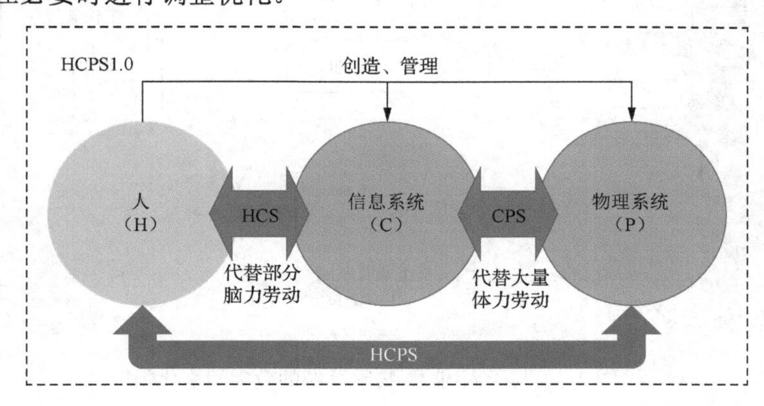

图 2-6 HCPS1.0 的示意图

2.1.3　基于 HCPS1.5 的数字网络化制造

到了 20 世纪末，新兴起的互联网技术开始广泛应用于制造业，同时“互联网+”推动着制造业的发展，制造技术与数字技术、网络技术的密切结合重塑制造业的价值链，逐渐形成了一种制造业与互联网相融合的数字网络化制造模式。数字网络化制造本质上是“互联网+数字制造”，可以定义为第二代智能制造，是在数字化制造的基础上实现网络化。

数字网络化制造系统仍然是基于人、信息系统、物理系统三部分组成的 HCPS，然而，这里将其称为 HCPS1.5，因为它与用于数字制造的 HCPS1.0 相比具有基本的区别，最显著的区别在于网络系统。基于人-信息-物理系统的数字网络化制造如图 2-7 所示。在 HCPS1.5 的网络系统中，工业互联网和云平台是信息系统的重要主要部分，既是连接相关网络系统、物理系统和人的关键组件，又是系统集成的工具。信息交换和协同集成优化已成为网络系统的重要组成部分。HCPS1.5 中的人已经成为一个具有共同价值创造目标的网络连接社区，包括来自主管系统企业的人，以及供应商、销售代理、用户等。这些变化彻底改变了制造业的模式，即将以产品为中心的模式转变为以用户为中心的模式，也将生产制造模式转变为以用户为中心的生产-服务制造模式。数字网络化制造的本质是通过网络实现人、过程、数据、物的广泛联系，通过企业内部和企业间各种资源的集成、合作、共享和优化，重塑制造价值链。例如，数控机床制造商及其供应商可以通过网络对自己的产品进行远程操作维护，从而与使用自己产品的企业共同创造价值。使用数控机床的企业还可以通过整合和优化企业内的设计、生产、服务和管理资源来创造附加值。

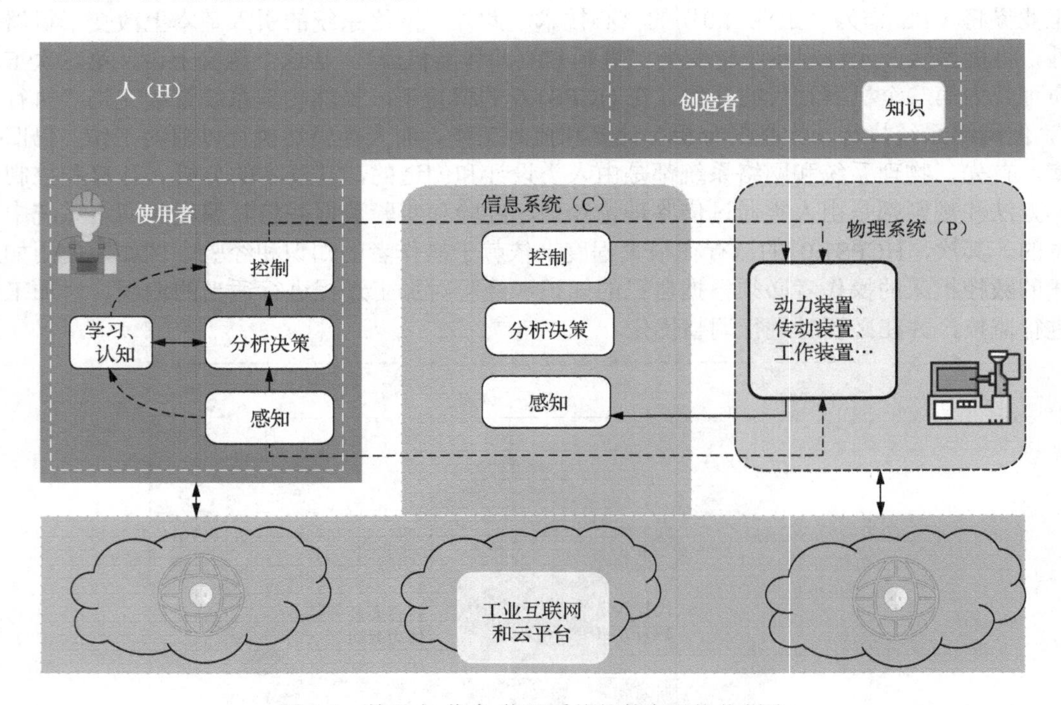

图 2-7　基于人-信息-物理系统的数字网络化制造

先进通信技术和网络技术的应用，实现了人、数据、物联网的互联互通，为企业内部和企业之间架起了桥梁。企业内部和企业之间的合作，有利于社会资源的共享和整合，以优化产业链，提供低成本、高质量的产品和服务。在先进制造技术和数字网络技术的完美融合下，企业面对动态化的市场变化能及时做出反馈，方便收集用户对产品和产品质量的评价信息，从而实现更高柔性的生产水平和信息化管理。

“互联网+”是在产品、制造和服务的不同环节上形成的，与以往的制造模式有着显著的区别，实现了制造系统的连接与反馈。主要特点包括以下几点：①在产品方面，数字技术和网络技术应用广泛。一些产品可以通过网络进行连接和交互，成为网络的终端。②在制造方面，连接和优化了企业内部和企业之间的供应链和价值链。企业可以通过设计制造平台在全社会优化配置制造资源，与其他企业进行业务流程协同、数据协同、模型协同，实现协同设计、协同制造。生产工艺更加灵活，可实现小批量、多品种的混合生产。③在服务方面，企业和用户通过网络平台实现连接和互动，企业通过用户的个性化需求，让用户自己参与到产品的全生命周期中，拓宽产业链。网络协同制造整合了生产全生命周期追踪、远程协同服务及大规模定制生产等特征正逐渐走上历史舞台。企业生产开始由以产品为中心向以用户为中心转变，企业形态也逐渐由生产型企业向生产服务型企业转变。

2.1.4　基于 HCPS2.0 的新一代智能制造

当今世界，现代制造企业普遍面临着提高质量、效率和快速市场反应的强烈要求，这些需求迫切要求制造业进行革命性的产业升级。在技术层面上，数字网络化制造仍然难以克服制造业面临的巨大困难和瓶颈，因此，制造技术的进一步创新和升级势在必行。进入 21 世纪以来，互联网、云计算、大数据等信息技术取得了巨大进步，并以极快的速度普及应用，形成了群体性跨越。这些技术进步的融合，正引领着新一代人工智能的战略突破，成为新一轮科技革命的核心技术。新一代人工智能技术与先进制造技术的深度融合，正引领着新一代智能制造系统的发展，成为新一轮工业革命的核心驱动力。新一代智能制造系统的突破和广泛应用将重塑制造业的技术架构、生产模式和产业格局。以人工智能为标志的信息革命正在引领和推动第四次工业革命。

新一代智能制造系统仍然是基于人、信息系统、物理系统三部分组成的 HCPS，然而，这里将其称为 HCPS2.0，因为它与数字网络化制造的 HCPS1.5 相比有本质的区别，基于人-信息-物理系统(HCPS2.0)的新一代智能制造如图 2-8 所示。正如从 HCPS1.0 到 HCPS1.5 的转变一样，最明显的变化发生在信息系统中。在 HCPS2.0 的网络系统中引入了一个新的组件，使其能够利用新一代人工智能技术进行自我学习和认知，从而在感知、分析决策、控制等方面获得更大的能力，最重要的是学习和生成知识的能力。

HCPS2.0 网络系统中的知识库是由人类和网络系统的自学习认知模块共同构建的，因此，它不仅包含了人类提供的知识，更重要的是包含了网络系统本身所学习到的知识，尤其是人类难以描述和处理的知识。而且，知识库能够在应用过程中通过自我学习和认知，不断地自我升级、完善和优化。用一个比喻来说，人类和网络系统之间的关系已经从根本上从“授之以鱼”转变成了“授之以渔”。新一代人-信息-物理系统的示意图如图 2-9 所示。

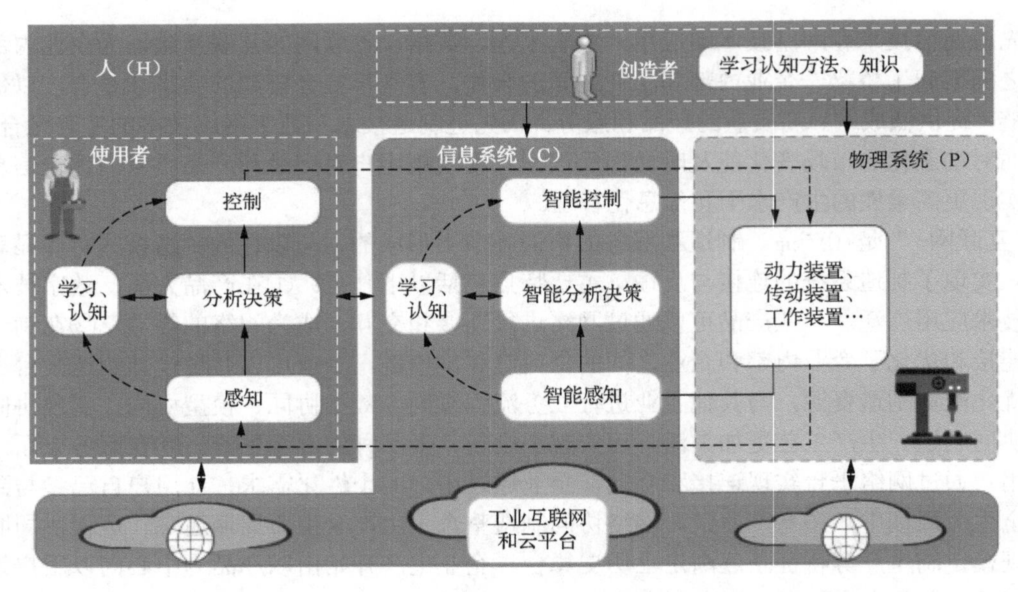

图 2-8　基于人-信息-物理系统（HCPS2.0）的新一代智能制造

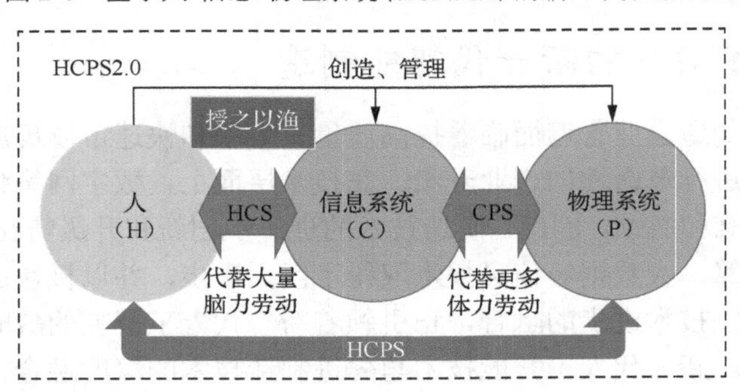

图 2-9　新一代人-信息-物理系统的示意图

面向新一代智能制造系统的 HCPS2.0 不仅可以使制造知识的创造、积累、利用、传授和继承的手段和效率发生革命性的变化，而且可以显著提高制造系统处理不确定性和复杂问题的能力，从而导致制造系统建模和决策的巨大改进。例如，在使用智能机床进行加工时，可以通过感知、学习和认知建立整个加工系统的数字模型，然后用于优化和控制加工过程，以获得高加工质量和效率及低能耗。人类作为“主人”的角色在新一代智能制造的 HCPS2.0 中更为突出。人类作为智能机器的创造者、管理者和操作者，其能力和技能将得到极大的提高，其智力潜能将得到充分的释放，从而进一步解放生产力。知识工程将使人类从大量的智力劳动和体力劳动中解放出来，使他们能够从事更有价值的创造性工作。总之，智能制造将更好地为人类服务。从 HPS 到 HCPS1.0，再从 HCPS1.0 到 HCPS1.5，智能制造正在从 HCPS1.5 到 HCPS2.0，并将逐步推进，螺旋上升，无限扩张。面向智能制造的 HCPS 的演进如图 2-10 所示。

智能设备是为实现特定功能而设计的一种集感知、决策和控制于一体的软硬件实体，集成了人工智能技术和信息技术。智能设备主要有两层内涵：一是通过人工智能的理论来解决各种动态处理扰动问题；二是装备“拟人智能”，可以像人一样进行自我学习、自我组织、自我调整、自我协调、自我诊断等。

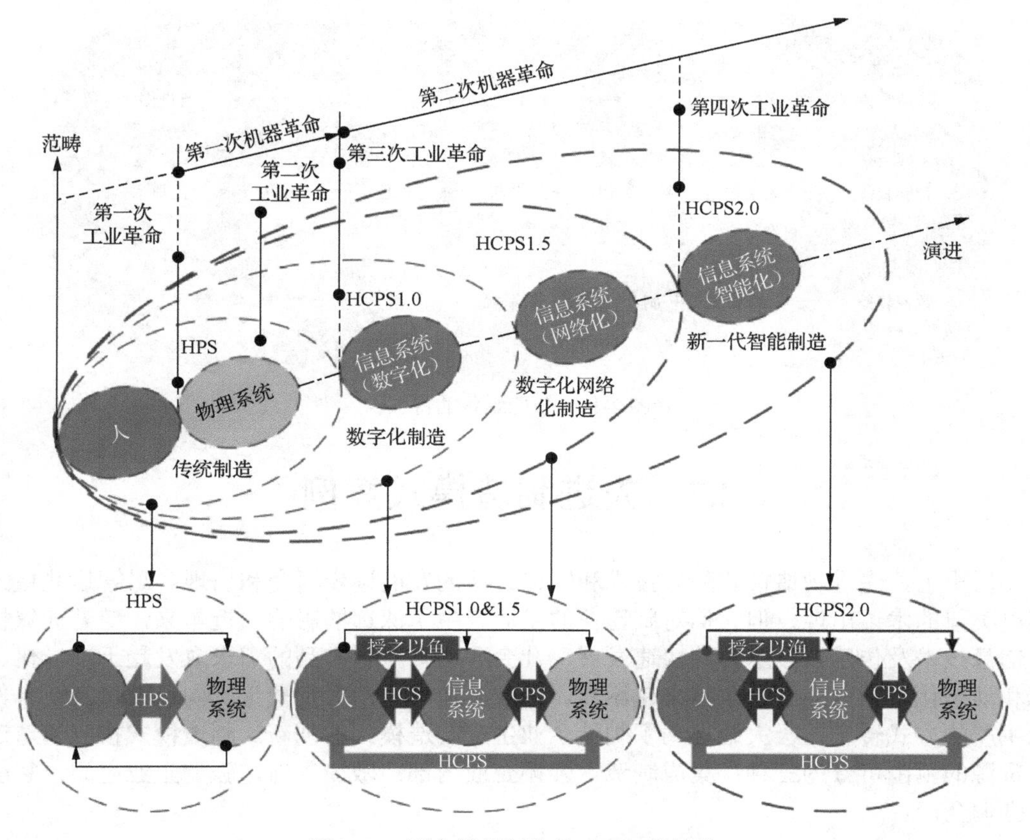

图 2-10　面向智能制造的 HCPS 的演进

随着工业无线网络技术、射频识别(radio frequency identification，RFID)技术、传感器技术、信息技术的进一步发展，与之对应的是制造装备智能化的水平飞速提高。换句话说，智能设备可以认为是数控技术和智能制造装备的延续和升级。智能装备除了具备自我感知、自主控制、自主决策的能力，还开始有了自我记忆、自我学习、自我分析、自我调整、自我进化的能力，如图 2-11 所示。它充分将人类智慧与制造装备相融合，将车间内信息(设备工作信息、工作环境信息、工件加工信息及内部变化信息等)动态快速准确地获取出来，提供了便捷有效的人机交互模式，从而提高了人机交互效率。人想、机知，这是传统数控设备无法比拟的。以数控机床为例，从第一台数控机床的发明到现在，先后经历了电子管数控、晶体管数控、中小型数控、小型计算机数控和微处理器数控。目前，所谓工业化、信息化、网络化、集成化和智能化有效融合(也称为 I5)系列的全智能机床也已经成型。机器可以根据环境的动态改变，从而选择适合环境的生产模式。例如，根据环境信息选择手动模式或自动模式；根据零件的尺寸改变，进行自主校正，提高精度；根据互联网技术和人机交互界面，控制机器生产产品；根据云平台，方便用户实时查询生产进度和监督生产过程；通过全国各地的手机或计算机实时清查消耗品等信息，为企业决策提供可靠及时的数据信息。这种将人、机和物有效连接的新型机床，可以作为基于互联网的智能终端，实现智能补偿、智能诊断、智能控制和智能管理。因此，我们将它看作是智能设备的雏形。

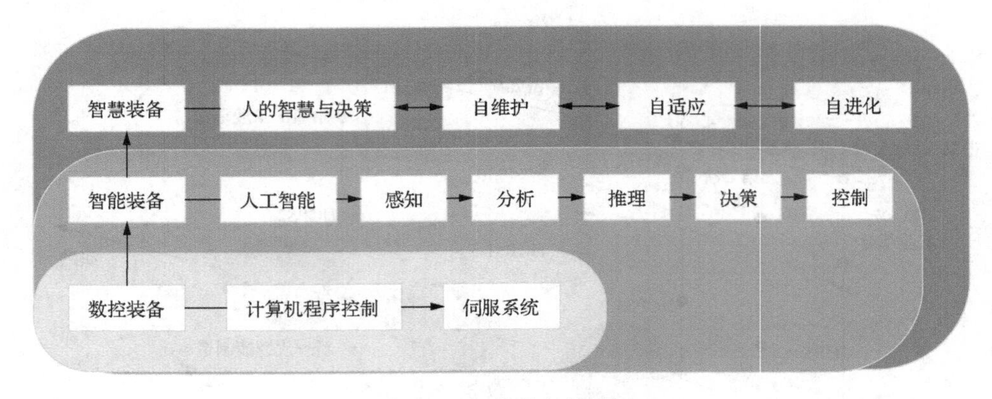

图 2-11　智能装备的特征

2.2　先进制造模式案例

在历史上，先进制造模式随着技术和制造方法的发展逐步演变和出现。尽管这些模式可能不以类似的术语出现，但它们对制造业的发展产生了深远的影响。近年来，随着计算机技术、信息技术及传感器技术等的快速发展，社会和用户对于产品的需求愈发趋于多样化、个性化和动态化，企业间的竞争越来越激烈，企业制造模式由大批量生产向小批量甚至单件定制化生产的方式转变，极大地推动了制造企业生产制造模式的创新。制造模式按照制造过程利用资源的范围可分为三种：集成制造，强调企业内部；敏捷制造，强调企业之间；智能制造，强调全局。

2.2.1　精益生产与计算机集成制造

1. 精益生产

精益生产是一种管理理念和方法，旨在优化生产流程，提高效率并减少浪费。这一方法起源于日本汽车制造业，特别是丰田汽车公司，后来被广泛应用于各种制造和服务行业。

精益生产的核心原则是通过消除浪费来实现高效率。这里的“浪费”指的是任何不增加产品价值的活动或过程。

1)精益生产关注的主要浪费

(1)过产出(overproduction)：生产超出需求量，导致库存增加，增加了资金占用和存储成本。

(2)等待时间(waiting time)：由于等待零件、工具、信息或决策而导致的停滞，浪费了时间和资源。

(3)运输(transportation)：不必要的物料运输和搬运，增加了成本并可能引起损坏。

(4)过度加工(overprocessing)：进行超出产品规格要求的加工，增加了成本但未增加价值。

(5)库存(inventory)：过多的原材料、在制品或成品库存，占用资金并增加风险。

(6)运动(motion)：不必要的人员或设备运动，降低了工作效率。

(7)瑕疵产品(defective product)：缺陷或错误导致的废品、返工和损失。

2)精益生产方法解决浪费

精益生产方法通过各种工具和技术来解决这些浪费，包括以下方面。

(1) 价值流映射(value stream mapping)：识别价值流中的浪费，并设计出更流畅的生产流程。

(2) 5S 整理法：整理、整顿、清扫、清洁、素养，用于组织和维护工作环境，提高效率。

(3) 单件流(one-piece flow)：追求产品单件化的生产，以减少库存和浪费。

(4) 持续改进(Kaizen)：鼓励员工不断提出改进建议和参与改善流程，推动持续改进。

精益生产通过不断优化流程和减少浪费，提高了企业的生产效率、产品质量和客户满意度。它不仅仅是一种生产方法，更是一种组织文化和持续改进的理念。它强调通过精益思维和方法，如价值流图、5S、持续改进等，来改善生产流程，降低成本，提高质量和生产效率。

2. 计算机集成制造

计算机集成制造(computer integrated manufacturing，CIM)则是一种技术手段，利用计算机技术和信息技术，将生产过程中的各个环节进行数字化、网络化和智能化集成，实现生产过程的自动化和信息化。它包括计算机辅助设计(CAD)、计算机辅助制造(CAM)、计算机集成制造系统(CIMS)等技术和系统。

精益生产和计算机集成制造之间的关系在于，计算机集成制造可以为精益生产提供技术支持和工具，帮助企业更好地实施精益生产理念。例如，计算机集成制造可以实现生产过程的数字化和实时监控，为精益生产的改进和优化提供数据支持；同时，精益生产的理念也可以指导计算机集成制造的实践，使其更加注重消除浪费、提高价值流动。

计算机集成制造这一理念最初是由美国学者 Joseph Harrington 提出的。CIM 是一种概念、一种模式，一种用来组织现代工业生产的指导思想。而计算机集成制造系统是基于 CIM 思想而组成的制造系统，概括地讲，就是将企业所有的经营生产活动作为一个整体，借助信息处理工具"计算机"，通过对企业内部的所有信息进行加工处理，进行集成化的制造、生产和管理，从而发挥总体优化作用，达到成本低、质量高和交货期短的目的。

CIMS 主要由管理信息子系统(MIS)、工程设计自动化子系统、制造自动化子系统、质量保证子系统、计算机网络子系统和数据库管理子系统 6 个部分组成，如图 2-12 所示。其中管

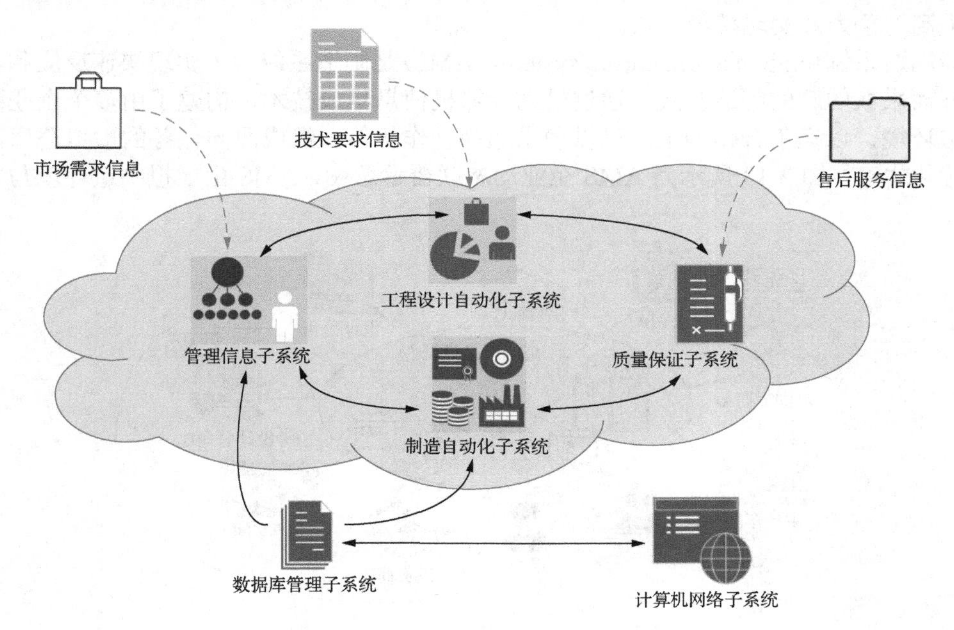

图 2-12　CIMS 系统构成图

理信息子系统包括从上层的经营决策、企业资源计划(ERP)到车间层制造执行系统(MES)。工程设计自动化子系统主要包括 CAD、CAPP、CAM、CAE 等。制造自动化子系统主要包括自动化制造单元、装配车间、机械加工车间等。质量保证子系统主要包括质量检测、质量跟踪、质量规划等。计算机网络子系统和数据库管理子系统则是 CIMS 集成的支撑系统，是集成的主要工具平台。

2.2.2 敏捷制造

敏捷制造是一种灵活、快速响应市场需求的制造方式，旨在通过快速适应变化、提高效率和降低成本来实现竞争优势。该理念最初源自软件开发领域的敏捷方法论，后来被引入制造业。敏捷制造的核心思想是在面对不断变化的市场需求和客户要求时，能够快速做出反应并灵活调整生产策略、流程和产品。

1. 敏捷制造的主要特点

(1) 快速响应：能够灵活地调整生产流程和供应链，以迅速适应市场需求的变化。

(2) 小批量生产：注重小规模生产和灵活的生产计划，以减少库存和满足个性化需求。

(3) 跨职能团队：组建灵活的团队，横跨不同职能部门，促进沟通和决策的快速实施。

(4) 持续改进：强调不断反思和改进生产过程，倡导快速试错和学习，以优化效率和质量。

(5) 客户导向：以客户需求为中心，紧密关注客户反馈，及时调整生产以满足客户期望。

2. 企业采取的策略和方法

为了实现敏捷制造，企业通常采取一些具体的策略和方法。

(1) 模块化设计：采用模块化和标准化设计，便于快速组装和变更产品。

(2) 快速工程：采用快速原型制作和设计迭代，缩短产品开发周期。

(3) 供应链优化：建立灵活的供应链，以便快速响应市场需求变化。

(4) 柔性生产设施：投资于灵活的生产设施和技术，能够适应不同产品和生产要求。

敏捷制造使企业能够更快速、更灵活地适应不断变化的市场环境，从而更好地满足客户需求、提高竞争力并实现持续增长。

敏捷制造系统(agile manufacturing system，AMS)是制造系统为了实现快速反应和灵活多变的目标而采取的新的制造模式。通过借助计算机信息集成技术，构建了由多个企业参与的虚拟制造环境，以竞争合作为主，可以动态选择合作伙伴，组成面向任务的虚拟公司，快速进行最优化生产。图 2-13 所示为 AMS 企业动态联盟示意图，AMS 由虚拟制造环境与虚拟制

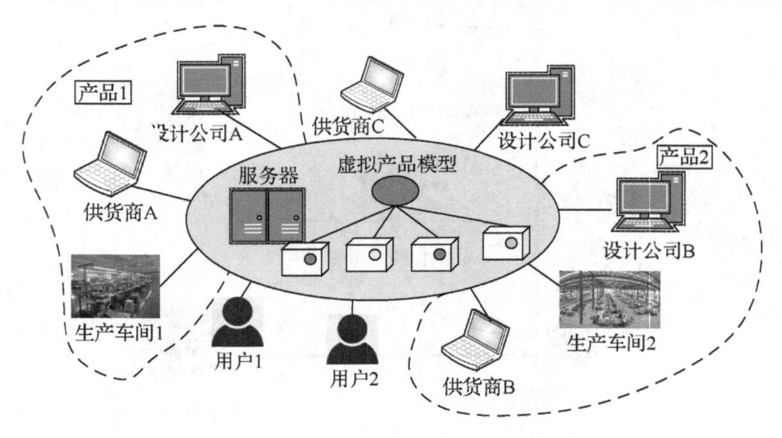

图 2-13　AMS 企业动态联盟示意图

造企业组成，当接到新的订单产品 2 时，根据不同的功能，网络上的几个企业(设计公司 A、供货商 A、生产车间 1 等)动态地联合起来，构建新的虚拟企业去完成该订单任务。若任务完成，则该虚拟企业自动解散。

2.2.3　大批量定制

大批量定制(mass customization，MC)是一种制造模式，旨在将大规模生产的效率与个性化定制的需求相结合。传统上，大规模生产通常以标准化、大规模生产为目标，以降低成本、提高效率和利润为导向。相比之下，定制则侧重于满足个别客户或小规模市场的特定需求。大批量定制尝试在这两者之间找到平衡。它致力于在大规模生产的基础上，通过灵活的生产工艺和供应链管理，为客户提供更个性化的产品。

这种制造方式的主要特点包括以下方面。

(1) 规模经济和个性化：利用大规模生产的成本优势，同时满足客户个性化需求，以实现规模经济和定制需求的平衡。

(2) 柔性生产：生产系统具备较高的灵活性和适应性，能够快速调整以满足个性化产品的生产需求。

(3) 可配置的产品：产品设计允许不同的配置和选择，以适应客户个性化需求，同时仍能保持生产线的高效率。

(4) 智能供应链：利用信息技术和数据分析优化供应链管理，提高生产和交付的灵活性和效率。

(5) 客户参与：鼓励客户参与产品设计或配置，以确保产品能够满足其独特需求。

大批量定制的实现需要企业在生产、供应链管理和产品设计方面进行全面的优化和调整。这种模式旨在克服传统大规模生产和个性化定制之间的矛盾，提供更灵活、更个性化的产品，同时保持生产效率和成本控制。

2.3　智能制造下的制造模式创新

智能制造提供了智能数字战略、智能数字设计、智能数字处理、智能数字控制、智能数字工艺规划、智能数字维护与诊断的基本理论和方法。信息融合和知识集成是智能制造系统的重要组成部分，直接影响系统功能产品的质量和效率。如何赋予生产制造系统的自组织和自学习能力，提升制造系统的决策知识，已经成为当下智能制造系统的研究热点。所谓智能制造，就是在生产制造的各个环节都采用更加灵活高效的方式，根据生产要求的分析、评价和构思，选择出最优的生产策略，通过计算机模拟人类专家的大脑，从而大大解放人类的脑力劳动，并对这些生产事件进行存储、收集、学习、完善和共享。智能制造可以实现人机协同，智能制造的发展离不开人机之间的相互协作。人类的主观能动性是机器无法取代的，同时机器的高效稳定性，人类也无法替代。智能制造是在数字网络化的基础上孕育而生的。

智能制造是在数字化制造和信息化制造的基础上演化而来的。数字化制造着重于将产品的全生命周期的异构数据进行数字化，并进一步与物联网、普适智能等技术相结合，实现对物理世界的信号采集。在现实社会中，人是知识的主要载体，通过人际网络可以获得群体智力，进一步推理和决策。在智能制造环境中，各种传感器通过物联网技术获取制造设备状态数据、现场环境数据、产品生产过程数据等异构数据，并通过网络通信技术将制造系统连接起来，实现异构数据和设备的快速访问，对异构信息进行表示和检索、数据提取、挖掘、推理、融入知识和智慧，借助制造即服务理念，自动积累服务资源，连接各种服务，形成服务资源池(信息世界)，共同互动，提供点播服务；通过人际网络、博客、标签、社交网络服务(SNS)、维客(Wiki)、ETC 通信软件与互联网相互通信，实现知识的传播、共享和积累。因此，智能制造也可以看作物联网、知识网络、服务互联网(SOA 和云计算)、人际网络和制造技术融合的结果。

随着社会的发展，人们对产品的需求正从大批量生产向小批量定制甚至单件个性化产品转变。为满足用户多品种小批量的个性化定制需求，企业需要以最低的成本、最短的时间、最高的质量和最好的生产环境作为支撑来与用户进行合作，正是在这种背景下，互动和团队的智慧尤为重要，智能制造应运而生。在工业领域，提出了智能制造、云制造、制造物联网，同时还有可重构制造系统、多智能体制造系统、Holon 制造系统、企业 2.0(Enterprise 2.0)等制造模式。

其中一些制造模式出现了智慧制造的身影。如可重构制造系统，是指由各种处理模块(包括硬件和软件)组成的制造系统，可根据不断变化的市场需求或技术自调整生产率，这类系统将为特殊部件提供定制的灵活性，并且是开放的，因此可以对系统进行改进、升级和重组，不断集成新技术，自我完善，并快速重组，以适应未来产品和产品需求的变化。多智能体制造系统的每个部分都是硬件或软件，可以独立移动软件，具有分散性、智能性、复杂性和适应性等特点。Holon 制造系统可以看作是一个完整的 Holon 和一个由其他几个 Holon 组成的制造系统，Holon 制造系统一般都具备以下特性：自主性，该实体具备自主控制的能力，并且能够采取最优的生产策略；合作性，需要双方集合智慧，同时接受计划和策略；灵活性，在动态变化的环境下及时调整策略，选择最优个体。上述制造模式是相似的，注重人类智慧的运用，强调社会世界、网络世界和物理世界，即形成一个社会网络物理系统。智慧制造将机器智能(人工智能)、普适智能(ubiquitous intelligence)与人类经验、知识和智慧相结合，因此孕育出了“智慧制造”。在哲学界和学术界，关于“智慧”的概念和理论有很多种，如皮亚杰和埃里克森提出的“智慧”概念、斯腾伯格的“智慧平衡”理论和巴特斯的“智慧平衡”理论，但至今还没有一个明确的定义被人们所普遍接受。在这里，我们将智慧视为：在普适智能技术的支持下，现实世界中的每一个对象都可以感知自己或其他对象，并在正确的时间和环境中为正确的对象提供正确的服务。在人、机、物一体化的环境下，智能制造体现了制造即服务的理念。

制造业是国民经济的主体，是一个强国立足于世界的基础。近年来，德国、美国、日本等制造强国纷纷提出了智能制造相关的国家发展战略，无论是德国的“工业 4.0”，还是美国的“工业互联网”、日本的“智能制造系统”，都是为了抢占国际竞争的制高点，力求在全球产业链和价值链中占据有利位置。作为世界制造大国，中国于 2015 年提出了《中国制造 2025》，这是全面推进实施制造强国的引领文件，是中国建设制造强国的第一个十年行动纲领。历史的发展经验告诉我们，一个国家的综合国力的衡量标准就是是否具备强有力的制造业，这是一个强国的必经之路。在智能制造的新时代中，智能设备、人和物能实现实时连接，多源异构的大数据能进行自组织、自适应、自学习，从而不断“进化”，不出意外，以人、机、物三者智能融合的新型制造系统空间将孕育而生。

1. 智能制造高速发展的启示和注意点

智能制造高速发展的同时，给我们的启示和注意点如下所述。

1) 发挥智能物联网引领作用

毫无疑问，未来制造业的改革方向就是物联网技术和人工智能技术的智能融合。物联网技术可以说是将所有设备、人员和环境连为一体，是实现智能制造的基础。目前，工业互联网的发展还停留在初级阶段，需要集成先进人工智能技术的高级阶段以此带来生产效率的巨大飞跃。

2) 加强从 0 到 1 的基础研究

目前，我国在制造业关键技术应用方面取得了诸多成果，多智能体强化学习、机器人集群协作和自适应连续进化等领域的突破性研究为未来制造业革命提供了丰富的可能性，但基础研究方面仍比较落后，大而不强。因此，必须加强从 0 到 1 的基础研究，从长远来看应不断创新和发展智能制造。

3) 注重多学科融合人才培养

目前我国高等教育更注重单一学科和方向的人才培养，但是对于制造业而言，集合了物联网、信息通信、人工智能等跨领域的多学科的知识。因此，当下的人才培养模式难以满足多学科交叉复合型人才培养的需要。人才的创新培养模式改革已迫在眉睫。

4) 产学研深度协同融合

智能制造的发展，离不开人工智能领域的先进理论和成果，极具新技术密集型。就人工智能算法而言，现在的高校有着最新的理论基础，往往都苦于没有大量的实际工业数据进行验证，而企业具有这些实际的大量的工业数据，却陷入了技术瓶颈。因此，实现高校和企业的有效融合与合作，绝对是一场双赢的改革，能促进产学研深度协作和技术创新。

5) 推动新兴技术在制造业的落地应用

如今，多智能体强化学习、迁移学习、神经网络学习、监督学习、边缘计算、云边缘融合计算等智能物联网相关技术已经取得了重大突破。在国家科学研究发展规划中，要注重推动上述关键技术与制造业关键科技问题的结合，产生示范应用效应，进而形成新的产业链，促进制造智慧空间的形成。

2. 新型制造模式

智能制造涵盖了各种制造模式的创新和演变，引入了新技术、智能化和数据驱动的生产方式。以下是智能制造下的一些制造模式创新。

1) 数字化制造

智能制造中的数字化制造通过物联网、云计算和大数据分析实现了生产流程的数字化。这种模式将实时数据采集和分析引入制造中，提高了生产过程的实时监控和决策。

2) 智能工厂

智能工厂是智能制造的核心概念，它利用先进的传感器、自动化设备和数据分析技术，实现了设备之间的互联互通和智能化管理。智能工厂注重实时数据交换、自主决策和灵活生产。

3) 柔性生产

智能制造下的柔性生产模式强调生产系统的灵活性和适应性，能够快速调整以满足个性化需求或市场变化。这种模式依赖于智能化设备和自适应技术，使得生产过程更为灵活和高效。

4) 预测性维护

借助物联网和大数据分析，智能制造引入了预测性维护的概念。通过实时监测设备状态并分析数据，可以提前预测设备故障，从而实现计划维护，降低停机时间和维护成本。

5) 定制化制造

智能制造技术使得定制化制造更为可行。企业可以根据客户需求定制产品，通过数字化制造、智能化设计和柔性生产实现批量定制，满足不同客户的个性化需求。

6) 人机协作

智能制造下的人机协作模式促进了人员与智能设备的紧密合作。自动化系统与人工智能技术结合，使得人员能够更高效地与智能设备协同工作，提高生产效率和质量。

思考与练习

2-1 智能制造系统发展的四个阶段的最核心特征分别是什么？

2-2 简述 HCPS 的演进过程。

2-3 制造业发展到现在有哪些先进的制造模式？

2-4 敏捷制造的含义是什么？敏捷制造涉及哪些基础结构？涉及的关键技术有哪些？

2-5 智能制造系统对制造业的发展有哪些启示？

第 3 章　面向智能制造的软件管理系统

在当今快速变化的全球经济中，制造业面临着前所未有的挑战和机遇。全球化竞争的加剧、消费者需求的个性化、新兴技术的涌现，以及环境保护和可持续发展的要求，都对制造企业提出了更高的要求。在这种情况下，智能制造成为制造业转型升级的重要路径之一，而面向智能制造的软件管理系统则成为实现智能制造的关键工具之一。

传统的生产制造模式往往面临着生产计划不精准、生产效率不高、质量控制不稳定等问题，难以满足市场快速变化和客户个性化需求的挑战。而随着信息技术、人工智能、大数据分析等技术的不断发展和应用，智能制造为企业提供了实现生产过程数字化、网络化、智能化的新途径。在这一背景下，软件管理系统的应用变得尤为重要。

软件管理系统作为智能制造的核心组成部分，承担着管理和优化制造过程的重要任务。它通过整合先进的软件技术和智能化算法，实现了对生产过程的全面监控和实时调度，为企业提供了更加精准、高效、灵活的生产管理手段。从生产计划的制定到设备的调度，再到生产数据的分析和优化，软件管理系统都可以为企业提供全方位的支持和服务，帮助企业应对市场变化，提升生产效率和产品质量，同时降低成本和资源消耗，实现可持续发展。

然而，尽管面向智能制造的软件管理系统在理论和技术上已经取得了很大进展，但在实际应用中仍然面临着诸多挑战和难题。首先，不同行业、不同企业的生产制造过程存在差异，如何根据实际情况量身定制适合的软件管理系统是一个重要问题。其次，软件管理系统涉及大量的数据采集、处理和分析工作，如何确保数据的准确性、安全性和隐私性也是一个亟待解决的问题。此外，软件管理系统的投资成本较高，企业需要权衡投入和产出，寻找最佳的平衡点。

因此，本章将围绕面向智能制造的软件管理系统这一主题展开深入探讨，从智能制造中常见的管理软件分类，到智能制造下的工业管理软件创新，从各个方面分析工业软件管理系统的定义、功能和特点，旨在为读者提供全面了解和应用工业软件管理系统的指导和参考，促进工业软件管理系统在制造业的广泛应用，推动制造业实现数字化转型，迈向智能化未来。

3.1　智能制造中的管理软件分类

3.1.1　制造执行系统

在信息科技日新月异的背景下，以顾客定制化和市场需求为导向的生产流程已超越传统地域与时间的约束。顾客对于产品制造过程中的实时状态与进展展现出强烈的知悉需求，他们期许企业能够维持高标准的产品质量，并确保订单的准时交付。同时，企业高层管理者也迫切寻求有效的生产监控与管理机制，以实现生产流程的高效监督与精准控制。然而，传统的制造过程管理信息系统存在着控制系统孤立和信息孤岛化等严重问题，导致企业上层计划管理系统与生产车间的控制系统之间存在信息断层，从而缺乏对车间的整体管理和集中控制与调度。这种局面使得生产管理人员无法迅速了解生产现场的变化，无法做出准确的判断和快速的生产决策。因此，企业亟须转变生产模式，朝着数字化、信息化和网络化的方向迈进。

制造执行系统(MES)是制造业信息化建设中不可或缺的一环，它作为中间桥梁，紧密连接了企业的上层计划管理层与底层的工业控制层。MES 不仅实现了计划层与控制层之间的无缝对接，还具备了双向通信的能力。MES 可以将管理层的生产计划指令传达至车间生产控制层，并实时监测、控制和协调生产执行过程中的各个环节，实现生产计划的执行与调整，数据收集与分析，产品跟踪以及质量管理等功能。它弥合了管理层与控制层之间的鸿沟，实时把握车间的加工状态，并及时将制造信息反馈给管理层。MES 是一个综合集成的平台，它涵盖了车间生产控制的核心功能。这一系统通常集成了多个管理模块，包括库存管理、设备管理、数据管理、物料管理、质量管理、计划管理、订单管理以及生产执行等，如图 3-1 所示。

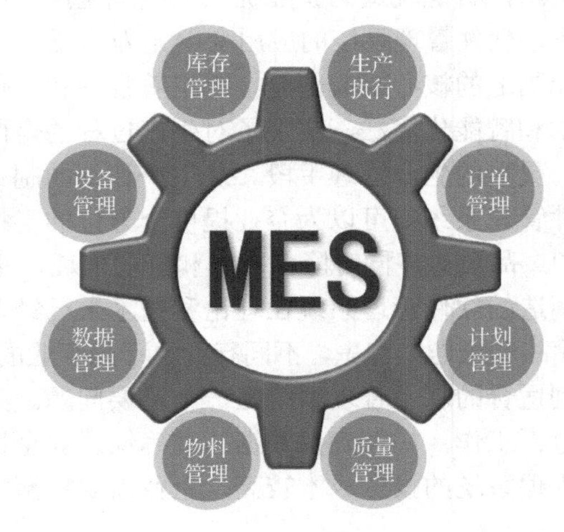

图 3-1 MES 的基本功能模块

库存管理是指对企业或组织中的原材料、在制品和成品等库存物资进行有效管理和控制的过程。它包括库存的采购、入库、存储、记录、监管、调度和销售等方面的活动，旨在确保库存的合理利用，以满足生产和销售的需求，并最大限度地降低库存成本。常见的库存管理功能有库存跟踪、自动化库存执行、库存优化、库存报告与分析等。

设备管理是指管理制造过程中的生产设备、机器和工具。有效的设备管理可以提高生产效率、减少停机时间，并确保设备处于良好的运行状态。常见的设备管理功能有设备监控和数据收集、设备维护和保养、故障诊断和预测、设备性能分析和改进等。

数据管理是指处理与制造过程相关的各种数据。这些数据可以包括生产计划、工单信息、生产工艺参数、质量数据、设备运行数据等，通过有效的数据管理，企业可以实现生产过程的实时监控、数据分析和决策支持，从而提高生产效率、产品质量和企业竞争力。常见的数据管理功能有生产数据采集、数据存储与分析、数据展示与报告等。

物料管理是指管理制造过程中所涉及的各种物料，包括原材料、在制品和成品。物料管理是制造业中至关重要的一环，它确保了生产过程的顺利进行。该管理过程不仅包括物料的采购、入库、库存管理、领料、生产过程中的使用和生产完成后的出库，还涉及物料的质量控制、供应商管理、成本控制以及物料流动的优化。常见的物料管理功能有物料采购和入库、物料标识和追踪、物料使用和消耗、物料退料和报废等。

质量管理是指在制造过程中实施的一系列工序检测和产品质量控制措施，旨在确保生产流程的规范性和产品的优质性。这一管理过程包括对工序的严格监测，以便实时掌握生产状态，并能够对产品质量流程进行追溯。同时，对于不符合质量标准的产品及其整改流程，质量管理也实施严格的控制，确保不合格产品得到及时识别、隔离和处理。它涵盖了从原材料采购到产品交付的整个生产过程，以及与质量相关的各种活动和控制措施。基本质量管理功能包括质量计划与标准制定、质量检测和控制、质量数据收集和分析、质量异常处理、质量追溯、质量持续改进和优化等。

计划管理是 MES 中的核心模块之一，它负责将企业的长期生产计划转化为短期、可执行的车间生产计划，制定具体的运营计划，针对指定的生产单元，实现作业排列的功能。考虑到优先级、属性、特征和方法等因素，以最小化生产过程中的辅助时间为目标，安排一个合理的生产序列。具体的功能包括生产计划制定、生产任务动态调度、资源分配和调整、生产进度跟踪、异常扰动处理等。

订单管理是来管理和执行与生产订单相关的各项活动，以确保订单按时交付、生产过程高效进行，并满足客户需求和质量要求。具体的功能包括订单创建、订单分配和排程、订单追踪和监控、订单执行和控制、订单完成和交付等。

生产执行是用于管理和执行生产过程中各项活动的核心组成部分。这些功能模块包括生产计划执行、工单管理、物料追踪、质量控制、设备监控等，旨在确保生产过程的顺利进行、资源的有效利用以及产品的高质量生产。

3.1.2　企业资源计划

企业资源计划(enterprise resource planning，ERP)系统是一种集成的企业管理软件，用于协调和管理企业内部各种关键业务流程和功能，如财务、供应链、生产、人力资源等。它的目标是帮助企业实现资源的高效利用、流程的优化以及决策的支持。

通过使用 ERP 系统，可以将企业生产所需的信息集成在同一个平台，轻松监控任何一个细节，预测库存需求，优化生产计划，控制生产成本，甚至帮助企业做出战略性决策。同时给用户提供足够深度且贴合需求的方案，帮助用户降低使用成本。此外，用户也可以在应用的基础上根据自身的业务需求，自定义修改表单内容和业务规则，更深度解决业务中的痛点。因此，ERP 系统的应用，可以将企业各个部门的活动线索编织成一张紧密的网，使得企业运作更加协调高效。

在大多数企业中，ERP 系统通常包括六大业务模块：客户、销售、采购、技术、生产、库存，如图 3-2 所示。

客户管理是 ERP 系统的基础功能之一，涵盖了客户信息的录入、维护、查询和分析等多方面内容。ERP 系统内，客户管理模块有利于企业构建全面的客户档案，包含客户基本资料、联系人信息以及历史交易记载。

整体架构					
客户管理	销售管理	采购管理	技术管理	生产管理	库存管理
客户信息录入	销售合同	采购合同	工艺管理	生产计划	入库管理
客户信息汇总	业务流转	采购到货	打样申请	生产派工	出库管理
客户信息分析	销售发货	物料质检	产品信息	生产领料	库存盘点
拜访跟进	发货质检	采购退货	主料信息	生产报工	
跟进信息	销售退货	新增供应商	辅料信息	生产质检	
	销售分析	供应商分析			
		采购报表			

图 3-2　ERP 系统的整体架构

销售管理功能涵盖了销售业务的全过程，从具备销售机会跟进到订单管理和交付等。在 ERP 系统中，销售管理模块可以协助企业跟踪销售机会、制定销售计划、管理销售订单和合同等。通过实时监控销售业绩和趋势，企业可以做出更精准的决策，优化销售策略，提高销售效率。

采购管理功能涵盖了采购流程的各个环节，从供应商选择到采购订单管理和物料入库等。在 ERP 系统中，采购管理模块可以帮助企业优化供应链，实现合理采购计划，跟踪供应商绩效，确保物料及时到达生产线，从而降低成本，提高生产效率。

技术管理功能主要涉及产品研发、工程管理和质量控制等方面。在 ERP 系统中，技术管理模块可以协助企业管理产品研发过程、工程项目进度和质量检测结果。

生产管理功能涵盖了生产计划、生产订单管理、生产进度跟踪和生产资源调配等。在 ERP 系统中，生产管理模块可以帮助企业实现生产计划的合理安排，监控生产进度，调整生产资源分配，确保按时交付产品，提高生产效率和资源利用率。

库存管理功能涵盖了库存监控、库存预警、库存调拨和库存结算等内容。企业可通过 ERP 系统的库存管理模块实时掌握库存情况，避免库存过剩或缺货现象，降低库存成本，提高资金利用效率。

3.1.3　生产计划与排程系统

生产计划与排程系统是指在生产过程中，通过对生产资源、生产任务和时间等方面进行合理的规划和安排，以达到提高生产效率、降低生产成本、优化生产流程的目的。生产计划与排程系统的建立和应用，对企业的生产管理起着至关重要的作用。

生产计划与排程系统是工业 4.0 智能制造的核心系统之一，可以同步监控所有资源，包括物料、设备、人员以及客户需求和订单变更。同时，利用智能算法进行多次模拟、测试、优化、计算，最终产生一个可行、准确的生产计划。该生产计划与排程系统是一个独立的、自成一体的生产计划模块，其设计与运作独立于企业资源计划系统以及制造执行系统。该系统主要致力于解决企业资源计划系统中需求规划与实际制造执行系统执行层面之间存在的管理协调与信息流通障碍。

制造企业的生产计划与排程系统通常具有以下运行流程。

1) 导入基础信息

生产计划和排程系统中的基础数据，包括设备、员工、工作日历、班次、班表、工作区域、模具、生产设备、仓库、供应商和物料等信息，可手动录入系统，也可利用 EXCEL 批量导入，或通过 API 接口实时同步数据。

2) 导入产能约束条件

生产计划与排程系统中的产能限制因素涵盖 BOM 表、工序顺序、工艺流程、生产流程、设备容量约束、设备效率限制、工作时间限制、人力资源限制等。系统可根据不同行业需求自定义工厂排程模型，如针对流程行业、离散行业。例如，可针对同一产品配置多个 BOM 版本，设定多种生产工艺路线，调整设备/工作中心的人机效率和工作时间等。这些限制条件可通过系统录入、EXCEL 导入或 API 接口实时同步导入。

3) 导入订单需求数据

生产计划与排程系统可以整合销售订单、销售预测、采购订单、生产订单、生产预测、实时库存等信息。订单内容应包含物料编码、名称、数量以及交货时间。系统能自动更新最新订单需求数据，以应对订单变更、急单、插单以及设备故障等情况。

4) 设置排程策略

将基础数据、规定条件和订单数据导入系统后，即可依据工厂设定排程策略，实现销售订单交期承诺计划、工单生产计划、采购备料计划以及资源设备利用计划。常见的算法，如基因算法、神经网络算法、动态分拣算法、动态合并算法、启发式算法等，用于设计最佳的生产计划，以缩短生产周期、提高订单交付率、增加设备利用率、减少库存，实现制造企业成本降低、效率提高的目标。

5) 清晰直观的可视化计划方案

生产排程系统集成了工单计划、采购计划、交货计划、设备资源计划及物料库存等关键项目，并通过甘特图和报表的形式从多个角度展示计划结果。这使得生产管理员和计划员能够迅速通过甘特图、报表以及 EXCEL 表格进行数据分析，从而高效执行决策。此外，各部门也能及时、直观地掌握车间作业计划、订单生产计划、库存变动及设备资源利用计划等关键信息。

6) 智能电子看板

借助可视化电子看板系统，仓库及车间可实时掌握生产与需求计划；生产部门可了解生产情况，保障作业计划高效生产，同时监控实时产量以增进生产效率；设备维修部门可根据计划，在设备闲置时及时进行维修保养，提升设备利用率。

3.1.4　物联网平台

随着互联网技术的快速发展，物联网已经成为连接和管理物理世界的重要基础设施。而物联网平台是指一种集成了物联网设备管理、数据收集、存储、分析和应用开发等功能的软件系统。它作为实现物理世界和数字世界之间数据交换和信息共享的桥梁，利用各种传感器、设备和互联网技术连接并实现设备间的数据交流。物联网平台在各个领域如智能家居、智慧城市、工业自动化等方面都有广泛的应用。下面将具体介绍物联网平台的总体架构和各组成部分。

物联网平台大致可以分为以下四个层面，即感知层、网络层、平台层以及应用层，如图 3-3 所示。

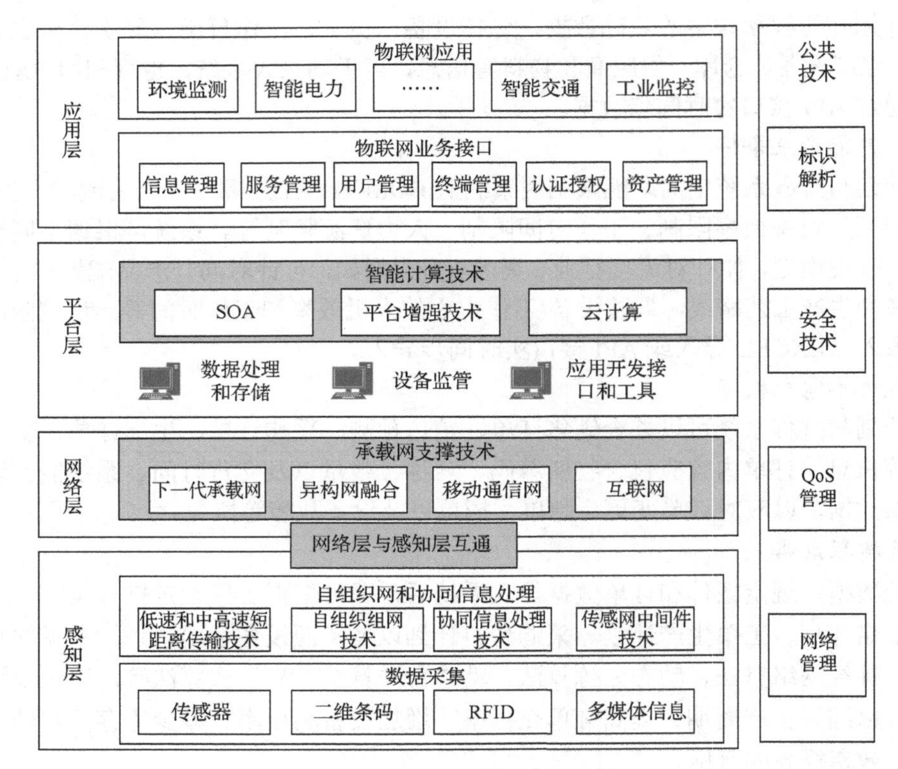

图 3-3　物联网平台的技术架构

(1)感知层(perception layer)：物联网平台的感知层是系统的最底层，直接与物理世界相连，负责采集环境数据。这些数据来自各种传感器、监测设备和智能物品，如温度、湿度、光照等环境参数。感知层的设备通常包括传感器节点、智能设备和嵌入式系统。传感器节点负责将环境数据转换为数字信号，并通过通信协议传输到上层网络层。智能设备具有更高级的感知和处理能力，可以直接与物联网平台进行通信和交互。感知层的数据是物联网平台的基础数据，为上层的数据处理和分析提供了源头数据。

(2)网络层(network layer)：物联网平台的网络层是连接感知层和平台层的关键组成部分，负责数据在物联网系统内部和外部网络之间的传输和通信。该层采用多种通信技术和协议，如以太网、Wi-Fi、蓝牙、LoRa 等，以适应不同的应用场景和需求。网络层还涉及网络拓扑结构的设计和管理，包括设备之间的连接方式、网络拓扑的构建和管理等。此外，网络层需要考虑数据传输的安全性和隐私保护，采取加密、认证、权限控制等措施，保障数据在传输过程中的安全性和完整性。

(3)平台层(platform layer)：物联网平台的平台层是整个系统的核心部分，负责数据的存储、处理和管理，以及应用的开发和运行。该层包括数据处理和存储、设备监管、应用开发接口和工具等功能模块。数据处理和存储模块负责对接收到的数据进行实时处理、清洗、聚合和转换，并将处理后的数据存储在可扩展的数据库中。设备监管模块负责管理物联网设备的注册、认证、状态监测和控制。应用开发接口和工具模块为开发者提供了丰富的工具和接口，用于构建各种基于物联网数据的应用程序，如数据可视化、智能控制等。

(4)应用层(application layer)：物联网平台的应用层是最上层的部分，提供了用户界面和各种应用程序，使用户能够方便地访问和管理物联网系统。该层包括用户登录和身份验证、设备管理、数据展示等功能模块。用户登录和身份验证模块验证用户身份，并授权其访问相应的功能和数据。设备管理模块提供设备列表、状态监测和控制界面，使用户能够管理其设备。数据展示模块以图表、报表等形式展示数据，帮助用户理解和分析物联网数据。应用层的设计旨在提供简单直观的用户体验，满足用户对物联网系统的需求和期望。

3.1.5　产品生命周期管理系统

在工业应用中，产品生命周期管理(product lifecycle management，PLM)系统是一种用于管理和优化产品生命周期的综合性系统。PLM 的应用旨在协调和整合产品设计、开发、制造、交付和维护等各个阶段，实现对产品生产过程的全面监控、调度和优化，以确保生产周期的缩短、生产效率的提高和生产成本的降低。在 PLM 框架下，产品被视为一个连续的实体，其不同阶段的数据、文档、流程和相关信息都被有效地管理、跟踪和共享。PLM 系统的实施使企业更加灵活、敏捷，并能够更好地满足市场需求，有助于企业提高产品质量、缩短上市时间、减少成本并促进创新。

PLM 系统涵盖了多个领域，包括工程设计、制造、供应链、质量控制、市场营销等，其主要组成部分包括需求管理、产品设计、制造和生产规划、供应链管理、质量控制、变更管理、文档管理、协作和沟通、维护和服务以及退役和回收等，如图 3-4 所示。

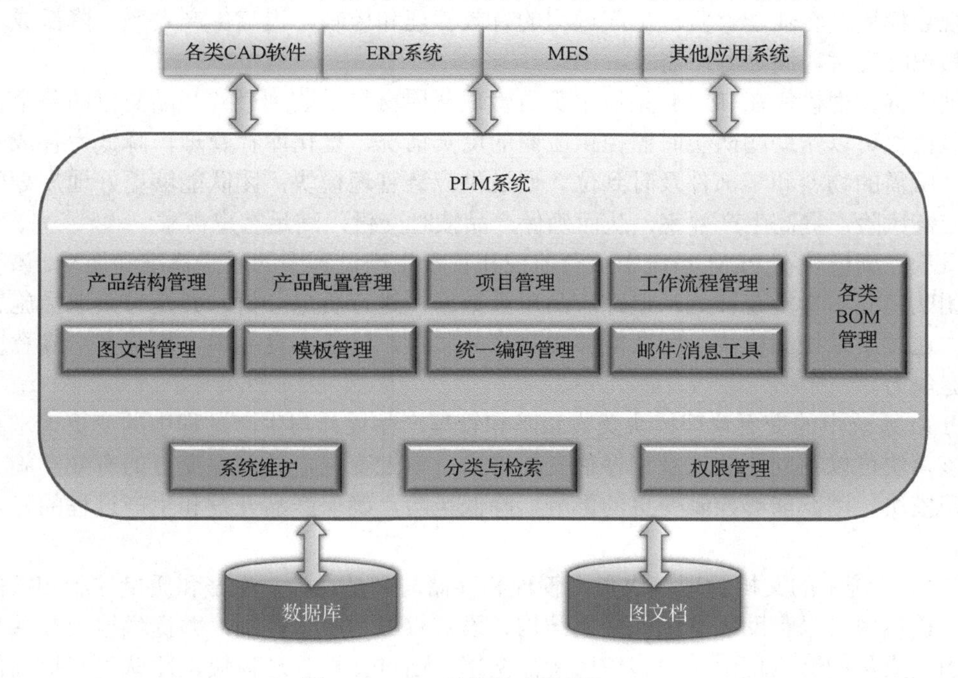

图 3-4　PLM 系统的功能架构

PLM 系统的需求管理是确保产品开发和生产过程顺利进行的关键环节。它涉及收集、分析、跟踪和管理产品生命周期中的各项需求，以保证产品质量和交付时间的达成。需求收集是需求管理的起点。企业需要与客户、设计师、工程师和其他利益相关者进行密切合作，以确保全面理解产品需求和期望。需求分析是将收集到的需求进行梳理、整合和优先级排序的过程。PLM 系统能够帮助团队将需求进行分类，明确各项需求的重要性和紧迫程度，从而为后续的工作提供清晰的指导和规划。需求跟踪是保证需求在整个生产周期中得到有效管理和控制的重要步骤。PLM 系统可以帮助团队跟踪需求的状态、变更和实现进度，及时调整资源和进度安排，确保产品开发和生产进程顺利推进。需求验证和确认是验证产品是否满足客户和利益相关者期望的关键环节。系统可以提供验证工具和报告，帮助企业评估产品的质量和性能，确保产品达到预期要求。

PLM 系统的产品设计主要围绕产品的概念化和规划展开。企业会在系统中记录且分析市场调研数据，以了解客户需求和市场趋势，并在系统中定义产品的功能、特性和规格，进行设计评审，确保设计方案符合预期目标。此外，系统提供了原型设计工具，团队可以通过系统创建虚拟原型，进行设计验证和用户反馈收集。通过产品设计，企业能够以更系统化和有效的方式进行产品设计，从而在产品生命周期的早期阶段就能够建立起良好的基础，为后续的开发和生产工作提供指导和支持。

PLM 系统的制造和生产规划模块主要涵盖了生产计划、资源分配和生产监控等功能。系统会确定生产时间表和产量目标，同时考虑到资源、设备和人力的可用性。接着，支持资源分配，帮助企业合理安排生产任务，确保生产流程顺畅进行。此外，该模块还提供生产监控功能，企业可以实时跟踪生产进度和产品质量，及时调整生产计划以应对变化。通过制造和生产规划模块，企业能够实现生产过程的有效管理和控制，提高生产效率、降低成本，并确保产品按时交付，满足客户需求。

供应链管理模块在 PLM 系统中负责管理从原材料采购到最终产品交付的整个供应链流程。该模块可以帮助团队实时监控供应商的供货情况，优化库存管理，降低库存成本，并确保生产所需的物料和零部件及时到位。通过供应链管理模块，团队能够更好地规划生产，降低供应链风险，提高生产效率，从而确保产品按时交付，满足客户需求。

质量控制模块在 PLM 系统中负责监控和管理生产过程中的质量标准和要求。该模块可以帮助团队建立质量检查计划，追踪产品质量数据，进行质量分析，并及时采取措施解决质量问题。通过质量控制模块，团队能够提高产品质量，降低不良品率，增强客户满意度，提升企业竞争力。

PLM 系统中的变更管理模块负责跟踪和管理产品设计与生产过程中的变更请求和变更控制。该模块可以帮助团队记录和评估变更请求，审批变更，并确保变更的有效实施。通过变更管理模块，团队能够控制变更的影响，降低风险，确保产品开发和生产过程的稳定性和可控性。

PLM 系统中的文档管理模块负责管理和存储与产品设计、生产和质量控制相关的文档和资料。该模块可以帮助团队组织文档结构、设定权限、版本控制，并提供检索和共享功能，确保团队成员能够方便地访问和使用所需文档。通过文档管理模块，团队能够提高信息管理效率，减少误解和错误，提高工作效率。

PLM 系统中的协作和沟通模块负责促进团队内部和与外部利益相关者之间的协作和沟通。该模块可以提供团队协作工具，如任务分配、项目日历、讨论区等，以及与客户、供应商和合作伙伴的沟通渠道。通过协作和沟通模块，团队能够加强信息共享，促进团队合作，及时解决问题，从而提高生产效率和产品质量。

维护和服务模块在 PLM 系统中负责管理和追踪产品的维护与售后服务。该模块可以帮助团队建立维护计划，跟踪产品维修记录，管理保修信息，并提供客户服务支持。通过维护和服务模块，团队能够提高客户满意度，增强品牌忠诚度，促进业务增长。

退役和回收模块在 PLM 系统中负责管理产品的退役和回收过程，确保产品在生命周期结束时能够得到有效处理。该模块可以帮助团队制定退役计划，追踪产品退役情况，管理废弃物处理和回收流程，并遵守相关法规和环保政策。通过退役和回收模块，团队能够降低环境影响，提高资源利用效率，实现可持续发展目标。

3.1.6 质量管理系统

质量管理系统（quality management system，QMS）负责管理产品质量控制流程，包括质量计划、检验、控制和改进。QMS 包括一系列的组织策略、流程、程序、资源和文档，以确保组织能够生产出高质量的产品或提供高质量的服务。QMS 通常基于国际标准化组织（ISO）的标准，如 ISO 9001 等，这些标准提供了一套通用的质量管理框架，可以帮助组织建立和实施质量管理体系，以提高产品或服务的质量和客户满意度。

1. QMS 可以帮助组织实现的目标

QMS 的核心是不断地改进，包括持续改进产品或服务的质量、流程的效率和组织的绩效。QMS 可以帮助组织实现以下目标。

（1）提高产品或服务的质量和可靠性，减少缺陷和客户投诉。

（2）提高组织的效率和生产率，降低成本和减少浪费。

（3）提高客户满意度和忠诚度，增强组织的市场竞争力和品牌价值。

（4）确保组织遵守法规和标准，避免法律风险和负面影响。

2. QMS 通常包含的功能模块

（1）文件管理模块：用于管理组织内部的文件和记录，包括制度、流程、规范、操作指南、培训记录、审批记录等。

（2）流程管理模块：用于管理组织内部的流程和程序，包括流程图、流程规范、流程改进等。

（3）问题管理模块：用于管理组织内部的问题和缺陷，包括客户投诉、内部缺陷、不符合项等。

（4）审核管理模块：用于管理组织内部的审核和评审活动，包括内审、外审、供应商评估等。

（5）培训管理模块：用于管理组织内部的培训活动，包括培训计划、培训记录、培训评估等。

（6）绩效管理模块：用于管理组织内部的绩效指标和绩效评估，包括制定绩效目标、评估绩效结果等。

（7）供应商管理模块：用于管理组织的供应商和外部合作伙伴，包括供应商评估、合同管理、供应商绩效评估等。

（8）风险管理模块：用于管理组织内部的风险和机会，包括制定风险评估、风险控制措施等。

(9) 数据分析模块：用于分析和评估组织内部的数据和指标，包括统计分析、趋势分析、预测分析等。

(10) 改进管理模块：用于管理组织内部的改进活动，包括改进计划、改进实施、改进效果评估等。

这些模块可以根据组织的需求和实际情况进行选择和定制，以满足组织的质量管理和持续改进需求。

3. 设计和开发一个质量管理系统需要的步骤

(1) 确定需求：需要明确组织的需求和目标，包括质量管理的范围、目标、指标和要求等。

(2) 制定计划：根据需求和目标，制定 QMS 的计划和时间表，包括 QMS 的开发、实施、培训和运营等。

(3) 设计 QMS：根据需求和计划，设计 QMS 的架构和模块，包括文件管理、流程管理、问题管理、审核管理、培训管理、供应商管理、风险管理、数据分析和改进管理等。

(4) 实施 QMS：根据设计，实施 QMS 的各个模块和功能，包括文件编制、流程规范、问题处理、审核评估、培训安排、供应商管理、风险控制、数据收集和改进实施等。

(5) 培训和推广：为组织内部的员工和外部的供应商和客户提供相关的培训和推广，以确保 QMS 的有效实施和运营。

(6) 监控和改进：定期对 QMS 进行监控和评估，包括内审、外审、绩效评估、数据分析和改进计划等，以持续改进 QMS 的效果和绩效。

3.1.7 人机界面和智能分析工具

人机界面(human-machine interface，HMI)和智能分析工具是现代制造企业中不可或缺的关键技术，它们为企业提供了实时监控、数据分析和决策支持等功能，有助于优化生产过程、提高生产效率和降低成本。人机界面是指人与机器之间进行信息交流和互动的界面系统，包括各种形式的交互设备，如触摸屏、键盘、鼠标、语音识别等。智能分析工具则是利用人工智能、大数据分析等技术对生产数据进行处理和分析，从而帮助企业做出更加智能化的决策。

1. HMI 通常包括的模块

(1) 显示屏和控制面板：显示屏用于显示生产数据、设备状态和操作界面，控制面板用于人员对设备进行操作和控制，如启动、停止、调整参数等。

(2) 数据采集设备：数据采集设备用于实时采集生产过程中的各种数据，如温度、压力、速度等，以及设备的运行状态和故障信息。

(3) 人机交互设备：人机交互设备包括触摸屏、键盘、鼠标、语音识别等，用于人员与设备之间进行信息交流和操作控制。

(4) 用户界面软件：用户界面软件用于设计和实现人机界面的各种功能和界面，包括界面布局、图形显示、操作控制等。

(5) 报警和提示系统：报警和提示系统用于监测生产过程中的异常情况和问题，并通过声音、光线、文字等方式向操作人员发出警报和提示信息。

2. 智能分析工具通常包括的模块

(1)数据采集和存储模块：数据采集和存储模块负责从生产过程中采集各种数据，并将其存储到数据库或数据仓库中，以备后续分析和处理。

(2)数据处理和分析模块：数据处理和分析模块借助先进的人工智能技术和大数据分析框架，对汇集的数据进行深入挖掘，提炼出关键信息，并据此构建精准的分析报告与预测模型。

(3)实时监控和预警模块：实时监控和预警模块用于实时监测生产过程中的各种指标和参数，发现异常情况并及时发出预警，以防止生产事故和质量问题的发生。

(4)决策支持模块：决策支持模块利用分析结果和模型，为企业管理者提供决策支持，帮助其制定合理的生产计划、调度安排和质量控制措施。

(5)智能优化和调整模块：智能优化和调整模块根据分析结果和模型，自动对生产过程进行优化和调整，以提高生产效率、降低能耗和减少浪费。

人机界面和智能分析工具在制造企业中的结合应用，为企业带来了更加智能化、高效化的生产管理模式。通过将智能分析功能集成到人机界面中，操作人员可以直接在界面上获取生产数据的分析结果和预测信息，从而及时做出相应的调整和决策。例如，在生产线监控系统中，智能分析工具可以对生产数据进行实时分析，预测生产异常并提出解决方案，操作人员可以通过人机界面直接获取这些信息，并进行相应的操作控制，从而确保生产过程的稳定性和高效性。

3.2　智能制造下的工业管理软件创新

智能制造的兴起推动了工业管理软件创新，这些软件旨在提高生产效率、优化资源利用和提升管理水平。

3.2.1　数据驱动的决策支持系统

长久以来，企业界和信息技术行业一直对决策支持系统极为关注。人们期望通过对决策理论和模型的研究与不断改进，建立一种计算机化的信息系统，以全面支持决策者的决策流程。尽管受模型驱动的决策支持系统(model-driven decision support system, MDSS)在辅助决策方面展现了其价值，但由于实际决策问题所具备的复杂性和非结构化特征，MDSS 的应用范围及其支持力度受到了显著限制。这种局限性导致 MDSS 在实际应用中远未达到人们对其的期望，仍需要进一步的研究与改进。

数据驱动的决策支持系统(data-driven decision support system，DDSS)是一种新型的决策支持概念。该系统基于数据仓库，并结合现代信息技术，涉及数据挖掘(data mining，DM)、联机分析处理(online analytical processing，OLAP)等内容，形成了一个计算机化的交互式系统。数据驱动的决策支持系统不仅可以协助决策者利用公司内部庞大的数据库，还可利用外部环境数据；此系统能帮助管理者进行未预定或专门分析的数据处理；它有助于管理层揭示数据模式和发展趋势的实际情况；此外，该系统还支持管理人员追溯、展示和分析历史数据。

1. 数据仓库

数据仓库是一个经过特别设计和组织的数据库系统，其核心功能在于支持组织内部各类决策过程的数据需求。为实现高效地联机查询和管理归纳数据，数据仓库通常采取成批更新和结构化存储的方式。一般而言，数据仓库所容纳的数据量往往超过 500MB，足以为大型企业级应用提供数据支持。数据仓库领域的先驱者 Bill Inmon 对数据仓库有着深入的见解，他认为："数据仓库是在支持管理决策处理过程中，面向特定主题的、集成的、随时间变化且内容非易变的数据集合。"其中：

(1) 数据仓库中的数据并非杂乱无章，而是围绕特定的商业活动主体进行组织和存储，如消费者行为、供应商信息等；

(2) 数据集成是以统一格式、规则、约束域、物理属性和度量等因素存储数据；

(3) 时变意指数据仓库内各数据项与特定时点相关，数据会随时间变动；

(4) 非易变数据是指一旦存储在数据仓库中用于支持决策后，就不会再发生改变。

在数据管理的领域中，与数据仓库相似的一个概念是数据中心(data mart)。数据中心可以被视为数据仓库的一个子集或特定应用实例，它通常专注于相对单一的主题或业务领域。例如，消费者数据中心就是专门用于存储和管理所有与消费者相关信息的数据中心。为了满足企业不同部门或业务线的需求，许多组织或企业选择通过建立一系列数据中心来逐步构建全企业范围的数据仓库。这种方式允许企业根据实际需求，分阶段地整合和集中数据，最终形成一个全面、统一的数据仓库。

2. 联机分析处理

OLAP 是一种专门用于处理多维数据的软件系统。尽管数据仓库可以存储多维数据，但 OLAP 软件提供了更为丰富的功能，能够创建多种视图，以不同方式表达这些多维数据。

据 Nigel Pendse 所述，OLAP 软件系统具备快速、一致和交互式地存取共享和多维数据的能力。它能够存取多维数据库，这是一种以阵列形式展现和表达数据的数据结构。在这种结构中，多维数据库管理系统可以根据不同的属性关联，如月份、产品、销售区域等，创建数据数组。

多元数据库则包含多个不同的变量，这些变量的维度可能相同也可能各异。在 OLAP 的应用中，数据的多元视角特别有效，因为它允许用户从多个角度和层次分析数据，发现数据之间的关联和趋势。此外，相关的数据库软件也通常具备数据结构化的功能，以支持快速、多元的数据查询。这使得用户能够更高效地利用数据，支持复杂的分析任务，从而为企业决策提供更准确、全面的数据支持。

软件评论家 Jay Tyo 将 OLAP 工具划分为五种类型：

(1) 单独的桌面工具，如 Cognos 公司的 PowerPlay 等；

(2) 集成化的桌面工具，如 Business Objects 和 BrioQuery Enterprise；

(3) 关系的 OLAP 工具，如 IQ Software 公司的 IQ/Vision；

(4) 个人多维数据库，如 Pilot 公司的 Pilot Desktop 和 Oracle 公司的 Personal Express；

(5) 其他比较难以分类的工具，如 SAS 公司的 SAS System 和 Platinum Technology 公司的 Forest & Trees 产品系列。

3. 数据挖掘

数据挖掘是一个深入探索和分析数据的过程，其核心在于通过筛选和过滤来揭示数据之间潜在的、内在的联系和相互关系。这些内在关联描述了现存数据之间的深层联系，是理解数据背后规律的关键。数据挖掘的这一过程也被形象地称为“数据冲浪”，象征着在数据的海洋中探寻和发现有价值的信息。

数据挖掘工具包含多项技术：基于实际推理、数据可视化、模糊查询和分析技术。其中：

(1)基于事实的推理技术是通过特定的一个或多个记录的内容来查找相似的记录或记录组，从而帮助用户识别原有记录之间的相似性；

(2)利用数据可视化技术，用户可以以图形方式快速、方便地观察数据，可以调整维度或变量；

(3)基于模糊理论及其方法的查询和分析技术，是一种独特的数据处理方式。该技术通过利用模糊隶属度来确定数据的类别和范畴，进而实现对数据趋势的推测和分析。

数据挖掘并非新兴应用技术，随着技术及相关软件日趋成熟，数据挖掘在决策支持系统中的应用逐渐普及。

4. DDSS 的内部结构

数据仓库和 DDSS 的设计与开发应始于审视其结构模板，深入了解系统的构成、界面、适应性、成功与失败因素。在深入理解的前提下，开发者应当努力尝试将常见系统应用于自身企业实际情况，并据此确定主题、数据基础结构、设定数据提炼和过滤工具的基本规则、界定查询界面，以及预先定义特定图表等工具。DDSS 的内部逻辑组成结构如图 3-5 所示。

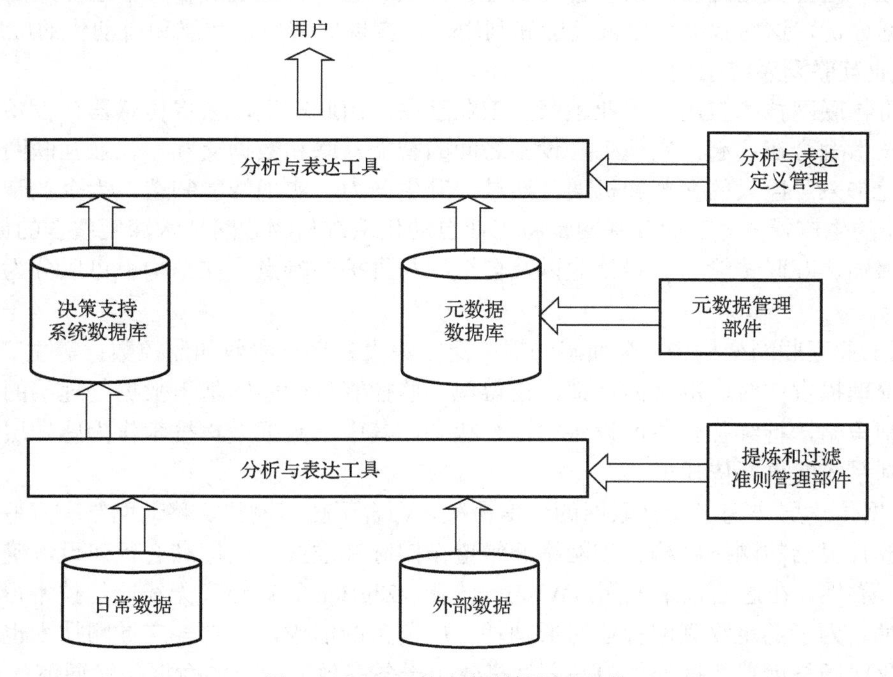

图 3-5　DDSS 的内部逻辑组成结构

数据基，作为企业数据的核心集合，综合了企业在金融、事务和商业活动等多方面的数据，并通过时间序列的形式进行数据的整合。为满足经理和数据分析员对数据的高效访问需求，数据基的结构设计基于对日常事务数据库的深度优化。数据的更新在数据集中采用批量处理的方式进行，确保在更新过程中，当前数据能够实时反映最新状态，并基于这些更新生成准确的新结果。

数据提炼和过滤部件是数据基的重要组成部分，它的作用是从各个不同的日常业务数据库或外部数据源中提炼和检验数据。这些经过提炼和检验的数据，如果符合 DSS(决策支持系统)的要求，将被组合和装配到 DSS 数据基中，以满足经理和数据分析员的应用需求。

DSS 中的前端工具——分析与呈现工具，直接面向用户，支持经理和数据分析员进行计算并挑选合适的可视化格式。这些可视化工具涵盖数据透视表、趋势图、饼图和柱状图等，旨在高效展示并解析数据。鉴于分析与呈现工具是 DSS 中用户交互最为紧密、使用最为频繁的组件，因此，其本地化和个性化定制对于优化用户体验、满足用户个性化需求具有举足轻重的地位。

3.2.2 物联网整合

物联网是指通过互联网将各种物理设备、传感器、软件和网络连接起来，实现彼此之间的通信和数据交换的网络系统。物联网平台的核心理念是将物理世界与数字世界相连接，通过智能化和自动化的方式，实现设备之间的互操作性和智能化管理。物联网平台的基本原理是通过传感器、标签、RFID 等技术将物理设备与互联网连接起来，使其能够实时收集、传输和分析数据。这些数据可以包括设备的状态、位置、温度、湿度等各种信息。通过云计算技术和大数据分析，这些数据可以被处理和利用，以实现更高效、智能和自动化的应用。

1. 工业互联网系统架构

通过将物联网技术应用于工业领域，工业互联网由此产生，它将传感器、设备、网络和云计算等技术融合在一起，实现工厂设备之间的智能互联和数据交互。工业互联网技术的出现为制造业带来了巨大的变革和机遇，通过提升生产力、实现智能制造，为企业带来了更高效、更智能的生产模式。工业互联网是将工业自动化系统与物联网技术深度整合的创新网络，具有全面感知、互联传输、智能处理以及自组织与维护的特点，在结构上可以分为四层，如图 3-6 所示。

(1) 在工业互联网架构中，全面感知层广泛收集设备运行参数和监控数据等生产信息，为现场调度管理提供实时、准确的反馈，使得现场监控管理站能够基于数据处理层的反馈，精确调整控制策略，持续优化生产设备的运行状态。其中，数据采集技术作为感知层的基础，是工业控制系统的重要依托。

(2) 数据传输层作为工业互联网的通信桥梁，融合了传感网络、移动网络和互联网，构建了一个开放且灵活的网络结构。该网络通常遵循国际标准或行业标准进行建设，确保数据的互通性和可靠性。在通信技术方面，Wi-Fi、蓝牙、ZigBee 等短距离无线通信技术得到了广泛应用。同时，为了满足物联网行业对低功耗、广覆盖的需求，低功耗广域网技术也逐渐被引入，为工业现场与远端数据处理中心之间搭建了一条高效、稳定的数据传输通道。

(3) 数据处理层是工业互联网系统的核心。经过处理的感知数据通常反馈回工业控制系统中进行应用，而不是直接提供给终端用户使用。数据处理层的构成主要包括通信服务器、历史数据库和远程监控管理站。依托云计算平台，该层次实现了对海量感知信息的集中式存储与深度分析。尽管数据应用过程相对单一，但数据处理层在整个系统中起着至关重要的作用，确保数据处理的效率和准确性。

(4) 工业互联网的综合应用层主要针对实际应用服务，具有信息管理、智能终端、认证授权等特点，主要面向用户提供个性化服务，应用对象有智能物流、智能交通、制造业等，需要保证用户访问安全、密钥隐私等。

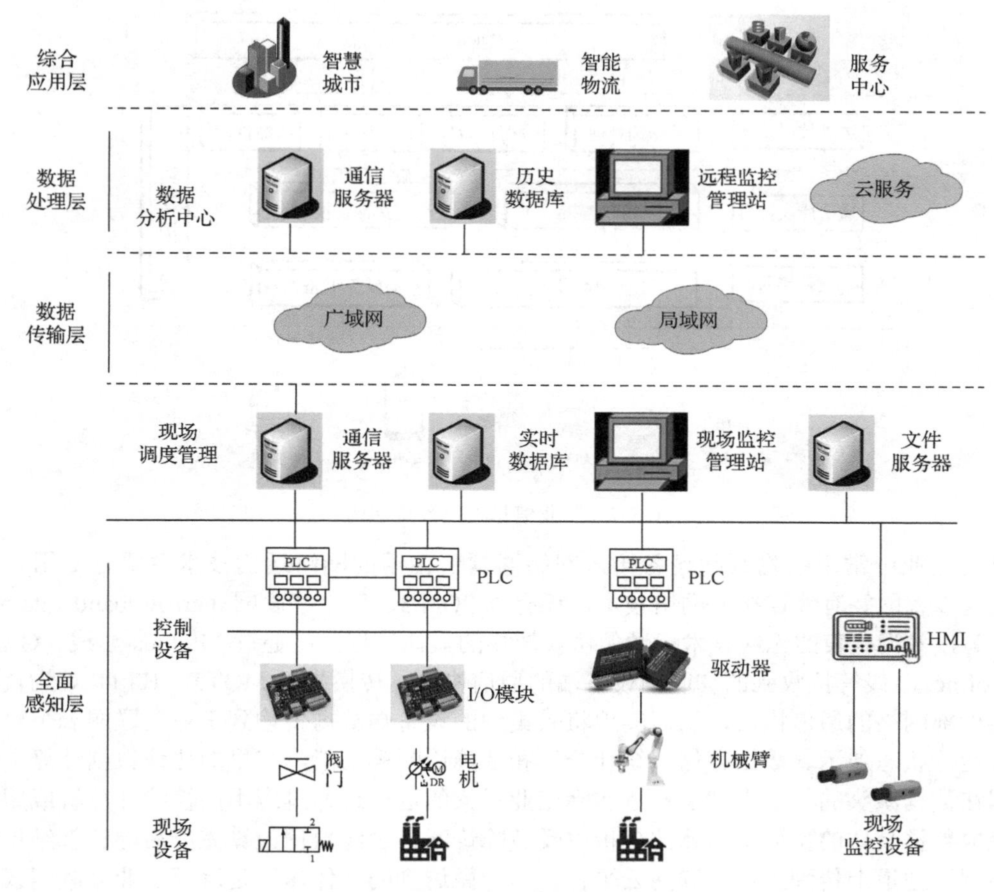

图 3-6　工业互联网系统架构示意图

2. 工业互联网整合中的主要技术

工业互联网整合中所必不可少的技术有工业传感器技术、工业信息采集技术、工业互联网数据传输协议、软件平台开发、人工智能等技术。这些技术的紧密结合应用，是工业信息化、智能化得以实现的基础。

1) 工业传感器技术

工业传感器技术是工业互联网中的关键环节，传感器的精度直接决定了采集数据的质量。同一个物理量或状态量通常可以通过多种物理或化学测量原理的传感器进行采集。在不同的生产环境下，选择合适的传感器不仅能够显著提高数据采集的效率和精度，还能降低传感器安装和采集的成本。在一般的工业环境当中，常用的传感器有电压电流传感器、温湿度传感器、振动传感器、加速度传感器、光线传感器等。

2) 工业信息采集技术

工业现场中的信息采集是工业互联网中具有代表性的应用场景的其中一个。工业现场中的信息采集一般包含三个部分，分别是设备接入、通信协议转换以及边缘数据计算。工业信息数据采集一般起着承上启下的作用，往上延伸可以对接企业 SaaS 系统或者设备云平台，往下发展可以接入各式工业生产设备和控制设备以及其他设备工具，具体的结构可见图 3-7。

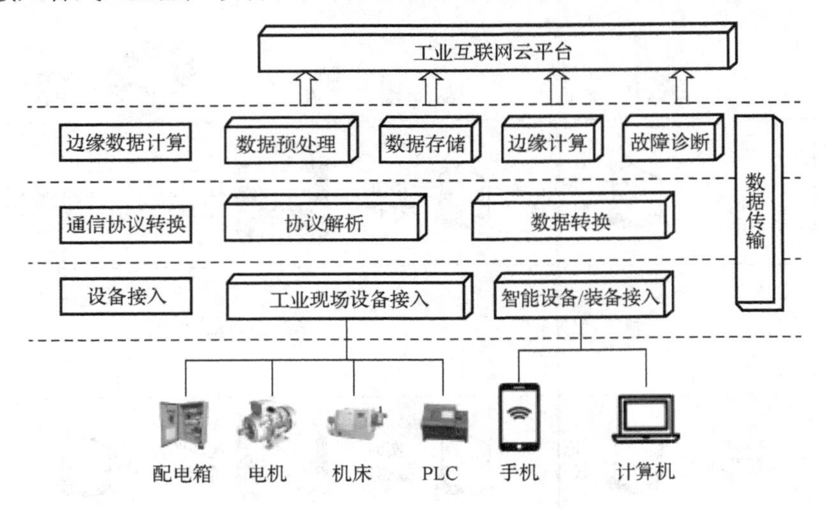

图 3-7　工业信息采集系统结构

目前工业中常用的物联网设备接入网络通常所使用的网络通信技术主要有专用光纤网络、工业以太网等有线连接的网络技术，还有以 3G/4G、窄带物联网(narrow band internet of things)等技术为代表的无线技术。通信协议转换的具体过程是将通过 Modbus 总线、CAN 总线、Profinet 总线等接收到的物联网设备端的通信协议，转换为以 MQTT、HTTP 等为代表的可连接外部网络的通信协议，从而实现将采集到的设备端数据传输到工业互联网云平台，用于设备运行状态展示、数据存储、统计分析和故障诊断等功能。这里的边缘数据计算具体是将数据在数据源头的一侧也就是接近实际工业场景的这一边通过应用高性能计算机或服务器率先完成数据具体的预处理与算法分析以及故障诊断，边缘数据计算完成后的计算结果将通过专用网络通道上传到工业互联网云平台，这样做达到的具体作用是缓解工业互联网云平台后台的计算压力，平衡计算开销，节约网络带宽，减少成本。

3) 工业互联网数据传输协议

工业互联网中使用的数据传输网络根据是否与手机、计算机等终端进行通信，分为外网数据传输协议和内网数据传输协议。内网数据传输协议又称为工业通信协议。顾名思义，工业通信协议是指用于工厂内各个设备之间相互通信和数据传输的数据传输协议，包括从工业现场设备接入端到网关系统一端所使用的所有网络数据传输协议的统称。当前在工业信息采集所应用的范围内，因为工业生产中设备更新较慢，存在多代工业通信协议或者标准共存的现象，目前工业界应用较为广泛的协议或者标准有 Modbus 总线、Profinet 总线和 CAN 总线等，Modbus 协议或者标准是在工业现场中应用范围最广、应用时间最早的总线协议或标准，而且在中国 Modbus 协议或者标准已经成为工业界的国家标准之一，它的国家标准编号为 GB/T 19582—2008。

3.2.3　生产计划和调度优化

随着科技的不断发展和智能化水平的不断提高，智能制造已经成为制造业的一个必经之路。然而，智能制造并不是简单地将机器自动化，而是通过智能化手段来提高生产过程中的效率、质量和安全性，从而实现生产过程的可持续性发展。在智能制造中，生产计划与调度优化是关键的环节之一，因为它能提高生产效率和产品质量，减少资源浪费，从而实现生产过程的优化与可持续性发展。

生产计划是指根据市场需求和生产能力，将生产任务合理地分配到各个生产环节中，形成一条完整的生产流程，从而实现生产过程的有效控制和协调。生产调度优化是指根据生产流程和资源情况，调整各个生产环节的生产任务，保证生产过程的顺畅和高效。因此，生产计划和调度是实现智能制造的关键所在。

在智能制造中，生产计划和调度优化应该是深度智能化的过程。通过智能化技术，可以将生产计划和调度与市场需求、生产模式和资源状况等因素相结合，从而提高生产环节的协同性和适应性。其中，深度学习、模糊逻辑和强化学习等技术可以用于预测和分析市场需求和生产环境，从而生成更加智能的生产计划和调度方案。而传感技术、物联网技术、大数据技术等可以实现生产环节的数据化采集和分析，从而实现生产过程的实时监控和智能化调度。此外，机器人技术、自动化技术和人工智能技术等也可以用于实现生产流程中的自动化和智能化控制，从而提高生产效率和产品质量。

生产计划和调度优化的实现还需要高度的协同性和实时性。在生产过程中，产生的数据和信息需要及时传递和处理，以确保生产计划的精确性和调度的准确性。此时，智能化技术可以发挥重要的作用。例如，基于区块链技术的智能合约可以将生产计划和调度优化与各个生产环节的数据和信息相连接，实现生产过程的实时协同和信息共享。而智能化机器人和自动化设备也可以通过数据上传和传感器监测来实现生产过程的实时监控和控制。通过这些技术的应用，可以实现智能化生产过程的精细化调度和优化。

此外，智能制造中的生产计划和调度优化也需要考虑到人的因素。人工智能可以实现生产过程的自动化和智能化控制，从而减少人员的参与和干预。但是，在某些环节中，人的参与是不可避免的。例如，在产品设计、维修和质量控制等环节，人员的经验和技能是非常重要的。因此，在智能制造中，生产计划和调度优化需要综合考虑人的角色和作用，积极发挥智能化技术和人的协同作用，实现生产过程的高效运作和可持续性发展。

为了实现智能制造中的生产计划与调度优化，智能生产调度系统正被制造企业追求，并逐渐成为企业的得力助手。

智能生产调度系统(intelligent production scheduling system，IPSS)是一种基于先进的信息技术和制造理论的生产计划与调度管理系统。它通过对生产过程的实时监控、资源优化配置、生产任务智能分配等手段，实现生产企业对生产过程的有效控制，从而提高生产效率、降低生产成本、提升产品质量和客户满意度。IPSS 中常见被开发的功能应用如下所述。

1)生产计划与排程优化

根据企业的生产规模、生产工艺、资源状况等因素，IPSS 对企业的生产计划进行合理安排，确保生产计划与实际生产进度的一致性。同时，系统还可以根据市场需求、订单情况等因素，实时调整生产计划，确保企业能够及时满足市场需求。

2)资源优化配置

通过对企业的生产资源进行全面监控，包括人力、设备、物料等，系统能够对这些资源进行实时分析，并为企业提供合理的资源配置方案，从而最大化资源利用效率，减少浪费。

3)生产任务智能分配

根据企业的生产计划和人员能力，IPSS为每个生产环节分配合适的任务。通过对生产任务的智能分配，系统可以避免因人为因素导致的生产延误，提高生产效率。

4)生产过程实时监控

IPSS可以实时监控生产过程中的各种数据，包括生产进度、资源使用情况、质量状况等。通过对这些数据的实时分析，系统能够迅速捕捉生产过程中的异常情况或潜在问题，并为企业提供及时的预警和解决方案。

5)信息协同与共享

IPSS可以通过互联网技术实现企业内部各部门之间的信息协同与共享，提高企业的信息传递效率和决策能力。同时，系统还可以与上下游供应商、客户等外部合作伙伴实现信息共享，帮助企业建立良好的供应链关系。

3.2.4　数字化供应链管理

随着信息技术的迅猛发展和全球市场的竞争加剧，制造业和供应链管理面临了前所未有的挑战。为了在这个快速变革的环境中保持竞争力，制造企业越来越多地采用数字化供应链的理念和技术。数字化供应链，是指在全球互联网和信息技术的背景下，利用数字化、自动化、可视化和智能化技术，全面提高供应链的效率、可见性和灵活性。数字化供应链不仅是物理上的产品流动，还包括信息、资金和服务的流动。它的目标是使供应链管理过程更加高效、迅速响应市场需求，同时降低成本和减少风险。

1. 数字化供应链的核心要素

1)数据整合和可视化

数字化供应链依赖于数据的高度整合和可视化。各个供应链环节产生的大量数据需要被捕捉、整合和分析，以便制造企业更好地理解整个供应链运作。通过数据可视化工具，管理者可以实时监测供应链活动，追踪产品、零部件和原材料的位置，以及了解市场需求和库存水平。

2)自动化和智能化

数字化供应链采用自动化和智能化技术来减少人工干预，提高生产和配送的效率。自动化机器人、自动仓储系统、自动驾驶车辆和智能制造设备，都在不同程度上应用于数字化供应链中。此外，人工智能和机器学习技术也用于预测需求、优化库存管理和风险管理。

3)供应链网络协同

数字化供应链鼓励各个环节的供应链参与者之间的协同合作。供应商、制造商、承运商和零售商之间的信息共享和协作将帮助确保产品在最短时间内流向市场，减少库存浪费和延误。

4)高级数据分析和决策支持

通过高级数据分析和决策支持系统，数字化供应链能够更好地了解供应链瓶颈、短缺和风险。这些系统可以提供实时洞察，帮助管理者制定更明智的决策，以应对市场变化和风险。

2. 实现数字化供应链需要的多种关键技术

实现数字化供应链需要多种关键技术的支持，这些技术在提高供应链的效率、可见性和灵活性方面发挥着关键作用，主要包括以下几种。

(1) 物联网：物联网传感器广泛应用于监测各个供应链环节，包括设备、原材料、库存和交通状况。通过这些传感器，企业可以实时获取数据，追踪物资的位置和状态，提高供应链的可见性，从而更好地应对需求波动和风险。

(2) 大数据和分析：大数据技术和高级分析工具对供应链管理至关重要。它们能够处理海量供应链数据，从中提取有用的见解，并支持决策制定。通过大数据分析，企业可以更好地了解供应链的瓶颈、优化运营流程，以及预测需求，有助于提高效率和减少成本。

(3) 云计算：云计算提供了一个灵活的平台，用于存储和处理供应链数据。它允许多地点的协同工作，使不同供应链参与者能够实时共享信息。云计算还提供了弹性计算能力，以适应不同需求的变化。

(4) 可视化：可视化技术在数字化供应链中扮演着关键角色。首先，实时监控和仪表盘提供了供应链关键指标的可视化展示，包括库存水平、订单状态等，使管理人员能够快速了解整体状况，做出及时决策。其次，地图可视化技术使企业能够实时跟踪货物的运输路径和位置，提高货物追溯性和运输效率。供应链网络可视化则帮助企业呈现供应链结构和关系，有助于发现潜在风险和优化设计。此外，预测分析和模拟技术利用可视化工具对需求进行预测和对库存进行管理，帮助企业制定更有效的供应计划。最后，异常监测和预警系统通过可视化展示异常情况，使管理人员能够及时采取措施，确保供应链的稳定运行。

3. 实现供应链可视化管理方案的关键

实现供应链可视化管理方案需要建立两个关键中心和三个关键模块，如图 3-8 所示。

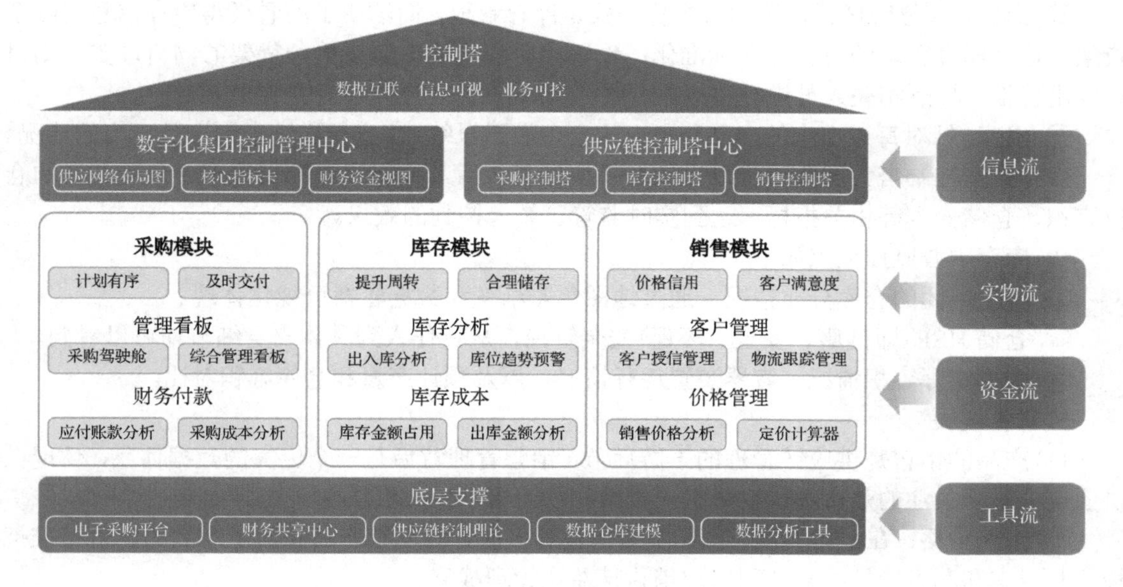

图 3-8　供应链可视化管理示意图

1）数字化集团控制管理中心

数字化集团控制管理中心扮演着集团总控的重要角色，负责对供应链网络布局、财务资金状况和核心关键指标进行全面管控。该中心的任务是整合高级管理层的注意力，确保集中关注对公司整体绩效至关重要的因素。

2）供应链控制塔中心

供应链控制塔中心则是整合了采购、库存和销售三大关键模块的监控与管理中心，它为供应链业务管理者提供了全面的信息和工具，以便更好地掌握和管理这些关键供应链方面的细节。这两个中心的协同工作有助于确保供应链的高效运营，最终提升整个企业的综合绩效。

3）采购模块

采购数据控制塔平台大屏，将采购流程、供应商、实时订单和合同金额等分析数据整合打通，并着重关注采购流程中的耗时和成本，以降本增效为直接目的，抓准供应链采购管理的价值点。

采购中心监控重点如下。

（1）供应链供应商分析，包括地理位置、累积交易额度、融资情况等。

（2）采购平台、订单实时监控，跟踪订单完成时长，督促效率提升。

（3）采购流程节点监控，按照流程分别监控每个节点的情况。

（4）采购成交金额和合同签订金额与降本金额分析，掌握供应链财务信息。

4）库存模块

（1）供应链库存管理又可分为入库、库位和出库三部分。

① 入库：在采购物品到达仓库前需要对货品进行清点，核对采购计划要求的品类和数量是否按要求的计划时间到达。另外，还要及时针对缺件、在途未到进行统计，方便对采购计划的执行情况完成统计。

② 库位：库位管理最常用的可视化模式是库存看板，简洁明了的看板将库存信息明细至货架，达到库存管理的可视化和标准化；设置相应警戒线，如果单一货架的物料过多，则自动发出警报，提醒相关人员进行整改。

③ 出库：针对每天出库的产品和出库的仓库做日报统计，方便详细查询产品出库的情况。

库存数据控制塔大屏负责将以上三个模块做整合后，拎出库存控制管理中最受关注的仓位容积、仓储安全等相关指标，达到实时监管、统一控制的效果。

（2）库存中心监控重点如下。

① 整个集团的仓库分布情况，通过地图色彩渐变和数据轮播可视化体现。

② 仓储 HSE（即健康、安全、环保）安全管控，从责任人到具体安全细节均可以看到。

③ 仓库实际容积情况、容器装置运行情况，以及预计产量和仓库容积对比。

5）销售模块

（1）产品的销售是供应链管理的下游环节，销售管理背后是一个庞大的数据体系，体现在供应链中最受关注的是市场价格、客户授信和物流管理三大板块。

① 市场价格：在公司发展、产品类目快速增多时，对现有产品和新生产品的定价精准把控，与成本和利润管控结合共同组成销售精益化管理战略。

② 客户授信：将不同子公司的客户授信数据打通，设定严格的信用额度、账期检查机制，

是强化企业欠款风险控制的有效方法。

③ 物流管理：物流作为企业运营的关键环节，其效率的高低直接影响企业的成本和利润。有效的物流管理能够显著降低实体分配的成本，包括运输、仓储、包装和配送等费用，从而为企业节省大量的销售费用。这种成本的降低不仅直接提升了企业的经济效益，还为企业创造了更多的利润空间，增强了企业的市场竞争力和持续发展能力。因此，优化物流管理、提高物流效率是企业实现利润增长的重要途径之一。

(2) 销售中心监控重点如下。

① 关注核心产品的销售额、销量和利润，同时关注年度总体情况。

② 从销量、价格、新产品市场分析等角度分析产品的综合市场表现。

③ 分析下游渠道在全国的分布情况，以及门店数量、分布、集中度，整理市场数据。

数字化供应链已经成为现代企业取得竞争优势的关键因素。它通过提高效率、降低成本、提高可见性和满足客户需求，帮助企业在不断变化的商业环境中取得成功。然而，实现数字化供应链需要投资和承诺，企业需要认识到这是一项持续不断的工作，但它将为未来的可持续增长和创新带来巨大的回报。因此，数字化供应链不仅仅是一种技术实践，更是一种战略选择，是企业在 21 世纪竞争中脱颖而出的关键。

3.2.5　虚拟仿真和模拟

在智能制造中，虚拟仿真和模拟软件扮演着至关重要的角色，它们基于计算机技术，模拟和仿真整个制造过程，为企业提供全面的数据支持和决策参考。它们可以涵盖从产品设计、工艺规划到生产执行、质量控制等各个环节，为制造企业提供全方位的支持和服务。这些软件通过对制造过程的模拟，可以预测产品性能、优化生产方案、提高生产效率，从而实现智能制造的目标。智能制造中的虚拟仿真和模拟软件具有多种功能，它们可以在不同的制造阶段中发挥重要作用。以下是对虚拟仿真和模拟软件常见功能的具体描述。

1) 产品设计与验证

在产品设计阶段，虚拟仿真和模拟软件可以帮助设计师创建并验证产品的设计方案。通过建立数字化的产品模型，并模拟产品的外观、功能和性能，设计师可以在计算机上对产品进行测试和评估，而无须进行实际的物理制造和测试。这样可以大大加快产品设计的速度，降低开发成本，并提高产品的质量。

例如，汽车制造商可以使用虚拟仿真软件来模拟车辆的结构、碰撞安全性和空气动力学性能，以优化车辆设计并确保其符合安全标准和性能要求。

2) 工艺规划与优化

在生产工艺规划阶段，虚拟仿真和模拟软件可以帮助制造企业优化生产流程和工艺参数，提高生产效率并降低生产成本。通过建立数字化的生产线模型，并模拟生产过程中的各个环节，企业可以分析和评估不同的生产方案，找到最优的生产方案。

例如，在汽车制造中，企业可以使用虚拟仿真软件来模拟汽车组装线的布局和运行情况，优化工艺参数和生产节拍，以提高生产效率并降低制造成本。

3) 设备仿真与调试

虚拟仿真和模拟软件还可以用于模拟生产设备的运行状态和性能，并帮助企业进行设备调试和优化。通过建立数字化的设备模型，并模拟设备的运行过程，企业可以在计算机上进行设备调试和参数优化，以确保设备的稳定运行和高效生产。

例如，在工厂自动化系统中，企业可以使用虚拟仿真软件来模拟机器人的运动轨迹和动作序列，以优化生产线的布局和机器人的操作方式，提高生产效率并降低人力成本。

4) 生产过程仿真与监控

在生产执行阶段，虚拟仿真和模拟软件可以帮助企业实时监控生产过程，并预测潜在的问题。通过建立数字化的生产过程模型，并模拟生产过程中的各个环节，企业可以实时监控生产线的运行情况，并对生产过程进行优化和调整。

例如，在制造行业中，企业可以使用虚拟仿真软件来模拟生产过程中的各个环节，如原料供应、生产作业、质量检验等，以实时监控生产线的运行状态，并预测潜在的问题，从而及时调整生产计划和工艺参数，保证生产的顺利进行。

5) 质量控制与优化

虚拟仿真和模拟软件还可以用于质量控制和优化。通过建立数字化的质量控制模型，并模拟质量控制过程中的各个环节，企业可以实时监控产品的质量状况，并对生产过程进行调整和优化，以提高产品质量并降低质量成本。

例如，在制造业中，企业可以使用虚拟仿真软件来模拟产品的生产过程，并实时监控产品的质量状况，有效提升产品质量，优化生产流程。

3.2.6 人机协作和智能分析

在当今迅速发展的智能制造时代，工业管理软件不仅仅是一种工具，更是推动人机协作与智能分析融合发展的关键。通过促进人机协作，工业管理软件使员工能够更好地与智能设备和系统协同工作，从而提高生产效率和质量。同时，智能分析工具利用大数据和人工智能技术，为生产决策提供精准的预测和建议，助力企业实现智能化生产管理。本节将深入探讨工业管理软件在人机协作与智能分析方面的作用，以及其在推动智能制造发展中的重要意义。

1) 工业管理软件与人机协作

工业管理软件是现代工业生产中不可或缺的一部分。它不仅仅是一种用于生产调度和物料管理的工具，更是实现人机协作的桥梁。通过工业管理软件，员工可以更加高效地与智能设备和系统进行交互，实现生产过程的自动化和智能化。举例来说，如图 3-9 所示，生产线上的工人可以通过工业管理软件实时监控生产设备的运行情况，在现代化的生产线环境中，工人通过工业管理软件能够实时监控生产设备的运行情况。这种软件提供了实时、全面的设备状态数据，使工人能够迅速了解设备的运行状态、生产效率以及潜在的故障风险。一旦发现设备存在异常情况或潜在问题，工人可以立即采取相应的措施进行排查和解决，避免生产中断或质量问题的发生。

另外，工业管理软件也为员工提供了更加直观和易用的界面，使他们能够更加便捷地与智能设备进行交互。例如，一些先进的工业管理软件具有可视化的生产调度界面，员工可以通过简单的拖拽和点击操作，调整生产计划和任务分配，实现生产过程的灵活调度和优化。

2) 智能分析工具的应用

智能分析工具是工业管理软件中的一个重要组成部分，它利用大数据和人工智能技术，对生产过程中的数据进行分析和挖掘，从而为生产决策提供精准的预测和建议。通过智能分析工具，企业可以更加深入地了解生产过程中的各种数据指标，发现潜在的问题和优化空间，进而制定更加科学和有效的生产策略。

智能分析工具在生产决策中发挥着越来越重要的作用。以预测性维护为例，通过对设备运行数据的分析，智能分析工具可以预测设备可能出现的故障，并提前进行维护，从而避免生产中断和损失。此外，智能分析工具还可以通过对市场需求和供应链情况的分析，为生产计划提供精准的预测，帮助企业更好地应对市场变化和需求波动。

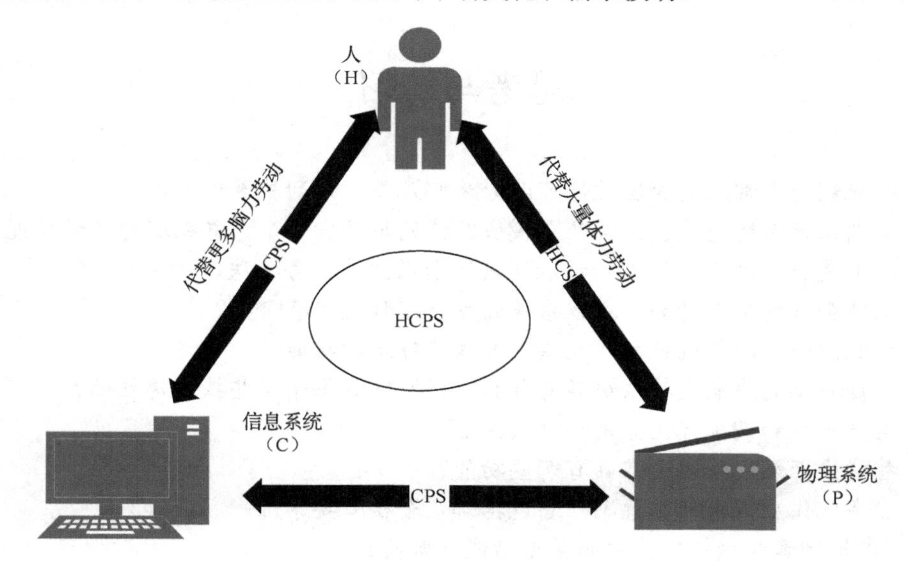

图 3-9　工业管理软件与人机协作的关系

3) 工业管理软件与智能分析的融合

工业管理软件与智能分析的融合是推动智能制造发展的重要途径之一。通过将智能分析技术集成到工业管理软件中，可以实现生产过程的实时监控和数据分析，为生产决策提供及时的支持和指导。例如，一些先进的工业管理软件已经具备了自动化数据分析和报告生成的功能，能够实时监测生产过程中的各种数据指标，并生成相应的报告和分析结果，帮助企业及时发现和解决问题。

此外，工业管理软件与智能分析的融合还可以实现生产过程的智能优化和自适应调整。通过对生产数据的实时分析，工业管理软件可以自动调整生产计划和任务分配，以适应市场需求和供应链情况的变化，从而最大限度地提高生产效率和质量。

4) 工业管理软件与智能制造的未来展望

随着人工智能和大数据技术的不断发展，工业管理软件与智能制造之间的融合将会越来越紧密。未来，工业管理软件将不仅仅是一个生产管理工具，更将成为企业智能化转型的重要支撑。通过利用先进的人工智能和大数据技术，工业管理软件可以实现生产过程的智能化监控、优化和预测，为企业提供更加精准和可靠的生产决策支持。

同时，工业管理软件与智能分析的融合还将推动智能制造的深入发展。通过实现生产过程的自动化和智能化，工业管理软件可以提高生产效率、降低生产成本，从而增强企业的竞争力和可持续发展能力。随着工业管理软件和智能分析技术的不断创新和突破，智能制造将迎来更加广阔的发展空间，为人类创造更加美好的生活和未来。

工业管理软件促进了人机协作，使员工能够更好地与智能设备和系统协同工作。智能分析工具利用大数据和人工智能技术，为生产决策提供精准的预测和建议。工业管理软件与智能分析的融合将成为推动智能制造发展的重要途径，为企业实现智能化生产管理和持续发展提供强大支撑。在未来，随着技术的不断进步和创新，工业管理软件与智能制造将迎来更加美好的发展前景。

思考与练习

3-1　智能制造中常见的管理软件可以分为哪几类？请列举至少 5 类。

3-2　制造执行系统通常包括哪几个模块？请列举至少 5 个，并叙述对应的功能。

3-3　ERP 是什么的英文缩写？请叙述其概念及主要业务模块。

3-4　制造企业的生产计划与排程系统的运行流程通常有哪些？

3-5　物联网平台的架构包括哪几层？并叙述每层的功能。

3-6　数据驱动的决策支持系统具有什么功能？它是基于哪些技术建立的？

3-7　生产计划和调度优化分别指什么意思？

3-8　智能生产调度系统通常具有哪些功能？

3-9　数字化供应链是什么意思？它包括哪几个核心要素。

3-10　虚拟仿真和模拟软件中的常见功能有哪些？

第 4 章　智能制造中的物联技术

智能制造中的物联网(internet of things，IoT)技术是一种将传感器、设备、机器和系统互联互通的技术，旨在实现制造过程的智能化和优化。物联网技术在智能制造中扮演着关键的角色，为生产环境提供了更高的智能化、自动化和互联互通。

4.1　工业现场的万物互联

工业现场的“万物互联”是指利用物联网技术将各种设备、传感器和系统连接到互联网，并通过数据收集、分析和交换实现设备之间的互联互通。这种互联能力使得工业现场可以实现更高效、智能的生产和运营管理。

在工业领域，万物互联的应用可以带来许多好处，包括以下方面。

(1)实时监测与控制：将传感器连接到设备和机器上可以实现对生产过程中各种参数的实时监测，包括温度、压力、湿度等，从而及时发现问题并进行调整和控制。

(2)预测性维护：利用数据分析和机器学习算法，可以对设备的运行状态进行预测，提前发现可能出现的故障，并采取维护措施，从而减少停机时间和维修成本。

(3)生产优化：通过对生产数据进行分析，可以发现生产过程中的瓶颈和改进空间，优化生产计划和流程，提高生产效率和产品质量。

(4)资源管理：通过监测能源、原材料和人力资源的使用情况，可以实现资源的合理分配和利用，降低能耗和成本。

(5)自动化协作：将各种设备和系统连接到一起，实现自动化协作和信息共享，提高生产过程中各个环节之间的协调性和效率。

(6)安全管理：通过监测工作环境和设备的安全状态，及时发现安全隐患并采取措施，保障工人和设备的安全。

4.1.1　物联网、以太网与工业互联网

物联网、以太网(Ethernet)和工业互联网(industrial internet)是在不同领域中运用的技术和概念，各自具有独特的特点和应用场景。这些技术和概念在不同领域中有着不同的应用和重点。物联网覆盖了广泛的领域，以太网是一种通用的网络通信协议，而工业互联网则专注于将物联网技术应用于工业制造和生产领域，以实现智能化、自动化和高效化的生产。

1. 物联网

物联网技术通过集成多种传感器、射频识别(RFID)技术、全球定位系统(GPS)、红外感应器、激光扫描器等装置，实现了对需要监控、连接、互动的物体或过程的信息实时采集。

这些信息包括但不限于声音、光线、温度、电压、力学、化学、生物、位置等多种参数，涵盖了物体和过程的全方位状态描述。物联网通过多样化的网络接入方式，如互联网、传统电信网等，实现了物与物、物与人的广泛连接。物联网作为一个综合性的技术框架，旨在实现各类物理设备(如传感器、智能设备、家用电器等)与互联网的互联互通，其核心不仅在于数据传输，更强调对物品和过程的智能化感知、识别与管理。作为信息承载体，物联网使得所有具备独立寻址能力的物理对象得以网络化，旨在收集数据、实现设备间的实时通信和远程控制，从而为个人和企业提供跨领域的智能化应用与服务，这些服务广泛应用于家居、健康、交通、农业等多个领域，极大地丰富了人们的生活与工作方式。物联网技术的核心特点包括以下方面。

(1) 全面感知：在物联网的架构中，全面感知是其核心特性之一，通过集成 RFID、传感器和二维码等技术，物联网能够实时捕捉物体的多维度信息，包括但不限于用户位置、周边环境、个人偏好、健康状态、情绪波动、环境温度湿度以及业务体验与网络连通性。这种全面的信息捕获能力为物联网提供了极为丰富的数据基础，为进一步的智能化应用和服务提供了坚实的基础。

(2) 可靠传递：物联网借助网络融合、业务集成、终端互联以及运营管理一体化的技术策略，实现了信息的实时、精准传递，从而构建了高效的信息交互体系。这确保了数据的及时性和准确性，为物联网应用提供了可靠的数据支持。

(3) 智能处理：物联网通过运用云计算和模糊识别等高级智能计算技术，对庞大的数据集合进行深度分析与高效处理。这种强大的智能处理能力赋予了物联网对物体进行实时智能化操控的能力，显著提升了系统的自动化与智能化水平。

2. 以太网

以太网，这一基带局域网规范，由 Xerox 公司创建，并在 Xerox、Intel 和 DEC 公司的联合努力下得以开发。1980 年 9 月 30 日，通用的以太网标准正式发布，迅速成为当今局域网领域最广泛应用的通信协议标准。以太网作为一种计算机局域网技术，其分类主要包括经典以太网和交换式以太网。经典以太网采用传统的总线结构，而交换式以太网则通过使用交换机设备连接不同的计算机，提供了更高的网络性能和灵活性。IEEE 802.3 标准，由 IEEE 组织制定，为以太网提供了明确的技术规范。该标准详细规定了以太网物理层的连线方式、电子信号传输标准以及介质访问层协议等内容，确保了以太网技术的统一性和兼容性。以太网技术因其高效、稳定、易扩展等特点，目前已成为应用最广泛的局域网技术。它已逐步取代了其他传统的局域网技术，如令牌环、光纤分布式数据接口(FDDI)和 ARCNET 等。根据传输速率的不同，以太网通常被分为：标准以太网，其传输速率达到 10Mbit/s；快速以太网，传输速率提升至 100 Mbit/s；以及千兆以太网，其传输速率高达 1000Mbit/s。这些不同速率的以太网技术，满足了不同规模和应用场景的网络需求。

1) 标准以太网

标准以太网是以太网技术的最初版本，传输速率为 10Mbit/s。它由 Xerox 公司创建，并由 Xerox、Intel 和 DEC 公司联合开发，于 1980 年 9 月 30 日发布成为通用标准。标准以太网采用基带传输方式，通过同轴电缆或双绞线将计算机和其他设备连接在一起，形成局域网(LAN)。该技术通过 CSMA/CD(载波侦听多路访问/碰撞检测)协议控制数据传输，确保在网络中多个设备可以高效地共享通信介质。标准以太网因其简便性、可靠性和经济性，迅速成为局域网领域的主要通信协议，并为后来的快速以太网（100Mbit/s）和千兆以太网（1000Mbit/s）奠定了基础。

2）快速以太网

快速以太网（fast Ethernet）是以太网技术的改进版本，传输速率提升至 100Mbit/s。它在保留了标准以太网结构和操作模式的基础上，显著提高了数据传输速率。快速以太网于 1995 年被 IEEE 802.3u 标准正式采纳。快速以太网采用双绞线（如 Cat5）或光纤作为传输介质，依然使用 CSMA/CD 协议来管理数据传输，以确保网络设备之间的协调通信。它与标准以太网的一个主要区别在于增加了全双工模式，允许同时进行数据发送和接收，从而进一步提升了网络的整体效率和吞吐量。快速以太网兼容标准以太网，允许现有网络设备和布线基础设施的平滑升级，因而广泛应用于需要更高数据传输速率的局域网中，如企业内部网络和数据中心。

3）千兆（1000Mbit/s）以太网

千兆以太网（gigabit Ethernet）是以太网技术的进一步发展，传输速率提升到 1000Mbit/s。它于 1999 年由 IEEE 802.3z 标准正式推出，提供了比快速以太网（100Mbit/s）更高的带宽，适用于需要高速数据传输速率的场景，如高清视频传输、大型数据库访问和高速企业网络。千兆以太网采用多种传输介质，包括双绞线（如 Cat5e 和 Cat6）、光纤和屏蔽双绞线（STP）。它继续使用 CSMA/CD 协议，并支持全双工模式，允许同时进行数据发送和接收，进一步提升了网络效率。千兆以太网的主要优势在于其高带宽和高吞吐量，能够支持更多的用户和更复杂的应用。它通常用于骨干网络、数据中心和需要高性能连接的关键应用。随着网络需求的不断增长，千兆以太网成为企业和服务提供商部署高速、高容量网络的理想选择。千兆以太网的进一步发展是万兆以太网（10 gigabit Ethernet），传输速率达到了 10Gbit/s。万兆以太网于 2002 年由 IEEE 802.3ae 标准正式发布，进一步满足了对超高速网络连接的需求。万兆以太网主要采用光纤作为传输介质，适用于需要极高数据传输速率的场景，如大型数据中心、广域网（WAN）连接和高速计算环境。

3. 工业互联网

工业互联网是指将工业生产与互联网相结合的新型信息技术应用模式。它通过将传感器、设备、机器人等工业设备连接到互联网上，并利用大数据、云计算、人工智能等技术，实现设备之间的数据共享、智能化管理和远程控制，从而提高生产效率、降低成本，实现智能化制造。工业互联网的核心理念是通过互联网技术将传统的工业制造过程数字化、智能化，实现生产资源的高效利用和生产过程的智能化控制。它涵盖了工业自动化、物联网、大数据分析、云计算、人工智能等多种技术和理念，致力于构建一个灵活、智能、高效的工业生产体系。工业互联网的应用领域广泛，涵盖了制造业、能源、交通运输、农业等各个行业。在制造业中，工业互联网可以实现设备的远程监控和诊断、生产过程的智能优化、供应链的智能化管理等，提高生产效率和产品质量；在能源领域，工业互联网可以实现能源设备的智能监控和调度，提高能源利用效率和节能减排效果；在交通运输领域，工业互联网可以实现车辆的智能调度和监控，提高运输效率和安全性；在农业领域，工业互联网可以实现农业设备的智能化管理和农业生产的智能优化，提高农业生产效率和产品质量。

（1）工业互联网的核心之一是智能感知。它通过传感器、射频识别等技术手段，实时获取工业生产过程中的各种数据，如设备状态、环境条件等，为智能化决策提供基础。

(2) 工业互联网要求工业资源之间实现无缝连接。无论是有线还是无线，资源间及资源与互联网的连接都是必要的。这样一来，工业资源间的信息共享和通信将变得更加便捷高效。

(3) 通过将实际工业资源在数字空间内进行精准映射，构建出模拟工业生产流程的数字模型。通过数字化的方式，可以更好地理解和分析生产环节，从而进行精准的管理和优化。

(4) 工业互联网强调对数据的实时分析和处理。通过技术手段，可以实现对大量数据的快速分析，发现问题和机遇，并及时做出反应，保证生产过程的顺利进行。

(5) 基于数据分析的结果，工业互联网可以实现对生产过程的精准控制。这意味着可以根据实时数据进行调整和优化，以提高效率、降低成本，并确保产品质量。

(6) 工业互联网是一个不断学习和进步的过程。通过不断收集、分析和应用数据，可以实现对生产过程的不断优化和改进，以适应市场需求和技术变化。

4.1.2 OSI 七层模型

OSI (open systems interconnection) 七层模型（结构见图 4-1）是一个用于理解和描述计算机网络通信协议的参考模型。它由国际标准化组织（ISO）于 20 世纪 80 年代提出，并由 ISO 制定了一系列规范。该模型将网络通信划分为七个抽象的层次，如图 4-1 所示，每个层次负责不同的功能，从物理连接到应用层的高级服务。

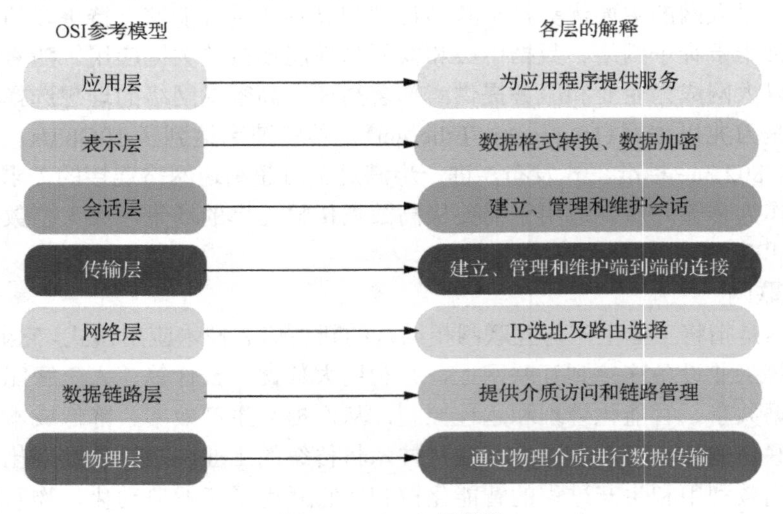

图 4-1 OSI 七层模型

1. 物理层

物理层（physical layer）是网络体系结构的最底层，负责通过物理介质进行数据传输，例如电缆、光纤或无线信号。物理层的核心职责是将原始的比特流通过物理媒介传输，并定义与传输相关的各种物理特性，包括传输介质、电压标准、传输速率以及连接方式等。具体包括如下内容。

(1) 传输介质的特性：决定了数据在网络中传输的物理介质，如双绞线、光纤或无线信号等。

(2) 数据编码和解码：将数字数据转换成电信号以在传输介质上传输，并将接收到的电信号重新转换成数字数据。

(3) 传输速率：定义了数据传输的速率，即单位时间内传输的比特数。

(4) 数据传输的同步：确保发送端和接收端之间的时钟同步，使数据能够正确地传输和接收。

(5) 数据的物理连接：通过连接器、接口和线缆等硬件设备，将计算机或网络设备连接到传输媒介上。

2. 数据链路层

数据链路层(data link layer)负责确保相邻节点之间数据传输的可靠性。它通过控制数据帧的传输、执行错误检测和纠正机制，以及管理物理地址来实现这一目标。此外，它还定义了数据传输的规范，包括帧的格式、节点间可传输的数据量、数据传输的持续时间，以及在数据传输过程中遇到错误时的应对策略。它将物理层提供的原始比特流组织成帧(frame)，并管理帧的传输和接收，确保数据的可靠传输。数据链路层的主要功能包括以下方面。

(1) 帧的封装与解封装：将网络层的数据组装成数据帧，并在接收端将数据帧解析成网络层数据。这样可以将数据分割成较小的单元进行传输，提高传输效率。

(2) 数据帧的传输：负责将数据帧从一个节点传输到另一个相邻节点，使用适当的传输介质和协议进行传输，如以太网、Wi-Fi 等。

(3) 流量控制：在数据发送方和接收方之间协调数据传输的速率，防止数据丢失或溢出。

(4) 错误检测和纠正：通过添加冗余校验位来检测并可能纠正传输中的错误，以确保数据的可靠性。

(5) 地址识别：使用 MAC (media access control) 地址来唯一标识网络中的设备，以便正确地将数据帧发送到目标设备。

(6) 逻辑拓扑的管理：管理节点之间的逻辑连接，如点对点、广播或多播连接。

数据链路层位于物理层之上，为网络层提供了透明的数据传输服务，使不同物理介质上的设备能够进行可靠的通信。

3. 网络层

网络层(network layer)的核心职责在于跨网络数据传输的管理，具体涉及路由选择、数据包的分割与重组以及转发过程。IP (internet protocol) 协议在此层级发挥关键作用，它主要负责确定数据在网络中的逻辑路径，以确保数据自源节点至目标节点的可靠且高效传输，进而保障整个通信过程的稳定性和有效性。网络层的主要功能包括以下方面。

(1) 逻辑地址分配：为连接到网络的每个设备分配唯一的逻辑地址，如 IP 地址，以便在网络中唯一标识设备。

(2) 路由选择：根据目标地址和当前网络拓扑结构选择最佳的传输路径，以确保数据能够有效地从源节点传输到目标节点。

(3) 数据包分片和重组：将较大的数据包分割成适当大小的数据包进行传输，并在接收端将分割的数据包重新组装成完整的数据。

(4) 拥塞控制：监视网络流量，调整数据传输速率，防止网络拥塞，保持网络性能的稳定和高效。

(5)跨网络通信：实现不同网络之间的通信，包括广域网和局域网之间的通信。

(6)错误检测和处理：在数据传输过程中检测并可能纠正错误，以确保数据的可靠性。

网络层位于数据链路层之上，为传输层提供了端到端的数据传输服务，同时也是实现互联网互通性的关键层次。

路由器是网络层的主要设备，是网络中必不可少的组成部分。它们负责在不同网络之间传输数据包，并且是跨网络移动数据的关键组件。除了连接到网络服务提供商(internet service providers，ISPs)以提供互联网访问外，路由器还负责跟踪网络内部的各种信息，包括所连接网络的拓扑结构、其他网络以及数据包在这些网络中的路由路径。路由器存储并管理着所有的地址和路由信息，确保数据包能够顺利传输到目标设备。图 4-2 是一个简单的路由表示例。

Destination	Subnet mask	Interface
128.75.43.0	255.255.255.0	Eth0
128.75.43.0	255.255.255.128	Eth1
192.12.17.5	255.255.255.255	Eth3
default		Eth2

图 4-2　简单的路由表示例

在 OSI 模型的第三层，即网络层，数据单元被定义为数据包(data packet)。这些数据包通常由来自数据链路层的帧和封装的 IP 地址信息组成，即帧在此层中被附加了网络层的地址信息。传输内容被称为负载(payload)。每个数据包都携带了到达目标地址所需的全部信息，但并不保证其成功抵达目标地址。网络层的传输机制是无连接的，它致力于将数据流发送至目标地址，而无法确保传输的成功。关于数据传输可靠性的协议位于传输层(第四层)。更多与数据传输相关的协议位于第四层。一旦节点接入互联网，将会分配一个因特网协议(IP)地址，其格式可能为 IPv4(如 172.16.254.4)或 IPv6(如 2001:0db8:85a3:0000:0000:8a2e: 0370:7334)。路由器会利用这些 IP 地址来管理其路由表。IP 地址与物理节点的 MAC 地址通过地址解析协议(address resolution protocol，ARP)相关联。尽管 ARP 通常被视为数据链路层(第二层)的一部分，但由于 IP 地址在第三层及以上层次才存在，因此 ARP 也可视为第三层的组成部分。

4. 传输层

传输层(transport layer)提供端到端的通信和数据传输服务，它负责数据的分段、流量控制、错误检测和恢复。TCP(transmission control protocol)和 UDP(user datagram protocol)在此层工作。在传输层，除了 TCP 和 UDP 这两个常见的协议外，还存在其他一些协议和技术，用于满足不同场景下的通信需求。

其中，TCP 是一种面向连接的协议，它通过三次握手建立连接，实现可靠的数据传输。TCP 提供了数据分段、流量控制、错误检测和恢复等功能，适用于对数据传输可靠性要求较高的应用场景，如网页浏览、文件传输等。相反，UDP 是一种无连接的协议，它不提供可靠的数据传输，也不进行握手或连接管理，因此具有更低的延迟和开销。UDP 适用于对实时性要求较高、对数据传输延迟较为敏感的应用，如音视频流媒体、在线游戏等。除了 TCP 和 UDP，还有一些其他的传输层协议和技术，如 SCTP(stream control transmission protocol)、QUIC(quick UDP internet connection)等。这些协议和技术在特定的应用场景下具有优势，例如，SCTP 支持多流传输和多宿主机，适用于对可靠性和容错性要求较高的应用，而 QUIC 通过减少连接建立时间和降低传输延迟，提高了 Web 应用的性能和安全性。

总之，传输层的功能和协议在网络通信中起着至关重要的作用，为不同类型的应用提供了灵活和高效的数据传输服务。

5. 会话层

会话层(session layer)位于 OSI 模型的第五层，是负责建立、管理和终止数据通信的会话的层级。其主要功能包括允许应用程序之间建立连接、进行会话控制和数据同步。

会话层是网络应用之间建立的双方商定的连接。在会话层，应用程序之间的通信被抽象为会话，而不再涉及具体的节点。这意味着会话层不再关注底层网络节点的概念，而是专注于应用程序之间的通信建立、管理和终止。会话是一个建立在两个特定的用户应用之间的连接，其中有一些重要的概念需要考虑。

(1) 客户端与服务器模型：一种通信架构，其中请求信息的应用称为客户端，而拥有被请求信息的应用则称为服务器。客户端向服务器发送请求，服务器则相应地提供所需的信息或服务。

(2) 请求与响应模型：在建立会话过程和会话期间，信息的双向交流过程。客户端发送请求以获取所需信息，而服务器则对请求做出响应，提供相应的数据或服务。这种模型中，信息的请求和响应是交替进行的，可能会包含所请求的内容，也可能会返回“不可用”的响应。

会话的持续时间可能会因特定情况而有所不同，可能是短暂的，也可能是持续很长时间的。会话的启动与维持可能受到多种因素的影响。在特定情况下，会话可能遭遇失败，并触发基于所采用协议的故障处理机制。此外，会话的通信模式(单工、半双工或全双工)取决于实际应用场景中的软件应用程序、通信协议以及底层硬件的支持。在第五层中，有一些协议可以用作会话层的实现，如网络基本输入输出系统(NetBIOS)和远程过程调用协议(RPC)。这些协议提供了建立、管理和终止会话的机制。从第五层开始(第五层及以上)，网络关注的是与用户应用程序建立连接以及如何向用户展示数据。因此，会话层在网络通信中扮演着重要的角色，确保了应用程序之间的有效通信和数据交换。

6. 表示层

表示层(presentation layer)负责数据格式的转换、加密解密和数据压缩，确保不同系统之间的数据交换能够被正确理解。

操作系统作为用户应用程序的宿主，往往涵盖着属于 OSI 模型第六层的程序，然而这一功能并非总是由网络协议所承担。第六层的核心职责在于确保 OSI 模型第七层中的用户应用程序能够顺利接收并有效利用数据，进而实现最终数据的呈现。有四种数据格式化方法需要注意。

(1) ASCII(American standard code for information interchange)：作为字符编码的基石，ASCII 采用七位编码技术，其广泛应用证明了其标准地位。ISO-8859-1 作为 ASCII 的超集，补充了西欧语言所需的字符集。

(2) EBCDIC(extended binary-coded decimal interchange code)：由 IBM 为大型机环境设计，具有独特的编码体系，与其他字符编码方案不兼容。

(3) Unicode：此编码标准采用 32 位、16 位或 8 位字符形式，旨在囊括全球已知的所有字符系统，为国际化通信提供强有力的支持。

(4) SSL 与 TLS：作为网络层的安全协议，SSL 和 TLS 位于 OSI 模型的第六层。两者提供节点间的身份验证和数据加密功能，以保障传输数据的机密性和完整性。特别地，TLS 作为 SSL 的继任者，进一步增强了安全性。

7. 应用层

应用层(application layer)是用户直接接触的层，提供各种应用服务和网络功能，包括电子邮件、文件传输、网页浏览等。

第七层，也被称为应用层，其主要职责在于支撑用户程序所需的服务。这些应用程序，诸如因特网浏览器(如 Firefox)或文本处理软件(如 Microsoft Word)，皆安装于操作系统之中。它们既可以执行后台特定的网络功能，也可请求应用层内的专项服务。以电子邮件应用程序为例，其在网络上运作，并依赖于应用层提供的电子邮件协议等网络功能。此外，应用程序也负责用户交互的管理，涵盖安全验证(如多因素身份验证(MFA))、参与者身份识别、信息交换初始化等关键环节。运行于这一层的协议种类繁多，包括文件传输协议(FTP)、安全外壳协议(SSH)、简单邮件传输协议(SMTP)、因特网消息访问协议(IMAP)、域名服务(DNS)以及超文本传输协议(HTTP)。这些协议共同构成了应用层的基础，支持着各类用户程序的网络通信和数据交换需求。虽然这些协议中的每一个都服务于不同的功能，运行的方式也各不相同，但从较高的层次看，它们都促进了信息的交流。

OSI 七层模型为计算机网络提供了一种通用的结构化方式，便于理解和设计不同层次之间的协议和功能，并且促进了不同厂商设备间的互通性。虽然现实中的网络协议并非都严格遵循这个模型，但它仍然是网络通信概念和协议设计的重要基础。

4.2　面向工业现场“控制器”的物联技术

4.2.1　串口通信

串口通信是指通过计算机的串行接口进行数据传输和通信的方法。它使用串行通信协议将数据位按照顺序传送，与并行通信相比，串行通信只需一个数据线路，因此成本较低且更容易实现长距离传输。常见的串口通信接口包括 RS-232、RS-422、RS-485 等。其中，RS-232 是较为常见和广泛使用的标准，适用于连接计算机与外部设备，如串行打印机、调制解调器、传感器、可编程逻辑控制器(PLC)等。

串口通信的特点包括以下方面。

(1) 单线传输，数据逐位地传输，通常通过一个单一的数据线路。

(2) 适合远距离传输，串口通信在工业环境中常用于远距离的数据传输。

(3) 速度相对较慢，相对于并行通信，串口通信的传输速度较慢。

(4) 简单、经济，相对于其他形式的数据传输接口，串口通信通常更简单、更经济。

通常，串口通信会涉及波特率(Baud rate)、数据位、校验位和停止位等参数的设置。这些参数的选择取决于具体的通信设备和要求。串口通信在工业自动化、计算机外设连接、嵌入式系统等领域有着广泛的应用。

1. RS-232

RS-232 是美国电子工业协会(Electronic Industries Association，EIA)制定的一种串行物理接口标准，用于定义计算机和外部设备之间的数据传输。它规定了数据传输的信号电气特性、连接方式、通信协议等标准。RS-232 协议通常用于连接计算机与各种外部设备，如串行打印机、调制解调器、条形码扫描器、传感器、PLC 等。虽然 RS-232 标准已经存在了很长时间，但它仍然是一种广泛应用的串行通信标准。

1) RS-232 的特点

(1) 电气特性：RS-232 标准定义了一系列的电气特性，如数据传输的电压级别和信号极性。其中，典型的 RS-232 信号使用±12V 的电平表示逻辑 1 和逻辑 0。

(2) 连接器和接口：RS-232 连接器通常使用 9 针或 25 针的 D 形连接器。这些连接器用于连接计算机串口和外部设备的串口。

(3) 通信协议：RS-232 并没有规定特定的通信协议，而是定义了数据传输的物理层和数据链路层的规范。因此，实际的数据传输协议和格式通常由设备之间的协商和应用决定。

(4) 波特率和数据位：RS-232 支持不同的波特率和数据位设置，允许设备以不同的速率和数据位传输数据。

RS-232，其中“RS”代表“推荐标准”(recommended standard)，而“232”是其特定的标识号。这一标准主要用于规定数据传输通路上的电气特性和物理特性，详细界定了数据传输时所需的接口信号、电压范围、数据传输速率以及传输线路的物理连接方式等，但不涉及数据的具体处理方式或协议。RS-232 是一个物理层标准，定义了一种串行通信的电气信号和机械接口规范(图 4-3)，因此与 OSI 模型中的物理层相关。RS-232 标准规定了串行通信所需的传输速率、数据位数、校验方式和停止位等参数，确保了串行通信的可靠性和稳定性。

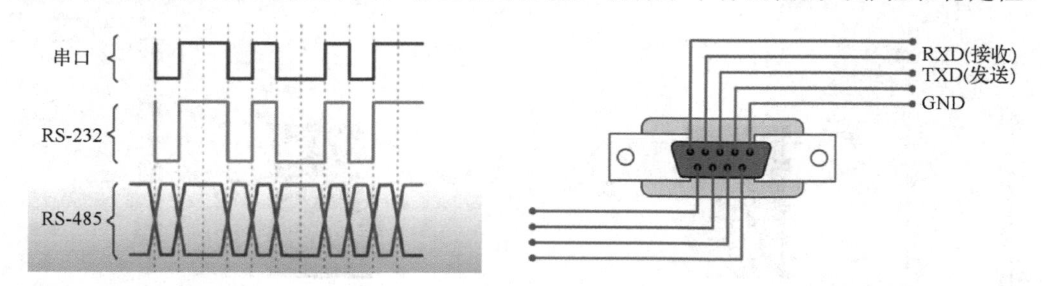

图 4-3　RS-232 机械与电气特性

在早期的 RS-232 标准中，数据通信接口通常采用具有 25 个引脚的 DB-25 连接器，并对每个引脚的信号内容以及相应的信号电平进行明确的规定。然而，随着技术的演进和设备的简化，IBM 的 PC 将 RS-232 接口简化为 DB-9 连接器，这一简化版本因其便捷性和实用性而迅速成为业界的事实标准。在工业控制领域中，为了简化接线和提高效率，RS-232 接口通常仅使用其中的三条线：RXD(接收数据，引脚 2)、TXD(发送数据，引脚 3)和 GND(地线，引脚 5)。这三条线构成了工业控制中 RS-232 接口的基本通信链路。

COM 口是 PC 上用于串行数据通信的接口。这种接口多采用 9 针孔的 D 形连接器，因此常被称为 9 针 COM 口。COM 口支持多种串行通信协议，包括 RS-232、RS-422 和 RS-485，其中每种协议的功能和性能依次递增。由于历史原因，IBM 的 PC 在外部接口配置上选择了

RS-232 作为默认标准。因此，在今天的 PC 中，COM 口几乎无一例外地采用了 RS-232 协议。当 PC 配备多个异步串行通信口时，它们通常被分别标识为 COM1、COM2 等，以便用户进行区分和使用。

2) RS-232 的缺点

(1) 接口的信号电平值较高，通常为±12V，这可能导致对接口电路的芯片造成损坏，尤其是在电气环境不稳定或噪声干扰较大的情况下。此外，RS-232 的信号电平与许多现代电子设备（如单片机）使用的 TTL (transistor-transistor logic) 电平不兼容，因此需要添加转换电路才能连接这些设备。

(2) RS-232 接口使用的信号线采用单端（单极性）传输，且与地线形成共地模式的通信，容易受到外部干扰影响，造成数据传输的错误或不稳定。此外，RS-232 的抗干扰性能相对较弱，无法很好地应对噪声和干扰。

(3) RS-232 的传输距离和传输速率受到限制，通常传输距离较短（数米至十米），且传输速率有限（一般在几十千比特每秒至百千比特每秒）。此外，RS-232 通信只能在两个设备之间进行点对点的通信，无法实现多机联网通信，这在现代网络环境下限制了其应用范围和灵活性。

2. RS-485

20 世纪 80 年代，电子工业协会制定了 RS-485 标准，旨在解决 RS-232 标准存在的一些问题，如通信距离较短、通信速率较慢、信号干扰等。RS-485 采用差分信号传输（图 4-4），在信号抗干扰方面具有较强的优势。通过发送正负相对的信号，可以有效抵御外部电磁干扰和噪声，提高了数据传输的稳定性和可靠性。此外，RS-485 支持多点通信，可以连接多个设备在同一总线上进行通信，因此在工业控制、仪表和自动化等领域得到广泛应用。

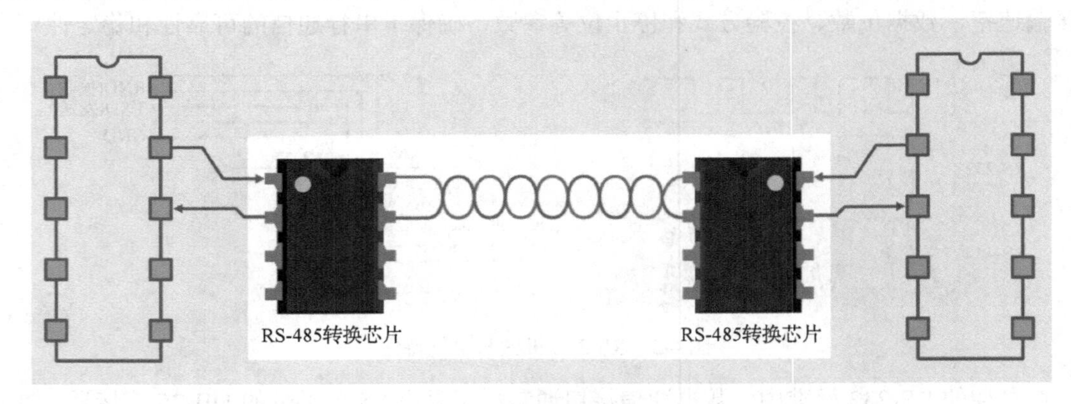

图 4-4 RS-485 通信示意图

在过去的几十年中，RS-485 已经成为工业控制领域中最常用的通信标准之一，许多工业设备和控制系统都支持 RS-485 通信接口。随着工业自动化的不断发展，RS-485 标准也不断更新迭代，诸如 Modbus、Profibus-DP、CAN 等协议都是基于 RS-485 标准的应用协议，这些协议已成为工业控制领域中的通信标准。

RS-485 是一种串行通信标准，用于定义多点数据通信系统。它是 RS-232 标准的改进版本，用于长距离、高噪声环境下的数据通信，因此比 RS-232 更适合用于工业控制系统和远距离通信。

RS-485 的特点如下。

(1) 差分信号传输：RS-485 采用差分信号传输(图 4-5)，即使用两根相互反向的信号线进行数据传输。这种传输方式使得 RS-485 具备更好的抗干扰能力，适用于工业环境中电磁干扰较大的场景。

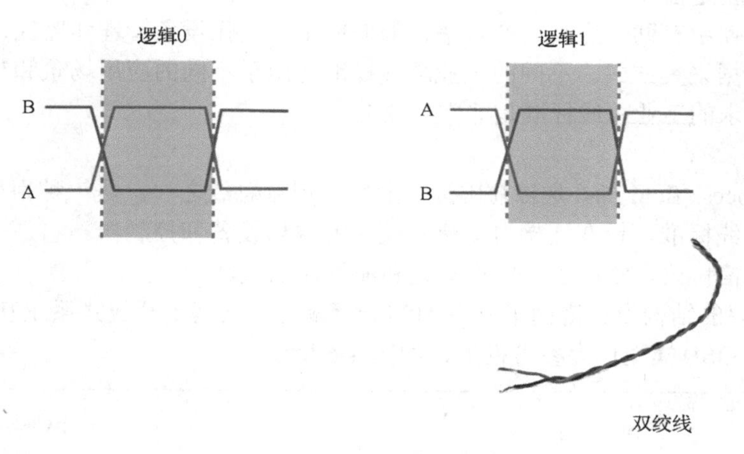

图 4-5　RS-485 物理层协议

(2) 多点通信：RS-485 支持多个设备之间的通信，能够连接多达 32 个发送器和 32 个接收器，支持多点通信网络拓扑结构。

(3) 高速和长距离传输：相对于 RS-232，RS-485 支持更高的数据传输速率和更长的传输距离。它可以实现较高的传输速率，并且在理论上可以覆盖数千米的传输距离。

(4) 半双工或全双工：RS-485 可以配置为半双工或全双工模式，可以同时进行发送和接收数据，也可以进行双向通信。

RS-485 的应用范围非常广泛，特别适用于需要长距离、高速率和强抗干扰能力的工业环境，如工业自动化、楼宇自动化、智能电网、监控系统等。它被广泛用于连接传感器、控制器、PLC、计算机和其他外设，为工业控制和数据采集提供可靠的通信手段。

4.2.2　工业总线

工业总线是指用于工业自动化领域中的数据通信和控制的一种通信系统。它是一种特定的通信协议和标准，连接工业设备、传感器、执行器和控制系统，实现它们之间的数据交换、控制指令传输和通信。

工业总线的特点和功能包括以下方面。

(1) 数据通信：工业总线允许不同类型的设备在工业控制系统中进行数据通信。这些设备包括传感器、执行器、控制器、PLC 等。

(2) 多设备连接：工业总线支持多个设备连接到同一个总线上，通过总线进行数据传输和通信，实现设备之间的互联互通。

(3) 实时控制：工业总线允许设备之间进行实时的控制和数据交换，以实现工业自动化过程中的实时监控和响应。

(4) 通信协议：工业总线通常具有特定的通信协议和通信规范，如 Profibus、CAN (controller

area network）、Modbus、DeviceNet 等，这些协议规定了数据传输的方式、速率、格式以及设备之间的通信协议。

（5）适应工业环境：工业总线通常设计用于适应工业环境中的振动、电磁干扰和温度等条件，具有较强的稳定性和可靠性。

工业总线的使用有助于提高生产效率、降低成本、简化设备管理和监控，并提供更灵活的生产控制和数据采集方式。不同的工业总线标准适用于不同的应用场景和行业领域，选择适合特定应用需求的工业总线标准是非常重要的。

1. Profibus

Profibus（process field bus）是目前国际上通用的现场总线之一，是一种用于工业自动化领域的串行通信总线标准，旨在连接自动化系统中的现场设备和控制器。它是一种开放的、独立于制造商的通信协议，常用于工厂自动化和流程控制领域。

Profibus 协议的结构设计遵循了 ISO 7498 国际标准，它基于开放式系统互联（open system interconnection，OSI）模型作为参考框架，如图 4-6 所示。

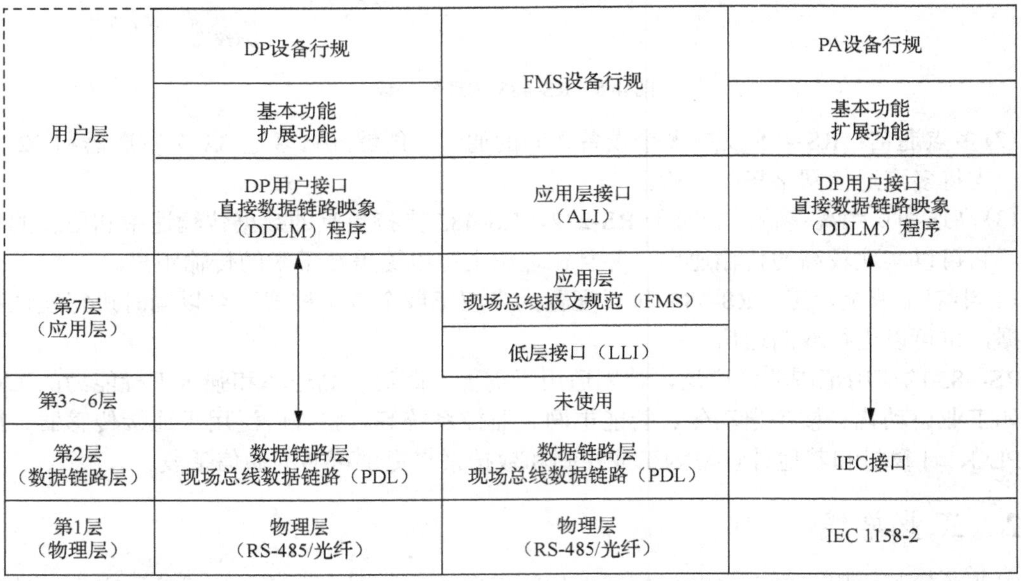

用户层	DP设备行规	FMS设备行规	PA设备行规
	基本功能 扩展功能		基本功能 扩展功能
	DP用户接口 直接数据链路映象（DDLM）程序	应用层接口（ALI）	DP用户接口 直接数据链路映象（DDLM）程序
第7层（应用层）		应用层 现场总线报文规范（FMS） 低层接口（LLI）	
第3～6层		未使用	
第2层（数据链路层）	数据链路层 现场总线数据链路（PDL）	数据链路层 现场总线数据链路（PDL）	IEC接口
第1层（物理层）	物理层（RS-485/光纤）	物理层（RS-485/光纤）	IEC 1158-2

图 4-6　Profibus 协议结构

Profibus 有两种主要的变体。

（1）DP（decentralized peripherals）：Profibus-DP 用于实时控制和数据交换，通常用于连接控制器（如 PLC）和现场设备（如传感器、执行器等），实现高速、低成本、实时的数据传输。使用了参考模型中的第 1 层、第 2 层和用户接口层结构，相当于使用了物理层、数据链路层和用户接口。用户接口规定了用户、系统和各类设备可以调用的应用功能，而直接数据链路映像（direct data link mapper，DDLM）则提供了访问数据链路层的用户接口。在物理层传输方面，可以采用 RS-485 传输技术或光纤传输技术。DP 协议用户层包括 DP 的基本功能、DP 的扩展功能和 DP 的行规。

（2）PA（process automation）：Profibus-PA 适用于过程自动化领域，如化工、制药等领域。

它主要用于连接传感器和执行器到控制系统，并提供了适应工业环境的特性，如抗干扰、防爆等。物理层传输采用 IEC 1158-2 标准，数据链路层采用 IEC 接口，数据传输采用扩展的 Profibus-DP 协议，PA 行规可保证其本征安全性。

2. Modbus RTU

Modbus RTU 是 Modbus 协议的一种变体(图 4-7)，采用二进制编码进行数据传输，常用于串行通信中。远程终端单元(remote terminal unit，RTU)是指 Modbus RTU 协议中的一种数据传输格式。其具体的数据帧格式如图 4-8 所示。

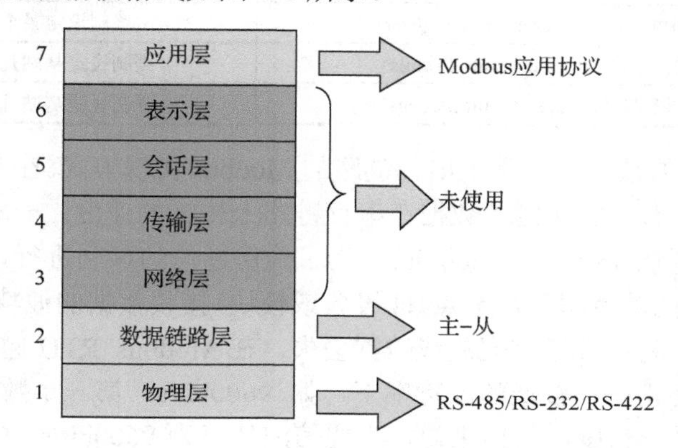

图 4-7　Modbus 协议与 OSI 七层对照

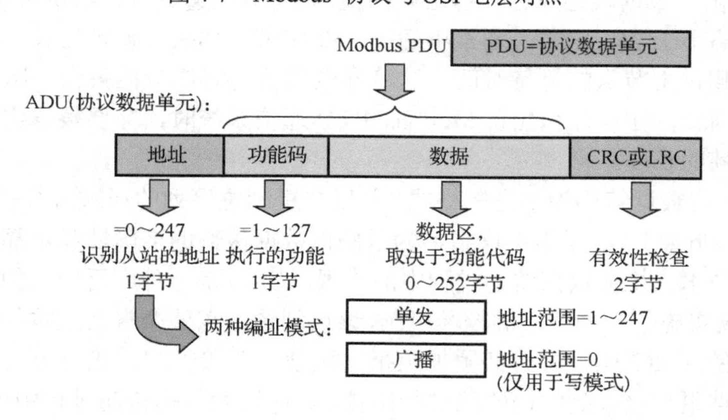

图 4-8　Modbus RTU 模式帧结构

在 Modbus RTU 通信协议中，每一个从设备(子设备)都被分配了一个独特的物理地址，这个地址位于 1～247 的范围内。这种地址分配机制确保了主设备(通常是控制系统)能够准确地区分和识别网络中的每一个从设备。在 Modbus RTU 通信协议中，数据帧的物理地址被限制在 1 字节内，其合法的子节点地址范围覆盖十进制的 0～247。同时，功能码作为标识数据帧请求命令类型的元素，同样占据 1 字节，其取值范围设定为 1～127(即十六进制表示为 0x01～0x7F)。这一设计确保了数据帧的精确寻址和命令类型的明确指定。同时，异常状态被表示为功能码加上 0x80，即 129～255 代表异常码。在 Modbus RTU 通信协议中，功能码总数达到 255 个，涵盖了 238 个标准化的公共功能码以及 17 个为用户提供的自定义功能码选项，这些功能码用于定义和区分各种通信指令和操作类型。其常用的功能码的作用如表 4-1 所示。

表 4-1 Modbus RTU 常用的功能码的作用

功能码	名称	作用
01	读取开出状态(read coil status)	取得一组开关量输出的当前状态
02	读取开入状态(read input status)	取得一组开关量输入的当前状态
03	读取模出状态(read holding registers)	取得一组模拟量输出的当前状态
04	读取模入状态(read input registers)	取得一组模拟量输入的当前状态
05	强制单路开出(force single coil)	强制设定某个开关量输出的值
06	强制单路模出(preset single register)	强制设定某个模拟量输出的值
15	强制多路开出(force multiple coils)	强制设定从站几个开关量输出的值
16	强制多路模出(preset multiple regs)	强制设定从站几个模拟量输出的值

Modbus RTU 通信协议是一种基于串行链路的 Modbus 实现方式。在 Modbus RTU 通信中，波特率是一个重要的参数，它决定了数据在串行链路上传输的速度。一般来说，Modbus RTU 的通信波特率可以配置在 9600～115200bit/s。为了确保通信的顺利进行，主节点(通常是主控制器或主机)发送数据的波特率和从节点(即设备或模块)接收数据的波特率必须保持一致。如果波特率设置不一致，将导致通信失败或数据丢失。在 Modbus RTU 通信中，数据帧的长度受到波特率的限制。特别是在较低的波特率下，如 9600bit/s，第一个数据帧的执行时间将限制 Modbus 数据帧的最长长度。具体来说，当通信波特率为 9600bit/s 时，数据帧的长度不得超过 256 字节。由于数据帧还包括一些必要的控制字符(如起始符、结束符等)，因此实际的有效数据长度将略小于 256 字节，通常不超过 252 字节。如果数据帧过长，将导致执行时间过长，从而可能超过主节点的等待时间。这将导致通信超时或数据丢失，影响整个系统的稳定性和可靠性。因此，在设计和配置 Modbus RTU 通信系统时，需要根据实际需求和波特率来合理设置数据帧的长度。

Modbus RTU 将数据编码为二进制格式，并以二进制位序列的形式进行传输，从而提高了传输效率。在 Modbus RTU 通信协议中，为了确保数据传输的准确性和可靠性，采用了循环冗余校验(CRC)技术来检测数据传输过程中的错误。CRC 是一种广泛应用的错误检测算法，Modbus RTU 协议实施了一种严格的校验机制，该机制通过在整个报文上执行特定的数学运算来生成固定长度的 CRC 码，并将其附加至报文尾部。在接收端，接收方会重新执行相同的 CRC 计算，并将结果与接收到的校验码进行比较，从而检测数据传输过程中可能发生的错误。此外，Modbus RTU 协议不仅严格校验功能码、数据地址和数据内容，还设有格式错误响应机制。当检测到任何错误时，主节点能够识别错误类型并通过返回的数据帧来确保后续通信的顺畅进行，增强了数据的可靠性。在串口通信中使用，如 RS-485 串口，能够实现设备之间的数据传输和通信。Modbus RTU 允许连接多种不同类型的设备和控制器，具有较强的灵活性和通用性。

Modbus RTU 通常被应用于工业自动化中，用于连接传感器、执行器、控制器和 PLC 等设备，进行数据通信和设备控制。由于较高的传输速率和较小的通信开销，所以 Modbus RTU 在工业领域中仍然被广泛使用。

3. CAN 总线

CAN 总线是一种串行通信协议，通常用于实时控制系统和嵌入式系统中，特别适用于汽车行业、工业控制和自动化领域。它最初由德国 Bosch 公司开发，用于汽车电子系统。CAN 总线支持高速数据传输，并具有很强的抗干扰能力，能够在噪声环境中可靠地传输数据。CAN 总线设计用于实时控制系统，支持数据的快速传输和即时响应，适用于对时间要求严格的应用。CAN 总线可以连接多个节点，如传感器、执行器、控制器等，并支持多点通信。CAN 总线使用冲突检测和处理机制，能够检测并解决节点之间的数据冲突，保证数据传输的可靠性。

节点设备(CAN node)是连接在 CAN 总线上的设备，网络拓扑结构通常为线型(图 4-9)。双绞线作为最常用的线束类型，传输对称的差分电平信号。

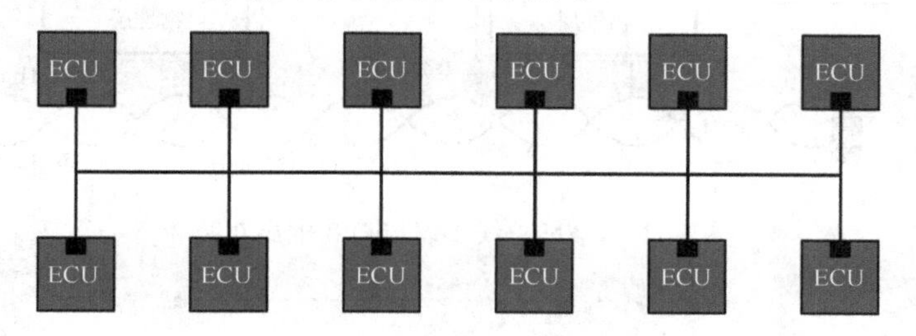

图 4-9　CAN 协议使用

在 CAN 网络架构中(图 4-10)，CAN 控制器承担将数据以二进制编码形式经由 CAN_Tx 线路传输至 CAN 收发器的职责。随后，收发器执行信号转换，将逻辑电平信号转化为差分信号，并通过 CAN 总线网络的 CAN_High 和 CAN_Low 两条差分线进行输出。在数据接收过程中，这一流程逆向进行，即差分信号被收发器还原为逻辑电平信号。CAN 总线采用差分信号传输方式，仅需两根线作为物理传输介质，这一设计显著增强了其电磁兼容性。

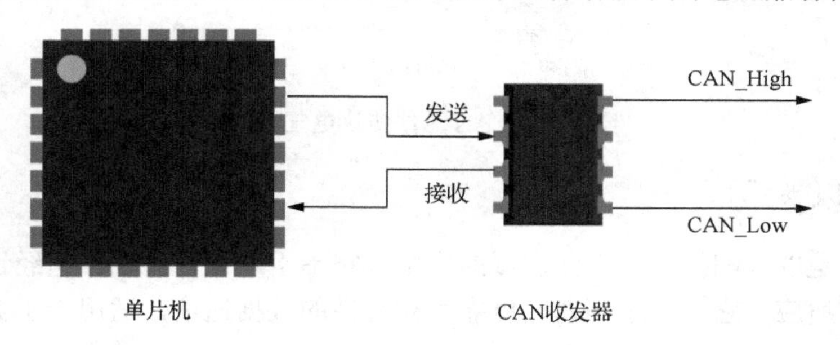

图 4-10　CAN 协议物理层定义

CAN 总线协议的特点(图 4-11)如下。

(1)采用双线差分信号。

(2)总线上节点数量的动态变化并不受协议本身的限制。

(3)广播发送报文，报文可以被所有节点同时接收。

CAN 总线系统凭借其独特的两线制设计(CAN_High 和 CAN_Low)，不仅支持高速数据传输，还具备多节点通信、实时性强和可靠性高等显著特性。如图 4-12 所示，其电位差编码方式允许两根线之间的不同电位差对应两个逻辑状态。此外，CAN 总线引入了一系列复杂的错误检测与处理机制，涵盖 CRC、电磁干扰抑制、错误报文自动重发、临时错误恢复以及永久错误隔离，确保了通信的稳健性和可靠性。

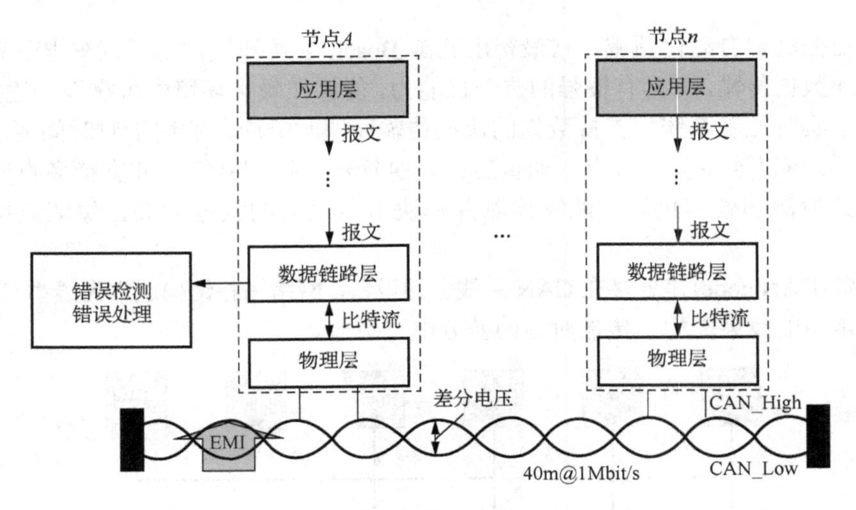

图 4-11　CAN 总线协议与 OSI 七层对照

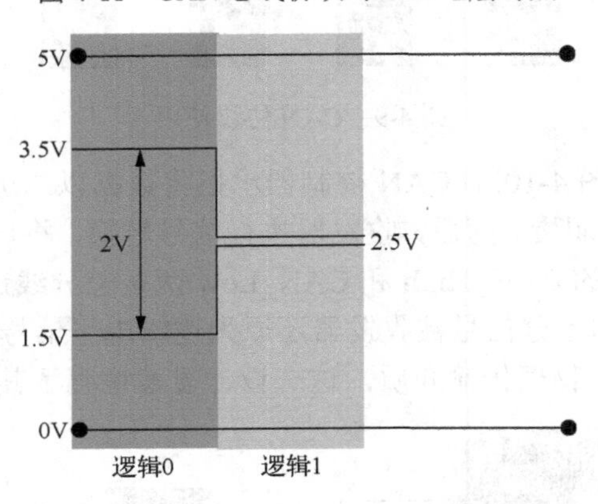

图 4-12　CAN 总线协议电气特性

4.2.3　工业以太网

工业以太网是以太网技术在工业领域的应用，它基于以太网协议，但经过了针对工业环境需求的优化和适应。它提供了高速、可靠和实时性的数据通信，适用于工业自动化和控制系统。

1. Modbus TCP

Modbus TCP 是 Modbus 协议的一种变体，它将传统的 Modbus 协议封装在 TCP/IP 中，使其能够在基于以太网的网络中进行数据通信。Modbus TCP 允许通过以太网网络进行实时数据交换和设备控制，提供了更快速、更灵活的数据传输方式。

Modbus TCP 被广泛用于机械、化工、电力等工业监控系统中，原因有如下几点。

(1)在工业互联网之前，工业设备通信大多使用的是基于 Modbus RTU 协议的网络。其代码透明，方便移植，在 Modbus RTU 的基础上发展 Modbus TCP 更加容易。

(2)Modbus TCP 的通信网络可以连接 Modbus RTU 串行链路上的主机和从机，配合 TCP/IP 网络上的客户机和服务器，能够将工业现场设备快速升级为网络设备，避免大的修改。

(3) Modbus TCP 采用以太网的物理层和数据链路层，其传输层和网络层采用 TCP/IP，可轻易连入互联网，方便系统拓展。

(4) Modbus TCP 于 2004 年入围国际电工委员会(IEC)标准，成为 PAS 文件，中国早已将其列为工业网络标准协议，在国内被广泛使用。

Modbus PDU(协议数据单元)在串行链路和 TCP/IP 上的使用方式并无区别。在 TCP/IP 网络环境中进行 Modbus 通信时，相较于基础通信层，它采用了一种独特的报文头结构，即 Modbus 应用协议(MBAP)报文头，以明确标识和区分 Modbus 应用数据单元。这种 MBAP 报文头不仅确保了数据在 TCP/IP 网络中的正确传输和处理，还通常包含地址域和附加长度域，进一步提升了 Modbus 通信在 TCP/IP 平台上的灵活性和可靠性。相比于 CRC-32 差错校验有更高的报文准确率，所以 Modbus TCP 帧不带地址域和差错校验域。Modbus TCP 帧格式如图 4-13 所示。

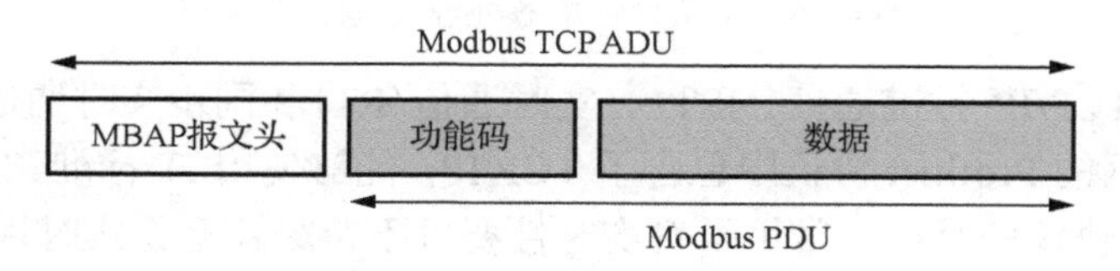

图 4-13　Modbus TCP 数据帧图

MBAP 报文头长度为 7 字节，格式如表 4-2 所示。其中事务处理标识符、协议标识符和单元标识符扮演着关键角色。在请求报文中，这些标识符由客户端进行设置，用于标识特定的通信事务、协议类型以及目标单元。在服务器接收到请求报文后，它会在响应报文中返回这些相同的内容，以确保通信双方能够准确地识别和处理相应的 Modbus 消息。这种机制确保了通信的准确性和可靠性，是 Modbus 协议在 TCP/IP 网络中实现高效通信的重要基础。

表 4-2　MBAP 报文头格式

域	长度	描述
事务处理标识符	2 字节	Modbus 请求/响应事务处理的识别码
协议标识符	2 字节	0 代表 Modbus 协议
长度	2 字节	单元标识符和数据域总字节长度
单元标识符	1 字节	串行链路或其他总线上连接的远程从站的识别码

Modbus TCP 使用主从技术，每次通信都由主设备发送请求到从设备，同步等待从设备响应，从设备得到请求报文后检查并分析数据包，然后执行数据包中的命令，并返回响应报文。主设备一旦接收到从设备的响应报文，会立即进行数据包的检查。如果发现数据包有误，主设备会重新向从设备发送请求报文，以确保数据的准确性和完整性。若数据包无误，主设备则会对接收到的数据进行进一步处理，以满足系统或应用的需求。这种响应处理机制确保了 Modbus TCP 通信的可靠性和高效性。主从设备事务处理过程如图 4-14 所示。

2. Profinet

Profinet 是一种高性能、实时的工业以太网通信协议，支持工业自动化和控制系统中的数据通信、实时控制和设备互联。Profinet 基于以太网技术，采用分层架构。它包括了应用层、传输层、网络层和物理层。应用层定义了通信的协议规范，传输层负责数据包的传输，网络层处理网络拓扑和路由，物理层规定了数据在传输介质上的传输方式。

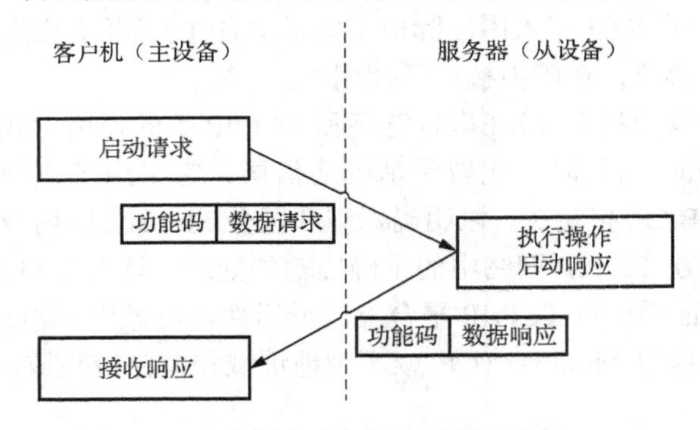

图 4-14 主从设备事务处理过程示意图

Profinet 支持 TCP/IP 标准通信(NRT)、实时通信(RT)和同步实时通信(IRT)三种通信方式。基于工业以太网的 Profinet 协议中包含了 TCP/IP，能够使用 IT 标准。TCP/IP 标准通信为互联网 IT 领域相关协议的基础，常用于对实时性要求不苛刻甚至无实时性要求的数据传输。对于对响应时间要求更加严苛的情况，如传感器和执行设备的数据交换，Profinet 通过优化标准通信协议栈，提供更加实时的通信通道以减少数据包在协议栈中停留的时间，使得 Profinet 的实时性能超过传统的现场总线。在工业自动化领域，现场控制设备的通信对于实时性有着极其严苛的要求，特别是在运动控制系统中，这一点尤为显著。为了满足运动控制的高速通信需求，Profinet 的同步实时技术被广泛应用。同步实时通信通过单独的同步实时通信通道，能够达到伺服控制系统对实时性的要求，从而完成对伺服系统的可靠控制。

TCP/IP 标准通信包括四层结构，最顶层的应用层包括各种应用的协议，如 HTTP、SNMP、TFTP 等；传输层为 TCP 和 UDP，TCP 通过三次握手建立连接且具有重发机制，从而保证数据传输的可靠性。在通信网络中，UDP 作为一种无连接协议，不提供数据传输的可靠性保障。而传输层的核心职责是为两台主机间的应用程序建立端到端的通信服务。与此相对，网络层则通过 IP、ICMP 等协议，负责决定数据传输的最佳路径并执行数据包的转发，同时管理数据帧从源端口至目的端口的路由过程。

实时通信适用于周期性的数据交换，并且需要保证通信的实时性，一般其循环周期不大于 10ms。实时通信实时性的保证采用的是软实时方法，对协议栈进行优化，旁路了 TCP/IP 中的网络层和传输层，减少数据打包解包所耗费的时间的同时也减小了数据帧的长度。Profinet RT 数据帧的结构组成如表 4-3 所示。

表 4-3 Profient RT 数据帧的结构组成

前导码	SFD	Dest.addr	Src.addr	VLAN	Eth.type	Frame ID	RT 数据	APDU 状态	FCS
7B	1B	6B	6B	4B	2B	2B	40～1440B	4B	4B

其中，前导码长度为 7B，SFD 用来给其后的数据帧类型定界；Dest.addr 和 Src.addr 分别为数据帧接收设备和数据帧发送设备的 MAC 地址；在实时通信中，VLAN(虚拟局域网)标志扮演着为数据帧分配优先级的角色。当数据帧通过交换机时，交换机会根据数据帧中的 VLAN

标志来判断其优先级，并优先转发那些具有更高优先级的数据帧。用户可以为数据帧设定优先级，优先级值通常为 0～7。其中，0 代表最低优先级，而 7 则代表最高优先级。这种优先级机制确保了在网络拥堵或竞争资源的情况下，高优先级的数据帧能够优先得到处理和传输，从而满足实时通信对时间敏感性的要求。实时通信数据帧一般以 6 级或 7 级进行传输；Eth.type 指示数据帧的以太网类型，对于实时通信数据帧，其以太网类型为 0x8892；Frame ID 为帧标识符，主要用来区别 Profinet 网络中实时类别不同的数据帧；RT 数据为实时通信数据帧中的数据单元，所传输的最大数据量为 1440B；APDU 状态包括周期计数器、数据单元和传输状态三部分，且只用于循环的实时通信；FCS 为用于整个数据帧的 CRC 校验值。

为了满足实时性和抖动精度的要求，同步实时通信基于以下几点条件。

(1) 和 RT 一样，由于实时性的要求，旁路 TCP/IP 的网络层和传输层不再使用 IP 寻址的机制，代替的是在同一个子网中基于现场设备的 MAC 多播地址来进行寻址，从而减少数据帧在协议栈停留的时间。

(2) 使用精确透明时钟协议(PTCP)来进行时钟同步，由于 PTCP 为第二层的协议，时钟同步只发生在同一个子网中。时钟同步的过程分为两部分，首先是总线系统同一个子网中每两个相邻的设备以延时请求者和延时响应者的形式来测量每两个设备间的延迟，然后通过 Sync 帧来同步或者直接通过硬件实现时间戳来同步。

(3) 不同于 RT 与 NRT 共用一个通信通道的模式，IRT 数据帧以独立的通信通道来进行传输。如图 4-15 所示，对于 RT，在数据帧从源设备传输到目的设备期间，因为其他 RT 数据帧或者 TCP/IP 数据帧的加入，可能使得当前的 RT 在每个网络部件中都产生延迟。而 IRT 单独处于一个通信通道可避免这些不可预见的延迟来提高实时性。

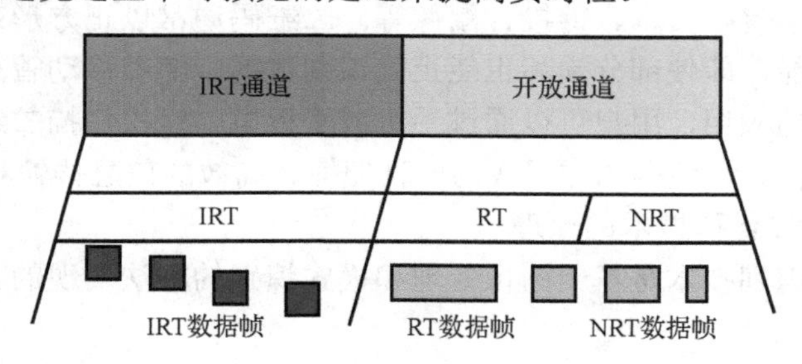

图 4-15　Profient 传输通道

IRT 数据帧与 RT 数据帧基本相同，不同的是由于 IRT 数据帧通过专用通信通道被交换机直接进行转发，所以 IRT 数据帧不需要通过 VLAN 标志进行优先级划分。IRT 数据帧也以 0x8892 以太网类型进行通信，其与 RT 数据帧在传输时仅仅通过帧标识符 Frame ID 来区分。IRT 数据帧结构如表 4-4 所示。

表 4-4　IRT 数据帧结构

前导码	SFD	Dest.addr	Src.addr	Eth.type	Frame ID	IRT 数据	APDU 状态	FCS
7B	1B	6B	6B	2B	2B	40～1440B	4B	4B

为了实现故障安全技术，并最大限度保证系统生产线运行时设备的安全及操作人员的人身安全，Profinet 作为国际标准 IEC 61158 的关键组成部分，不仅集成了 PROFISafe 行业规范，

而且成功实现了 IEC 61508 所规定的 SIL3（安全完整性等级 3）的故障安全性能，从而显著降低了系统运行的故障风险。这一协议的独特之处在于其安全、开放和互联的特性，为工业自动化控制领域提供了强有力的通信支持。随着时间的推移，Profinet 作为面向未来的新一代工业通信网络标准，其在工业自动化领域的地位将日益凸显。凭借其在故障安全、数据通信和系统互操作性方面的卓越性能，Profinet 必将为自动化工业控制领域带来前所未有的收益和便利，推动整个行业的持续发展和创新。

4.3 面向工业现场“物”的物联技术

4.3.1 条形码、二维码技术在制造系统中的应用

1. 条形码技术和二维码技术概述

条形码技术和二维码技术是用于数据编码和识别的两种常见技术。条形码技术是一种线性编码技术，通过将数据编码成一系列平行的黑条和白条来表示信息。二维码技术则是一种二维的矩阵式编码技术，通过将数据编码成由黑色方块组成的方阵来表示信息。这两种技术都广泛应用于商业、物流、生产和其他领域，用于快速而准确地识别和检测物品、产品或文档。条形码技术最早应用于商业领域，常见的条形码包括一维条形码，如 Code 39、Code 128 和 UPC 等。它们通常用于标识商品、库存和货物，以及跟踪物流和销售。一维条形码的编码能力有限，只能存储少量的数据。相比之下，二维码技术具有更高的编码能力和信息密度，能够存储更多的数据，包括文本、链接、图像等。二维码通常以正方形或矩形的形式出现，具有更强的抗损耗性能，即使部分损坏也能正确识别数据。随着移动智能设备的普及，二维码技术得到了更广泛的应用，用户可以通过手机或平板电脑轻松扫描二维码获取信息、链接网站或进行支付等操作。这使得二维码成为一种便捷、高效的信息传输和交互方式。

2. 条形码技术和二维码技术的原理

二维码和条形码识别技术是基于图像处理和模式识别的方法实现的。其基本步骤包括以下方面。

（1）图像预处理：对二维码或条形码图像进行预处理，包括灰度化、二值化等操作，以提高后续处理的准确性。

（2）边缘检测：利用边缘检测算法（如 Sobel、Canny 等）检测二维码或条形码图像中的边缘，提取出二维码或条形码的外围轮廓。

（3）编码规则解析：根据二维码或条形码的编码规则，解析出图像中的信息。对于二维码，还需要进行掩码判别、纠错编码与解码等步骤。

3. 技术应用

（1）生产和物流追踪：条形码和二维码被广泛用于追踪生产流程和物流过程。在制造中，这些码可以附加在原材料、半成品和成品上，记录产品信息、批次、生产日期、工序等关键数据。通过扫描这些码，可以实现对产品流转的跟踪，提高生产过程的可控性和可追溯性。

（2）库存管理：条形码和二维码可用于管理和追踪库存。在制造场所中，可以将这些码附加到存储箱、托盘或仓库货架上，用以标识不同的物料和位置。通过扫描这些码，可以实现

库存的准确记录、管理和定位。

(3) 设备维护和管理：在设备维护和管理方面，条形码和二维码也被广泛使用。在设备或机器上贴上这些码，可以存储设备信息、维护记录、维修说明书等。这些信息可供维护人员扫描读取，便于快速了解设备状态、维护历史和操作指南，提高设备的可靠性和维护效率。

(4) 质量控制：通过在产品或零部件上附加条形码或二维码，制造企业可以实现质量控制。这些码可以存储产品的制造参数、检验数据、质量标准等信息。工人可以通过扫描码来获取相应信息，有助于快速识别不合格品、追踪问题和提高产品质量。

(5) 追溯能力：条形码和二维码可以记录产品的生产历史和全生命周期信息。这些信息对于召回产品、了解产品来源、处理质量问题和满足监管要求都非常有用。

4.3.2　智能制造中的 RFID 技术

RFID 技术是一种用于自动识别和追踪标签内信息的无线通信技术，主要由 RFID 读写器和 RFID 标签构成。基于应用频率的差异，RFID 技术被细分为低频(LF)、高频(HF)、超高频(UHF)和微波(MW)四大类，分别对应频率范围 135kHz 以下、13.56MHz、860～960MHz 以及 2.4GHz 和 5.8GHz。从能源供给的角度出发，RFID 又可分为无源、有源和半有源三种类型。无源 RFID 以其近距读写和低成本的特性而被广泛应用；有源 RFID 虽成本较高，但凭借电池供电实现的长距离读写能力，在远距场景中具有显著优势；而半有源 RFID 则在成本与性能间寻求平衡，提供了相对适中的读写距离和成本效益。

1. RFID 系统的组成部分

RFID 技术是一种无线通信技术，主要用于自动识别和追踪附着在物体上的标签中嵌入的信息。该技术由 RFID 读写器和 RFID 标签两部分组成，其中读写器用于读取或写入标签中的信息，而标签则用于存储并传输信息。RFID 标签是一种被动或主动装置，其中包含了用于识别的信息。它通常由一个芯片和一个天线组成。标签上存储的信息可以包括唯一的序列号或其他数据，这些信息可以通过无线电信号与 RFID 读写器进行通信。RFID 读写器是负责与 RFID 标签进行通信的设备。它会向周围发送电磁信号，激活附近的 RFID 标签，并接收从标签发送回来的信息。读写器通常与计算机系统或其他设备连接，以便将收集到的数据传输到其他系统进行处理。天线用于向周围环境发射 RFID 读写器产生的电磁信号，并接收 RFID 标签返回的信号。天线的设计和位置可以影响系统的性能，包括读取范围和数据传输速率。RFID 标签编码器用于将数据编码到 RFID 标签中。它通常与 RFID 读写器一起使用，可以在标签中写入、修改或删除信息。数据处理系统用于接收、处理和分析从 RFID 读写器读取的数据。这些系统可以是计算机软件、数据库或其他自动化系统，用于跟踪、管理和控制与 RFID 标签相关的信息。一个基本的 RFID 系统如图 4-16 所示。

2. RFID 技术的工作原理

RFID 技术是一种利用无线射频信号进行自动识别和跟踪的技术。其工作原理包括以下几个步骤：首先，RFID 读写器向周围环境发射无线电信号，当这些信号被附近的 RFID 标签接收时，标签内的芯片会被激活。接着，标签使用接收到的能量来传输存储在其中的信息，如唯一的识别码等。然后，读写器接收到标签传输的信息，并将其解码，从而识别和获取相关数据。最后，收集到的数据可以通过计算机系统或其他数据处理设备进行进一步处理，用于跟踪、管理和控制与 RFID 标签相关的物体或资产。

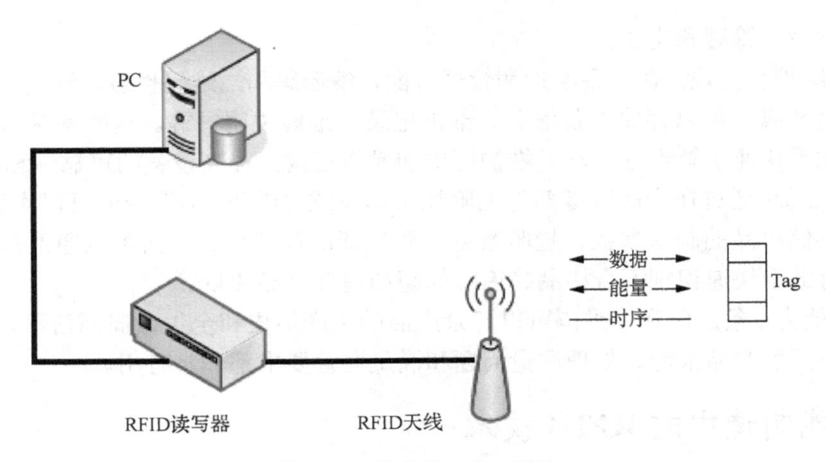

图 4-16 基本的 RFID 系统

RFID 技术中的通信和能量传输方式大致可以分为被动式、半主动式和主动式。在被动式系统中，读写器通过发送射频信号给电子标签，标签利用接收到的射频信号中的能量来激活并回传信息。在半主动式系统中，读写器不仅向标签发送射频信号，还通过改变信号的频率或幅度来激活标签。而在主动式系统中，电子标签内置了电池或其他能源，能够主动发送信号，不需要依赖读写器的射频信号来激活。这三种通信和能量传输方式各有优缺点，可以根据实际应用需求选择合适的方式。

3. RFID 技术的应用领域

1)基于 RFID 技术的数字化车间

基于 RFID 技术的数字化车间是利用射频识别技术对车间内物品、设备和流程进行标识、监测和管理的生产制造模式。通过在物料、设备和人员上安装 RFID 标签，实现对其唯一标识和实时跟踪，从而提高了物料管理的追溯性和生产流程的自动化控制水平。通过在物料、零部件、成品和半成品上安装 RFID 标签，实现对物料的唯一标识和实时跟踪。当物料进入或离开车间时，RFID 读写器可以自动识别并记录其信息，提高了物料的追溯性和管理效率。利用 RFID 技术可以对生产流程中的各个环节进行实时监测和控制。通过在生产线上布置 RFID 读写器，可以实现对生产过程的自动化控制和调度，提高了生产效率和质量稳定性。在生产设备和工装夹具上安装 RFID 标签，可以实现对设备的远程监测和管理。通过监测设备的运行状态、维护记录和故障报警等信息，可以及时发现并解决设备问题，减少生产中断和故障损失。利用 RFID 技术可以对员工进行身份识别和考勤管理。员工佩戴带有 RFID 标签的工牌或手环，进出车间时通过 RFID 读写器进行识别，实现对员工出勤情况的自动记录和统计。通过 RFID 读写器的应用，数字化车间能够实现对生产设备的远程监测和维护，以及对员工的身份识别和考勤管理，从而提高了生产效率、质量水平和管理效率。

2)基于 RFID 技术的智能产品全生命周期管理

利用射频识别技术对产品在设计、制造、物流、销售和售后服务等环节的全过程进行实时跟踪和管理。通过在产品上植入 RFID 标签，实现对产品的唯一标识和实时定位，从而可以准确获取产品的生产信息、流动轨迹和使用情况，为企业提供全面的数据支持和决策依据。通过 RFID 技术，企业可以实现对产品的库存管理、防伪溯源、追溯查询、消费者体验等各个环节的智能化管理，提升产品的安全性、可追溯性和服务水平，同时也为企业带来了更高的运营效率和竞争优势。

3) 基于 RFID 技术的制造物流智能化

RFID 系统与自动立库系统(AS/RS)的集成，为在制品与货品的出入库管理带来了革命性的自动化与批量识别能力。这种集成不仅显著提升了库存管理效率，同时也为制造业的数字化转型提供了有力支撑。此外，RFID 与 GPS 技术的集成研究，为制造企业在制品的精准定位提供了可能。这种集成通过实时网络传输，实现了物流信息的即时共享与产品的全程监控，从而为企业采购流程的优化提供了科学依据。这一领域的学术研究，不仅提升了企业的运营效率，也推动了供应链管理理论的进一步发展。在智能物流系统与企业资源计划和制造执行系统的无缝对接方面，中间件技术的应用成为研究热点。这一技术通过标准化接口，实现了智能物流系统与企业内部核心系统的数据交换与共享，提高了企业的响应速度与库存管理水平，进一步提升了在制品物流管理的智能化水平。物联网 RFID 技术凭借其非可视阅读、数据可读写以及出色的环境适应性等显著特点，在学术研究领域中展现出了广泛的应用潜力。该技术能够实现对商品从原料、半成品到成品，以及运输、仓储、配送、上架、销售和退货处理等全流程的实时监控，从而极大地提升了供应链的自动化程度和透明度。通过 RFID 技术的应用，企业能够实时监控商品的位置和状态，确保货物在各个环节中的高效流转和准确管理。这种实时监控的能力不仅降低了操作差错率，还显著提升了管理效率，使得企业能够更加精确地掌握市场动态，优化资源配置，提升竞争力。因此，RFID 技术被认为是物联网领域中极具研究价值与应用前景的关键技术。随着技术的不断发展和完善，相信 RFID 将在未来会为更多行业带来革命性的变革。

思考与练习

4-1　利用 Modbus RTU 总线实现多个设备控制器的连接，如图 4-17 所示。此时，主站需要读取 20 号从站开关量输出 011～044 的状态，请写出询问 RTU 帧(Query)。

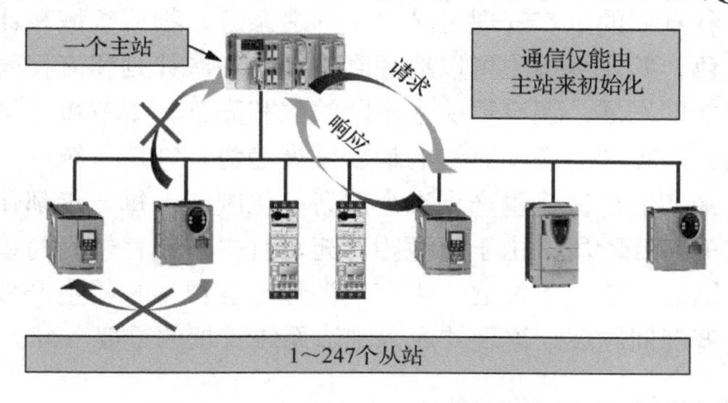

图 4-17　Modbus RTU 总线连接案例

4-2　工业以太网中常用的物理层传输介质有哪些？分别比较它们的特点和适用场景。

4-3　利用 OSI 七层模型来解释 TCP/IP。

第 5 章　制造系统中的智能调度技术

在当今制造业竞争日益激烈的环境下，制造企业面临着诸多挑战，如订单变化频繁、交货期要求越来越紧迫、生产成本不断攀升等。为了在市场中保持竞争力，制造企业需要不断提升生产效率、降低生产成本，同时保证产品质量和交货准时。在这样的背景下，智能调度技术作为一种重要的生产管理手段，受到了广泛关注和应用。智能调度技术在制造系统中的应用范围广泛，涉及生产计划编制、生产任务分配、设备调度、作业优化等方面，能够有效提高生产效率、降低生产成本，提升生产灵活性和响应速度。随着人工智能、大数据分析、云计算等技术的不断发展和普及，智能调度技术在制造系统中的应用正日益深入和广泛。通过利用先进的算法和技术手段，制造企业可以实现生产过程的自动化、智能化和优化，提高生产资源利用率，降低生产成本，提升生产效率和产品质量。本章将系统介绍制造系统中的智能调度技术，包括智能调度技术的基本概念、关键技术和应用案例等内容，旨在为读者提供全面深入的理论知识和实践经验。通过学习本章，读者将能够了解智能调度技术在制造系统中的作用和意义，掌握智能调度技术的核心原理和方法，为实际生产中的调度决策提供参考和指导，从而提升制造企业的竞争力和经济效益。在制造系统中，智能调度技术是指利用先进的算法、人工智能和数据分析等技术，通过对生产过程进行实时监控、分析和优化，实现对生产资源(设备、人员、物料)的智能分配和调度，以提高生产效率、降低成本并优化生产流程的一种技术。

5.1　调度算法的发展历史

调度算法作为一种重要的生产管理工具，在制造系统、物流领域和计算机科学等领域中扮演着至关重要的角色。其发展历史可以追溯到早期的生产计划和流程问题，随着科学技术的不断进步和人工智能的发展，调度算法也不断演化和完善。本节将从早期的调度算法发展历史开始，逐步介绍到当今智能调度算法的最新发展趋势。制造系统的历史演进与工业革命的步伐紧密相连，从最初的机械化生产到现今的智能化制造，每一步都伴随着技术革新和产业升级。在制造系统的初级阶段，由于资源相对充足且生产过程较为简单，调度问题并未成为显著议题。然而，随着制造业的发展，生产资源逐渐变得稀缺，生产效率的提升和成本控制的需求日益凸显，调度问题逐渐浮现并成为制造系统管理的重要一环。

5.1.1　早期的调度算法

早期的调度算法主要集中在生产计划和排程领域，旨在解决生产任务的合理安排和生产资源的有效利用。20 世纪初，调度算法主要是基于简单的调度规则，如先到先服务原则、最短作业优先、时间片轮转以及最高优先级优先等。先到先服务是按照任务到达的先后顺序进行调度，当一个任务到达系统后，就被放入队列中等待执行，直到前面所有任务都执行完毕。最短作业优先根据任务的执行时间长度来进行调度，优先执行时间最短的任务。这种算法可以减少平均等待时间，提高系统的响应速度，但需要准确预测任务的执行时间。时间片轮转算法是一种基于时间片的动态调度算法，每个任务被分配一个时间片来执行，当时间片用完后，任务被放回队列尾部等待下一次调度。时间片轮转算法能够公平地分配 CPU 时间，但可能导致上下文切换频繁，影响系统性能。最高优先级优先算法根据任务的优先级来进行调度，优先级高的任务先执行。这种算法适用于需要满足任务优先级要求的场景，能够确保重要任务及时执行，但可能导致低优先级任务长时间等待。

5.1.2　智能调度算法

智能调度算法的兴起可以追溯到近年来人工智能和机器学习技术的快速发展。智能调度算法通过结合传统调度算法和先进的人工智能技术，能够更加智能地优化任务调度，提高系统的效率和性能。为了克服传统启发式算法的局限性，研究者开始提出元启发式算法，即利用启发式规则来指导搜索算法的设计。

启发式算法最早可追溯到 20 世纪 50 年代，例如，Dantzig 针对线性规划问题提出的单纯形算法。到了 60 年代，人们逐渐认识到常规方法很难满足求解需要，于是一场通过自然界寻找解决问题的办法拉开帷幕，特别是几个经典算法的出现，如遗传算法、禁忌搜索算法和贪心算法，使得启发式算法进入快速发展阶段。截至目前，仍然有很多新型的启发式算法相继提出，如烟花算法、师徒算法、鲸鱼算法等。根据启发式算法求解规模的不同，将其分为三类。第一类是群体智能算法，包括遗传算法、差分进化算法、人工蜂群算法、粒子群算法和蚁群算法等，特点是大多采用种群迭代方式，每次搜索为随机操作，目的是跳出局部最优。第二类是局部搜索算法，包括禁忌搜索算法、局部搜索算法、模拟退火算法等，特点大多是单个体搜索，每次在设计的邻域中迭代搜索。第三类是融合多种搜索策略的混合算法。

当前，智能调度算法正朝着更智能化、更自适应、更高效的方向发展。基于深度学习的调度算法、基于强化学习的调度算法、基于混合智能算法的调度算法等不断涌现，为解决复杂生产系统中的实际调度问题提供了新的思路和方法。同时，智能调度算法也逐渐向跨领域融合发展，如智能制造、智能物流等领域，实现生产系统的智能化和自动化。

5.2　调度问题的描述

5.2.1　特征描述

1. 一个调度问题的三元组

一个调度问题通常用一个三元组 $\alpha|\beta|\gamma$ 进行描述。

α 表示机器环境，如单机、并行机、流水车间、柔性流水车间、作业车间、柔性作业车间以及开放车间等。单机：仅有一台机器可供使用，这意味着所有需要加工的工件都必须按照某种顺序在这台机器上依次进行加工。并行机：多台机器同时可用，工件可以并行在不同机器上进行加工。流水车间：多个机器依次排列，工件按顺序在不同机器上加工。柔性流水车间：具有一定的灵活性，可以根据需要重新配置工件和机器。作业车间：多个工件需要在多个机器上进行加工。柔性作业车间：其显著特性在于其高度的灵活性，能够依照生产需求的变化，灵活调整工件与机器的配置，以适应多变的制造环境。开放车间：工件和机器之间的关系较为松散，可以根据需要进行任务分配。

β 表示加工约束。例如，交货时间约束：订单需要在特定的时间点交付。优先约束：某些工序必须在其他工序之前完成。阻塞约束：在流水车间的生产过程中，为了提高生产效率，常常在两台相邻的机器之间设置缓冲区，用于暂存上游机器已加工完成但尚未被下游机器取走的工件。然而，当这些缓冲区的设计容量达到其满载状态时，将会对生产流程产生显著影响。具体来说，一旦缓冲区内的工件数量达到了其最大容量限制，即缓冲区满载，那么上游的机器将无法继续释放已经加工完成的工件，直至下游机器处理完毕部分工件并释放缓冲区空间。零等待约束：不允许工序在机器之间等待，如轧钢厂等待过程会使钢板变冷。

γ 表示性能指标。例如，最大完成时间：所有任务中最晚完成的时间。平均完成时间：所有任务完成时间的平均值。最大流经时间：任务在系统中最长的流经时间。总流经时间：所有任务在系统中的总流经时间。加权流经时间：考虑任务优先级的平均流经时间。最大延误时间：任务最大延误的时间。平均延误时间：所有任务延误时间的平均值。总延误时间：所有任务的延误总时间。

2. 析取图模型

析取图模型也可以直观地表示车间调度问题的工序和机器约束，其模型可以由一个三元组合 $G=(N, A, E)$ 表示，其中 N 表示的是所有节点集合，包括所有工序节点、开始节点 0 和结束节点#。A 表示工序约束的连接弧集合。E 表示机器间工序的析取弧集合，其连接方向是不固定的。连接弧和析取弧之间的大小与前道工序加工时间相关。如果连接弧和析取弧之间存在封闭环，则会产生加工冲突，反之可正常加工。图 5-1(a)展示了析取图模型，并给出了析取弧连接。关键工序是车间调度问题的研究重点，从析取图中找到关键工序，即从 0 找出到#的最长路径（也称关键路径），其中包含的工序即为关键工序。用 $L(i,j)$ 表示工序 i 到工序 j 的最长路径长度。在图 5-1(a)中，最长路径为 0→(3,1)→(2,2)→(4,3)→(4,4)→(3,4)→#，其长度 $L(0,\#)=16$，对应的甘特图如图 5-1(b)所示。

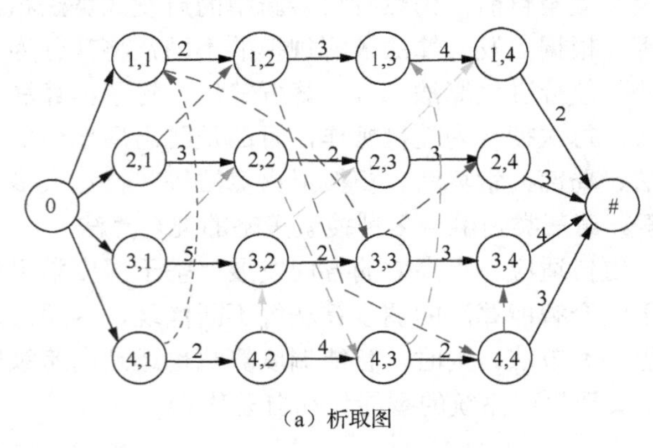

（a）析取图

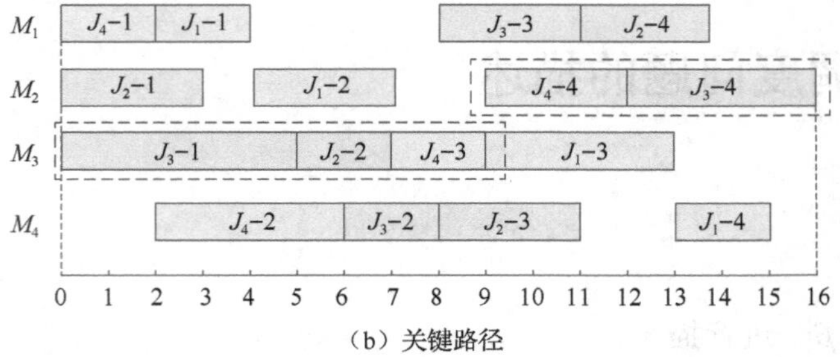

（b）关键路径

图 5-1　析取图模型及甘特图

5.2.2　流水车间调度问题

流水车间调度问题(flow shop scheduling problem, FSP)是指在一个生产系统中，存在 n 个需要加工的工件和 m 台不同的机器。每个工件都必须经历 m 道工序，并且每道工序都必须在特定的机器上完成。这些机器按照固定的顺序排列，即每个工件都将在同一台机器上按照相同的顺序进行加工。工件在每台机器上的加工时间是预先给定的。该问题的核心挑战在于确定这 n 个工件在每台机器上的最佳加工顺序，以使得某个特定的生产性能指标达到最优，最常见的是最小化所有工件完成加工所需的总时间，如式(5-1)所示。其中 C_i 表示工件 i 的完工时间。在调度的过程中，还应该满足以下约束：

(1) 每个工件在机器上的加工顺序是相同的；

(2) 一台机器不能同时加工多个工件；

(3) 一个工件不能同时由多台机器加工；

(4) 工序不能预定；

(5) 工序的准备时间与工件在机器上的加工顺序无关，且包含在加工时间中或者可以忽略不计；

(6) 工件在每台机器上的加工顺序是相同且预先确定的。

$$C_{\max} = \min\left\{\max_{i=1}^{n}\left(C_i\right)\right\},\ \forall i \in \{1,2,\cdots,n\} \tag{5-1}$$

表 5-1 展示了一个 3×3 的 FSP 示例，其中包含了 3 个工件在三台机器上加工，每道工序设置了加工时间。图 5-2 给出了一个加工方案为 $J_1 \to J_2 \to J_3$ 的甘特图，最大完工时间为 20。

表 5-1　3×3 流水车间问题示例

工序	J_1		J_2		J_3	
	机器	加工时间	机器	加工时间	机器	加工时间
1	M_1	4	M_1	4	M_1	3
2	M_2	5	M_2	4	M_2	2
3	M_3	3	M_3	4	M_3	3

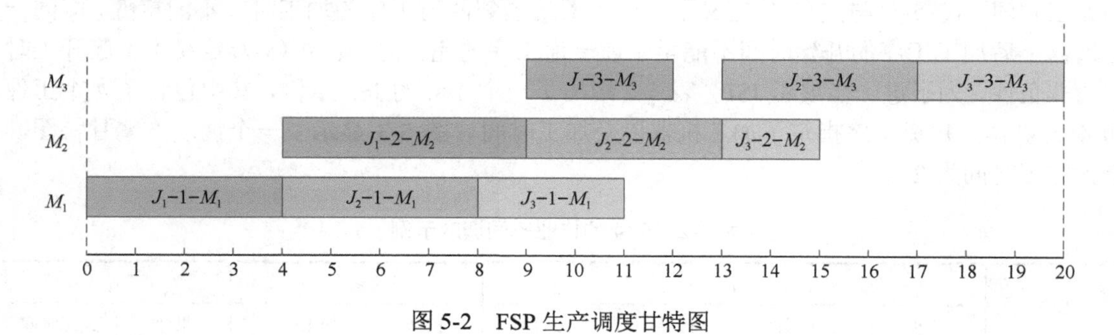

图 5-2　FSP 生产调度甘特图

5.2.3　作业车间调度问题

作业车间调度问题(job shop scheduling problem，JSP)可以描述为：在包含 m 台机器的加工环境中，对于 n 个待加工的工件，每个工件均遵循一个预设且统一的机器加工序列。这个序列确保了每个工件都必须依次通过相同的机器集合进行加工，且每台机器在序列中的位置对于所有工件均保持一致。工件按照这一预定的工序顺序，逐一在每台机器上完成其对应的加工任务。调度的目的是对工件和机器进行有效的安排，以最大化生产效率、缩短完成时间或最小化成本为目标。该问题属于组合优化问题的一种，涉及多个工件在多台机器上的分配和调度。在调度的过程中，还要满足以下约束。

(1) 一个工件同一时刻最多只能在一台机器上加工。

(2) 同一工件的工序之间存在先后顺序约束，每个工件都需要按照预定的工序顺序依次进行加工。

(3) 一台机器同一时刻最多只能加工一个工序，一旦开始加工不能中断。

以最小化最大完工时间为优化目标建立 JSP 数学模型，模型构建过程中涉及的参数符号及说明如下。

$\mathrm{st}_{i,j}$：工序 $O_{i,j}$ 的开工时间。

$\mathrm{et}_{i,j}$：工序 $O_{i,j}$ 的完工时间。

$$y_{i,j,r,s}=\begin{cases}1, & \text{工序}O_{i,j}\text{为工序}O_{r,s}\text{的机器紧前工序}\\ -1, & \text{工序}O_{i,j}\text{为工序}O_{r,s}\text{的机器紧后工序}\\ 0, & \text{其他}\end{cases}$$

JSP 的数学模型如下：

$$\min(C_{\max})=\min(\max(\mathrm{et}_{i,j})),\ \forall O_{i,j} \tag{5-2}$$

$$\mathrm{st}_{i,j}\geqslant \mathrm{st}_{i,j-1}+\mathrm{pt}_{i,j-1},\ \forall\{O_{i,j},O_{i,j-1}\} \tag{5-3}$$

$$\mathrm{et}_{i,j}\geqslant \mathrm{st}_{i,j}+\mathrm{pt}_{i,j},\ \forall O_{i,j} \tag{5-4}$$

$$(\mathrm{st}_{i,j}-\mathrm{et}_{r,s})y_{r,s,i,j}(1-y_{i,j,r,s})+(\mathrm{st}_{r,s}-\mathrm{et}_{i,j})y_{r,s,i,j}(1-y_{i,j,r,s})\geqslant 0,\ \forall\{O_{i,j},O_{r,s}\} \tag{5-5}$$

$$y_{i,j,r,s}+y_{r,s,i,j}=0 \tag{5-6}$$

$$\mathrm{st}_{i,j}\geqslant 0 \tag{5-7}$$

其中，式(5-2)为目标函数；式(5-3)为同一工件的紧邻工序的顺序约束；式(5-4)为计算工序的完工时间；式(5-5)与式(5-6)定义了同一机器上紧邻两道工序的加工时间不能重叠，即同一台机器上后加工工序的开始时间不能早于前一道工序的完工时间；式(5-7)定义了工序开工时间的非负性。为了进一步展示 JSP，表 5-2 给出了一个 4×4 的 JSP 示例，其中包含了 4 个工件和 4 台机器，每道工序指定了加工机器以及加工时间。图 5-3 显示了一个调度方案甘特图，最大完工时间为 21。

表 5-2　4×4 的作业车间调度示例

工序	J_1		J_2		J_3		J_4	
	机器	加工时间	机器	加工时间	机器	加工时间	机器	加工时间
1	M_2	3	M_1	2	M_3	5	M_1	2
2	M_3	2	M_2	3	M_4	2	M_4	4
3	M_4	3	M_4	4	M_1	1	M_3	2
4	M_1	4	M_3	2	M_2	4	M_2	3

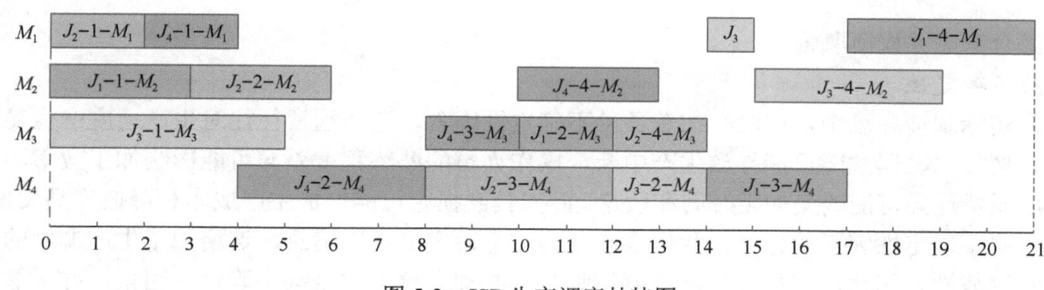

图 5-3　JSP 生产调度甘特图

5.2.4　柔性作业车间调度问题

柔性作业车间调度问题(flexible job shop scheduling problem，FJSP)是作业车间调度问题的扩展，它考虑到工件在不同机器上的可替代性和灵活性。与作业车间调度问题不同的是，柔性作业车间调度问题允许工序在不同的机器上进行处理，并且每个工件在每个机器上的可加工工序不同。在实际生产中，为了提高加工的灵活性和响应能力，可以根据机器负荷的实时情况，灵活地进行机器的选择。当工件的每道工序都可以在多台机器上加工时，这种灵活性便得到了显著体现。

1. 柔性作业车间调度在实际生产中的优点

(1)显著提高了设备的利用率。一旦机床完成当前加工任务进入空闲状态，系统即可立即安排新的工件进行加工，这种灵活性极大地减少了设备的闲置和等待时间，使得生产资源得到了更高效的利用。

(2)增强了维持生产稳定的能力。当一台或多台机器因故障而停机时，系统具备迅速调整工序的能力。通过智能调度，工序可以绕过故障机器，在其他可用的机器上继续加工，从而保证了生产的连续性和稳定性，降低了生产中断的风险。

(3)有助于提升产品质量并缩短生产周期。与传统的 JSP 模型相比，允许同一工件的多道工序在同一台机床上连续进行加工，不仅减少了因中间装卸和搬运等环节可能产生的质量问题和时间消耗，还使得生产流程更加紧凑，显著缩短了产品的生产周期。

2. 柔性作业车间调度问题的特点

1)计算复杂

柔性作业车间调度问题是对传统作业车间调度问题的深化和扩展。在 FJSP 中，除了需明确每道工序的加工顺序外，还必须为每一道工序精准地分配适合其加工的机器。这种额外的机器分配环节使得 FJSP 相较于 JSP 在决策层面更为复杂，也更具挑战性。正因为其高度的复杂性和计算资源的消耗，FJSP 被归类为 NP 困难问题，意味着随着问题规模的增加，寻找最优解所需的计算资源将呈指数级增长，使得精确求解变得极为困难。

2)多目标

在实际生产过程中，调度决策往往需要考虑多项性能指标，这些指标之间可能存在着相互冲突的关系。为了全面优化生产过程，常用的调度性能指标涵盖了多个方面，如追求最小化最大完工时间以提高生产效率，确保交货期满足客户需求以保持信誉，平衡机器总负荷以提高设备利用率，控制生产成本以降低成本压力，减少延迟或拖期以减少生产风险，以及管理库存以避免过剩或不足等。这些指标共同构成了调度决策的多元优化目标，需要在实际操作中综合考虑并权衡取舍。

3) 不确定性

在实际制造环境中，广泛存在着各种不确定性因素，这些因素往往对生产调度产生显著影响。例如，机器故障可能导致生产中断，操作人员的熟练程度差异可能影响加工效率，原材料的质量差异可能改变加工时间和质量，而刀具磨损则可能增加生产成本和降低产品质量。由于这些不确定性因素的存在，我们很难获得完全确定的加工信息，这增加了生产调度的复杂性和挑战性。因此，在制定生产调度计划时，必须充分考虑这些不确定性因素，并采取相应的措施来降低其影响，以确保生产的顺利进行和效率的提升。

4) 动态性

实际生产制造过程是一个高度动态且连续的过程。在这个过程中，加工工件按照一定的顺序逐渐进入待加工状态，等待在制造系统中接受处理。随着生产进程的推进，各种工件不断被引入制造系统，接受相应的加工处理。同时，已经完成加工的工件也会不断地从制造系统中移出，标志着它们完成了生产流程，并准备进入下一个环节或直接作为产品出库。这种持续的工件流动性和生产系统的动态性，要求生产调度和管理必须具备高度的灵活性和响应能力，以确保生产过程的顺畅和高效。

以下是一个柔性作业车间调度数学模型示例：假设有 n 个工件($j=1,2,\cdots,n$)，m 台机器($i=1,2,\cdots,m$)，每个工件 j 需要在某些机器上进行加工，工件 j 在机器 i 上的加工时间为 p_{ij}。每个工件有一个最早开始时间 r_j 和最晚完成时间 d_j。因此数学模型可以表示为

决策变量：x_{ij} 表示工件 j 是否在机器 i 上加工，如果是，则为 1，否则为 0。

目标函数：

最小化(最大化)总的加工时间，如

$$\text{Minimize}\sum_{i=1}^{m}\sum_{j=1}^{n}p_{ij}\cdot x_{ij} \tag{5-8}$$

约束条件：

每个作业只能在一个机器上加工，即

$$\sum_{i=1}^{m}x_{ij}=1,\ \ \forall j \tag{5-9}$$

每台机器同时只能加工一个作业，即

$$\sum_{j=1}^{n}x_{ij}\leqslant 1,\ \ \forall i \tag{5-10}$$

加工时间不得超过最晚完成时间，即

$$\sum_{i=1}^{m}p_{ij}\cdot x_{ij}\leqslant d_j,\ \ \forall j \tag{5-11}$$

作业的开始时间不得早于最早开始时间，即

$$\sum_{i=1}^{m}p_{ij}\cdot x_{ij}\leqslant r_j,\ \ \forall j \tag{5-12}$$

为了进一步展示 FJSP，表 5-3 给出了一个 4×4 的 FJSP 示例，其中包含了 4 个工件和 4 台机器，每道工序指定了加工机器以及加工时间。图 5-4 显示了一个调度方案甘特图，最大完工时间为 21。

表 5-3　一个 4×4 的 FJSP 示例

工件	工序	工序编号	加工机器及时间			
			M_1	M_2	M_3	M_4
J_1	$O_{1,1}$	1	3	—	4	5
	$O_{1,2}$	2	2	—	—	6
	$O_{1,3}$	3	5	4	—	5
J_2	$O_{2,1}$	1	7	2	4	6
	$O_{2,2}$	2	—	—	3	4
	$O_{2,3}$	3	4	3	—	3
J_3	$O_{3,1}$	1	4	2	9	8
	$O_{3,2}$	2	—	3	—	—
	$O_{3,3}$	3	4	—	5	5
J_4	$O_{4,1}$	1	3	—	7	6
	$O_{4,2}$	2	—	—	6	5
	$O_{4,3}$	3	3	—	3	—

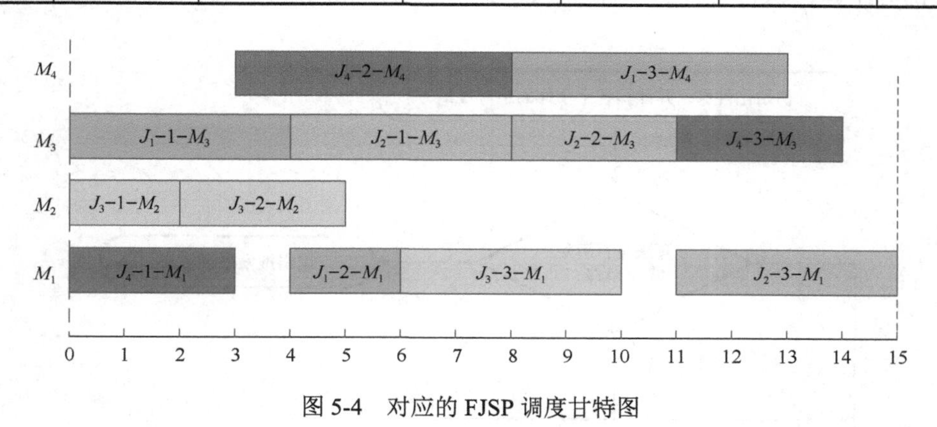

图 5-4　对应的 FJSP 调度甘特图

5.3　面向柔性作业车间的智能调度求解方法举例

在制造业中，柔性作业车间是一种灵活、高效的生产系统，能够适应不同产品类型和生产需求的变化。然而，如何有效地调度柔性作业车间中的作业顺序，以最大化生产效率和资源利用率，是制造企业面临的重要挑战之一。传统的调度方法往往难以应对柔性作业车间复杂的生产环境和多样化的作业要求，因此需要借助智能算法来实现高效的调度求解。

面向柔性作业车间的智能调度求解方法通过引入人工智能和优化算法，能够在复杂的生产场景中寻找最优的作业调度方案。遗传算法、禁忌搜索算法、模拟退火算法和粒子群优化算法等智能优化算法在柔性作业车间调度中发挥着重要作用，能够有效地优化作业顺序、降低生产成本、提高生产效率。本节将探讨面向柔性作业车间的智能调度求解方法，介绍不同算法的原理和应用，以及如何将这些算法应用于柔性作业车间调度问题的求解中。通过深入研究智能调度方法，可以为制造企业提供更具竞争力的生产调度方案，实现生产过程的智能化和优化。面向柔性作业车间的智能调度涉及利用智能化技术和算法，对柔性作业车间中的作业、机器和工序进行智能化的调度安排，以优化生产效率、降低成本、提高资源利用率等为目标。

5.3.1 遗传算法概述

遗传算法(genetic algorithm, GA)是一种模拟自然界生物进化机制的优化算法，特别适用于求解复杂的优化问题。其核心理念在于通过模拟生物种群的进化过程，以寻找问题的最优解。在遗传算法中，每个个体(通常称为“染色体”或“基因串”)都代表了一个潜在的问题解决方案，而种群中的所有个体组合在一起构成了解空间。遗传算法通过不断迭代地对种群中的个体进行选择、交叉和变异操作，逐步优化个体的适应度，从而找到最优解或接近最优解。主要步骤包括初始化种群、选择操作、交叉操作、变异操作和替换操作。在选择操作中，根据个体的适应度对种群中的个体进行选择；在交叉操作中，通过交换个体的染色体信息来产生新的个体；在变异操作中，对个体的染色体信息进行随机变异；在替换操作中，根据适应度替换部分个体，保持种群的多样性。图 5-5 是遗传算法流程图。下面对每个步骤进行详细介绍。

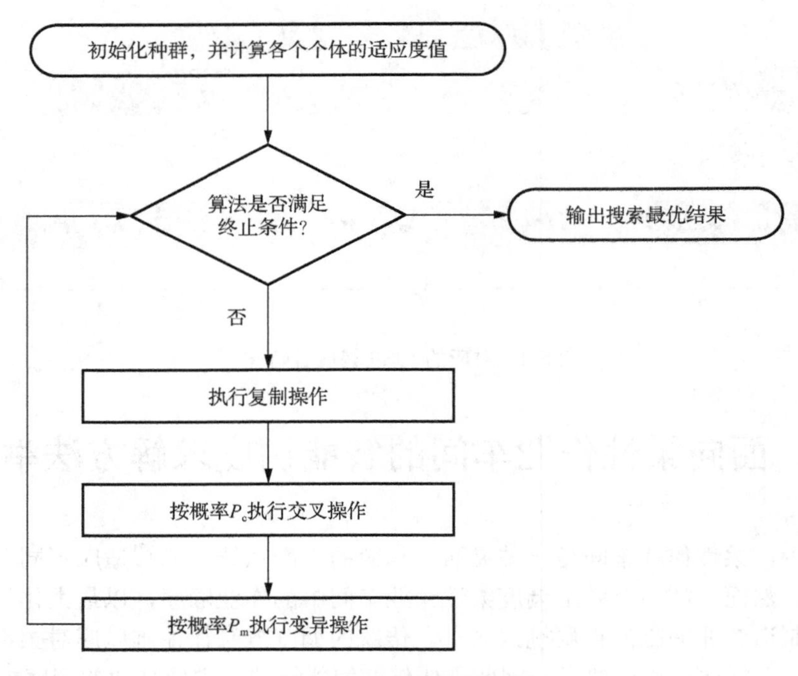

图 5-5　遗传算法流程图

1. 初始化种群

首先需要明确两个关键要素：种群的大小和个体的编码方式。种群的大小决定了算法在搜索空间中的广度，而个体的编码方式则直接关联到问题解的表示形式。接下来，我们随机生成一组个体，这些个体通常称为染色体，每一个都代表了一个潜在的问题解决方案。这些染色体由特定的编码方式构成，常见的编码方式包括二进制编码、实数编码和排列编码等，具体选择哪种编码方式取决于问题的特性和需求。

2. 适应度函数的确定

在遗传算法中，适应度函数扮演着至关重要的角色，它用于评估每个个体(即潜在的解)的优劣程度。适应度函数的选择对于算法的性能和结果质量具有决定性的影响。具体而言，适应度函数是遗传算法进化过程中进行自然选择的唯一标准。通过计算每个个体的适应度值，算法能够判断哪些个体更加适应环境(即更接近问题的最优解)，并据此进行后续的遗传操作，如选择、交叉和变异。因此，适应度函数的设计需要充分考虑到问题的特性和需求，以确保算法能够准确地评估个体的优劣程度，并引导算法向最优解的方向进化。在实际应用中，适应度函数的设计往往需要根据具体问题进行定制和优化。

遗传算法的停止准则通常有两个：一是最大迭代次数，二是适应度值变化的大小。设置最大迭代次数是为了避免算法无限制地执行，一般为 500～1000 次，这有助于控制算法的执行时间和防止不收敛的情况。当适应度值的变化小于某个预设的阈值时，意味着种群已经接近最优解或进入了一个稳定的局部最优状态，此时算法会停止进化。如果经过多代迭代，适应度值的变化始终无法满足上述条件，则当达到最大迭代次数时，算法会停止进化迭代。

3. 遗传算子(选择、交叉、变异)

1) 选择操作

遗传算法在种群进化过程中，通过选择运算来模拟自然界的优胜劣汰机制。在这个过程中，适应度值高的个体具有更大的机会被选中并遗传至下一代，而适应度值较低的个体则面临较小的遗传概率。选择操作的核心任务是从父代群体中挑选出若干个体，以构成下一代群体。以下是几种常见的选择操作策略。

(1) 轮盘赌选择(roulette wheel selection)：在轮盘赌选择方法中，个体被选中进入下一代的概率，直接关联于其适应度值与种群整体适应度值总和的相对比例。通过模拟轮盘赌的机制，该方法有效地实现了对适应度值较高个体的倾向性选择，确保了优秀基因在进化过程中的传递和累积。然而，由于随机性的存在，轮盘赌选择方法的选择误差可能较大，即适应度值相近的个体有可能出现较大的选择偏差。

(2) 随机竞争选择(random competitive selection)：随机竞争选择是另一种选择策略，它在一定程度上克服了轮盘赌选择的随机误差问题。在此方法中，算法首先随机地从种群中选取一组(通常是较小规模)个体，构成一个“竞赛”组。然后，算法比较这一组中个体的适应度值，并将适应度值最高的个体作为优胜者选出。这个过程重复进行，直到达到所需的个体数量。通过多次随机竞争，算法能够较为稳定地选择出适应度值较高的个体，同时保持一定的种群多样性。

(3) 最佳保留选择：最佳保留选择策略是一种确保最优解在进化过程中不被丢失的方法。在该策略中，算法首先执行轮盘赌选择或其他选择操作，以生成一个初步选择的个体集合。然后，算法从当前种群中找出适应度值最高的个体(即最优解)，并将其完整地遗传至下一代。这样可以确保最优解在进化过程中始终得到保留，不会被其他较差的个体所替代。最佳保留选择策略有助于提高算法的全局搜索能力和收敛速度。

(4) 无回放随机选择(random selection without replay)：该选择方法基于每个个体在下一代中的期望生存数目。具体步骤如下。

步骤 1：计算每个个体在下一代中的期望生存数目 N。

步骤 2：若某个体被选中参与交叉运算，其期望数目减少 0.5；若未被选中，则减少 1.0。

步骤 3：当某个体的期望数目降至 0 以下时，该个体不再被选中。

(5) 确定式选择：这种方法以一种确定性的方式执行选择操作。具体步骤如下。

步骤 1：计算每个个体在下一代中的期望生存数目 N。

步骤 2：使用 N 的整数部分确定每个个体在下一代中的确切生存数目。

步骤 3：提取其小数部分作为排序的依据。接着，根据这些小数部分对个体进行升序(或降序)排序。排序完成后，按照顺序从排序列表中选取前 M 个个体，并将它们作为下一代的群体成员。

2) 交叉操作

交叉运算，作为遗传算法中的一个核心步骤，涉及将两个配对的染色体(或称为个体)按照设定的交叉率(crossover rate)和特定的交叉方式，交换它们之间的部分基因片段，从而生成两个全新的个体。这一操作在遗传算法中扮演着至关重要的角色，是算法中产生新解、增加种群多样性的主要手段。常见的交叉操作方式包括以下几点。

(1) 单点交叉。

随机选择染色体的一个点，并在此点处将两个父代染色体的基因片段进行交换。

(2) 多点交叉。

在染色体上选择多个点作为交叉点，并在这些点之间交换父代染色体的基因片段。

(3) 均匀交叉(也称一致交叉)。

每个基因位都以一定的概率从父代中选择，以形成新的子代染色体。

(4) 算术交叉。

在遗传算法中，线性组合是一种常用的操作，用于通过两个现有个体的组合产生新的个体。这种操作的对象通常是由浮点数编码表示的个体，这些浮点数编码能够精确地表示问题解空间中的连续特征。例如，第 k 个基因 w_k 和第 1 个基因 w_1 在 j 位的交叉操作分别为

$$w\_k_j = w\_k_j(1-b) + w\_1_j b$$
$$w\_1_j = w\_1_j(1-b) + w\_k_j b$$

其中，b 为[0,1]的随机数。

(5) 基于“与/或”交叉法(用于二进制编码)。

在背包问题中，该交叉策略表现出了较好的效果。通过结合按位“与”和按位“或”运算，我们能够有效地平衡解的多样性和收敛性，从而更高效地搜索到问题的最优解。此外，由于位运算的高效性，该策略也适用于处理大规模背包问题。

例如，交叉前：

01001011；11011101

交叉后：

01001001；11011111

(6) 单交叉点法 (用于互换编码)。

针对两个配对的染色体，执行交叉操作的首要步骤是选定一个交叉点。随后，将其中一个父代染色体在交叉点之后的部分基因片段复制到子代染色体的相应位置。之后，为填充子

代染色体的剩余空位，从另一父代染色体中按顺序选择那些尚未在子代中出现的基因，确保子代染色体包含了来自两个父代染色体的遗传信息。

例如，交叉前：

87213 | 09546
98356 | 71420

交叉后：

87213 | 95640
98356 | 72104

(7) 部分匹配交叉(PMX)法(用于互换编码)。

首先随机选择两个交叉点，并交换两个父代在这两个点之间的匹配区域。

父代 A：872 | 130 | 9546
父代 B：983 | 567 | 1420

变为

TEMP A：872 | 567 | 9546
TEMP B：983 | 130 | 1420

对于 TEMP A、TEMP B 中匹配区域以外出现的数码重复，要依据匹配区域内的位置逐一进行替换。

匹配关系：1<——>5；3<——>6；7<——>0

子代 A：802 | 567 | 9143
子代 B：986 | 130 | 5427

(8) 顺序交叉法(OX)(用于互换编码)。

在遗传算法的交叉操作中，首先从父代 A 中随机抽取一个编码子串，并将其置于子代 A 的对应位置。随后，依据父代 B 的编码顺序，依次选取那些与子代 A 当前编码不重复的基因，用以填充子代 A 的剩余空位。类似地，为生成子代 B，我们遵循相同的步骤，从父代 B 中抽取编码子串，并基于父代 A 的编码顺序进行非重复基因的选取与填充。这一过程确保了子代染色体继承了来自两个父代染色体的遗传信息。

父代 A：872 | 139 | 0546
父代 B：983 | 567 | 1420

交叉后：

子代 A：856 | 139 | 7420
子代 B：821 | 567 | 3904

3) 变异操作

在遗传算法中，变异是一个不可或缺的关键步骤。它根据预设的变异概率(P_m)，随机挑选个体编码串中的特定基因，并用其他可能的基因值来替换这些基因，从而创造出新的个体。变异操作作为生成新个体的辅助手段，对于维持种群的多样性和增强算法的局部搜索能力具有极其重要的意义。变异运算与交叉运算相辅相成，共同实现了在搜索空间中的全局搜索和局部搜索的互补，使得算法能够更全面地探索问题的解空间。然而，变异概率 P_m 的设定需要十分谨慎，因为它直接影响到算法的搜索效果和性能。过低的变异概率可能导致种群多样性不足，而过高的变异概率则可能破坏已有的优良基因结构，降低算法的收敛速度。因此，合理设定变异概率是遗传算法应用中的一个重要问题。如果 P_m 设置得太小，可能会降低算法的全局搜索能力，导致算法过早收敛于局部最优解。然而，如果 P_m 设置得过大(如 $P_m > 0.5$)，则可能导致遗传算法退化为随机搜索，失去其基于自然选择和遗传机制的优化特性。通常，变异概率 P_m 的取值范围为 0.001～0.1，这个范围的选择需要根据具体问题的特性和算法的要求来确定。在遗传算法中，交叉算子因其能够有效地组合不同个体的基因，从而探索搜索空间中的不同区域，而被视为主要的搜索算子。而变异算子则通过随机改变个体的基因值，对局部区域进行精细搜索，作为交叉算子的补充。这种交叉操作和变异操作的相互配合和竞争，使得遗传算法能够在全局搜索和局部搜索之间取得平衡，从而更加高效地找到问题的近似最优解。常见的变异操作如下。

(1) 基本位变异。

在遗传算法中，变异操作扮演着关键角色，它依据预设的变异概率随机选取个体编码串中的某一位或某几位基因进行变换。特别地，当个体采用二进制编码时，基因值通常表示为 0 或 1。变异操作的具体执行过程是：当某个基因被选中进行变异时，如果其原有基因值为 0，则变异操作会将其翻转为 1；反之，如果原有基因值为 1，则变异操作会将其翻转为 0。这种翻转操作使得算法能够探索新的解空间，增强种群的多样性，从而有助于发现更优的解，进而提升遗传算法在搜索空间中的局部搜索能力。

(2) 均匀变异。

在遗传算法的初期运行阶段，为了增加种群的多样性和搜索空间的覆盖范围，可以使用均匀变异策略。该策略涉及用符合某一指定范围内均匀分布的随机数来替换个体编码串中各个基因位置上的原有基因值。这一操作以某一较小的概率进行，确保在保持种群稳定性的同时，引入足够的变异以驱动算法的探索。

(3) 边界变异。

当处理最优点位于或接近可行解边界的问题时，边界变异策略尤为有效。在此策略中，算法会随机选择基因位置，并用该基因位置上的两个对应边界基因值之一(即该基因可能取到的最大值或最小值)去替代原有的基因值。这种变异方式有助于算法更快速地接近或定位到边界上的最优解。

(4) 非均匀变异。

非均匀变异策略通过随机扰动原基因值，实现基因值的变异更新。此策略确保每个基因值均有等概率接受变异操作，进而促使整个解向量在解空间内发生细微变动，从而增强搜索的多样性和算法的寻优能力。这种变动有助于算法在搜索过程中探索新的解空间区域，增强算法的搜索能力。

(5) 高斯近似变异。

在高斯近似变异策略中，进行变异操作时，使用一个符合正态分布的随机数来替换原有的基因值。这个正态分布的符号均值为 P(P 为预先设定的参数)，方差为 P^2。通过引入高斯分布的随机性，高斯近似变异能够在一定程度上模拟自然界中生物变异的连续性和随机性，使算法在搜索过程中更加灵活和高效。

(6) 逆转变异算子(用于互换编码)。

在个体中随机挑选两个逆转点，再将两个逆转点间的基因交换。

例如，变异前：

1346798205

变异后：

1246798305

(7) 二元变异算子(用于二进制编码)。

在遗传算法中，传统的变异算子通常采用一元操作，意味着每次操作仅涉及一个基因。然而，为了增强算法的搜索能力和创新性，将数字技术的二元逻辑算子(如同或/异或运算)引入遗传算法中，对传统的变异方式进行革新。具体而言，我们采用了二元变异操作，这种操作需要两条染色体同时参与。在这种模式下，不再是对单一染色体上的某个基因进行简单的翻转，而是通过二元交叉算子结合两条染色体的信息，对染色体上的基因进行更为复杂的变换。这种二元变异方式能够产生更多样化的新个体，从而扩展搜索空间，提高遗传算法的全局搜索能力。

示例如下：

01101011　01000101　“同或”运算
11010001　10111010　“异或”运算

4. 遗传算法的适应性

遗传算法以其卓越的通用性和鲁棒性，为复杂系统优化问题提供了一种灵活而有效的求解框架。这种算法不局限于某一特定领域，而是能够广泛应用于多种问题类型。正因如此，遗传算法在多个学科中发挥着重要作用，涵盖了函数优化、路径规划、生产调度、自动控制、机器人学、图像处理、机器学习以及数据挖掘等众多领域。这些应用展示了遗传算法在解决实际问题时的广泛适用性和强大潜力。

5. 遗传算法的优缺点

1) 遗传算法的优点

(1) 群体搜索，易于并行化处理。

(2) 不是盲目穷举，而是启发式搜索。

(3) 适应度函数在遗传算法中展现出高度的灵活性，它不受连续、可微等数学条件的严格限制，因此能够在广泛的场景中得到应用。

(4) 遗传算法的实现过程相对简便。一旦基础的遗传算法程序框架搭建完成，当面临新的问题时，主要的工作就集中在针对新问题重新设计基因编码方案；如果编码方式也保持不变，那么仅需调整适应度函数就能使算法适应新的优化需求。这种模块化的设计使得遗传算法具有很高的可扩展性和可重用性。

2) 遗传算法的缺点

(1) 早熟收敛。过早地收敛到局部最优解，这限制了算法对新解空间的深入探索能力，可能导致无法找到全局最优解。

(2) 计算复杂度高。由于遗传算法涉及大量个体的评估与计算，对于复杂问题，计算时间可能会成为显著的挑战，尤其是在实时或大规模问题中。

(3) 处理规模小。当问题维数较高时，遗传算法在处理和优化方面显得较为困难，这限制了它在某些高维问题中的应用。

(4) 难于处理非线性约束。遗传算法在处理具有非线性约束的问题时，通常需要额外的策略，如添加惩罚因子，这增加了算法的复杂性，并可能降低其效率。

(5) 稳定性差。由于遗传算法属于随机类算法，其结果受到初始种群、交叉操作和变异操作等多种随机因素的影响，因此需要多次运算才能得到较为可靠的结果，这在一定程度上影响了算法的稳定性。

5.3.2 利用遗传算法解决柔性作业车间调度问题

遗传算法通过模拟生物进化的过程，逐步优化解的适应度。在解决柔性作业车间调度问题时，遗传算法可以用来生成和优化调度方案，以最大化生产效率和降低成本。具体实现步骤如下。

步骤 1：初始化随机产生 P 个染色体个体，P 为种群规模。

步骤 2：评价每个个体的适应度值。

步骤 3：判断是否达到终止条件，若满足则输出最佳解；否则转步骤 4。

步骤 4：将最优个体直接复制到下一代中。

步骤 5：按选择策略选取下一代种群。

步骤 6：若两父代个体的适应度不相等并满足交叉概率 P_c，则基于双层子代产生模式对两父代个体进行交叉，基于工序编码的基因串交叉 n 次，基于机器分配编码的基因串交叉 $n \times k$ 次，从所有后代中选择两个最优的染色体作为下代。

步骤 7：按变异概率 P_m，进行变异操作生成新个体。

步骤 8：生成新一代种群，返回到步骤 3。

1. 编码

在遗传算法解决优化问题的过程中，编码与解码是至关重要的首要步骤，它们建立了染色体与实际调度问题解之间的桥梁。特别是在处理作业车间调度问题时，编码方法的选择直接关系到算法的有效性和效率。对于传统的作业车间调度问题，研究者普遍采用基于工序顺序的编码方法，该方法能够直观地表示工序的加工顺序。然而，在面对更为复杂的柔性作业车间调度问题时，问题变得更加复杂，针对柔性作业车间调度问题中工序加工顺序与机器选择的双重需求，遗传算法的编码策略被巧妙地划分为两个关键部分。第一部分是工序编码，其旨在明确工序的加工序列，通过从左至右扫描染色体，每个工件序号标识其一道待加工工序。这一设计确保了工序加工顺序的精确表达。这种编码方式直观地反映了工序的加工顺序，是遗传算法在柔性作业车间调度问题中的基础。第二部分是机器分配编码，它针对柔性作业车间调度问题中机器选择的复杂性而设计。机器分配编码负责为每道工序指定合适的加工机器，确保在工序顺序确定的基础上，每台机器都能够被充分利用，且工序的加工时间最短。这种编码方式极大地增加了问题的解空间，使得遗传算法能够探索更多的可能性，从而找到更优的解。通过将工序编码和机器分配编码相结合，构造出了柔性作业车间调度问题的一个有效且可行的解。这种编码策略确保了遗传算法在处理复杂调度问题时的高效性和准确性。表 5-4 示例的是柔性作业车间调度问题，编码分为两步：一是基于工序的基因串可以表示为[2 1 1 2 3 1 2 3 3]，二是机器分配的基因串为[3 1 2 1 2 3 2 3 1]。

表 5-4　柔性作业车间调度问题示例

工件	工序	工序编号	加工机器及时间		
			M_1	M_2	M_3
J_1	$O_{1,1}$	1	3	—	4
	$O_{1,2}$	2	4	2	—
	$O_{1,3}$	3	5	4	3
J_2	$O_{2,1}$	1	7	2	2
	$O_{2,2}$	2	3	-	4
	$O_{2,3}$	3	5	4	—
J_3	$O_{3,1}$	1	4	2	9
	$O_{3,2}$	2	—	3	2
	$O_{3,3}$	3	3	—	5

2. 解码

解码过程采用了半主动调度的策略，该策略确保了在维持机器上既定加工顺序的前提下，不会有任何操作被提前进行。解码时，首先根据基于工序编码的基因串来确定每台机器上工序的排列顺序，然后基于机器分配编码的基因串，为每道工序选择最适合的加工机器。这种解码方式有效地将编码转化为实际可行的调度方案，确保了调度的合理性和效率。图 5-6 为对应上述编码的解码甘特图。

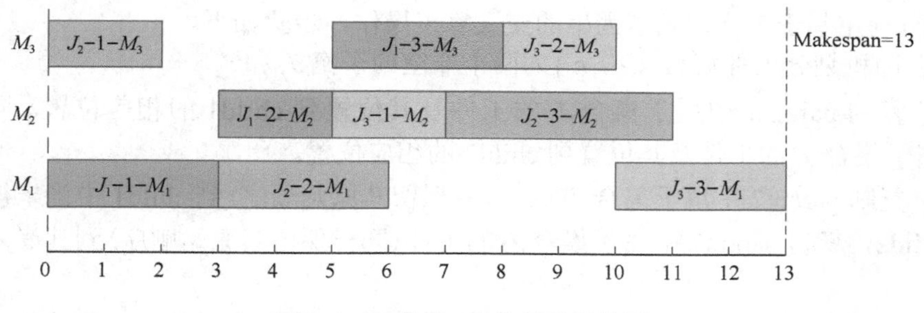

图 5-6　对应表 5-4 的解码甘特图

3. 初始化种群

初始解的产生方式基本上可分为两种，一是随机产生；二是用构造性启发式方法产生。一般认为，如果运用了恰当的邻域结构和搜索策略，多数情况下初始解的选择对于问题求解的最终结果不会产生实质性影响，但可能会影响得到满意解的速度。本节随机生成初始种群，每个个体代表一个可能的作业调度方案。随机初始化代码如下：

```
Chromosome[] parents = new Chromosome[this.popSize];// 染色体
        for (int i = 0; i < this.popSize; i++){
            parents[i] = new Chromosome(jobs, r);
            parents[i].fitness = 1.0 / c.evaluate(parents[i], input, operationMatrix);
        }
        Chromosome[] children = new Chromosome[this.popSize];
```

```
for (int i = 0; i < this.popSize; i++){
    children[i] = new Chromosome(parents[i]);
}
// 获取最优子代
double maxFitness = Double.NEGATIVE_INFINITY;
int index = 0;
for (int i = 0; i < this.popSize; i++){
    if (maxFitness < parents[i].fitness){
        index = i;
        maxFitness = parents[i].fitness;
    }
}
Chromosome best = new Chromosome(parents[index]);
Chromosome currentBest = new Chromosome(parents[index]);
```

4. 交叉操作

在遗传算法中，交叉操作扮演着至关重要的角色。这一步骤的核心在于通过随机方式，将种群中两个不同个体的部分基因进行互换，从而生成新的基因组合。对于染色体中的两部分基因串，我们分别采用不同的交叉方法。首先，针对基于工序编码的基因串，采用(precedence operation crossover，POX)算子，这种算子能够确保工序的先后顺序在交叉过程中得到维持。而对于基于机器分配编码的基因串，则采用多点交叉的方法，以实现更广泛的基因组合和多样性。这种组合式的交叉策略有助于发现更优的解，并提升遗传算法在解决复杂问题时的性能。设父代染色体 parent1 和 parent2，POX 交叉产生子代 child1 和 child2。

第一部分使用基于工序编码基因串的交叉算子操作，步骤如下。

步骤 1：随机划分工件集$\{1,2,\cdots,n\}$为两个非空的子集 J_1 和 J_2。

步骤 2：复制 parent1 中属于集合 J_1 的工件及其位置到 child1 的相应位置。同时，复制 parent2 中属于集合 J_1 的工件及其位置到 child2 的相应位置。

步骤 3：复制 parent2 中属于集合 J_2 的工件(保留其原始顺序)到 child1 中尚未被填充的位置。对于 child2，复制 parent1 中属于集合 J_2 的工件(同样保留其原始顺序)到其尚未被填充的位置。

在此过程中，需要确保 child1 和 child2 中的基因位都被填满，且每个工件只出现在一个子代染色体中。这样的构建方式能够确保子代染色体继承了父代染色体的部分基因特征，同时引入了一定的多样性，有助于遗传算法在搜索空间中探索更优的解。交叉操作过程如图 5-7 所示。

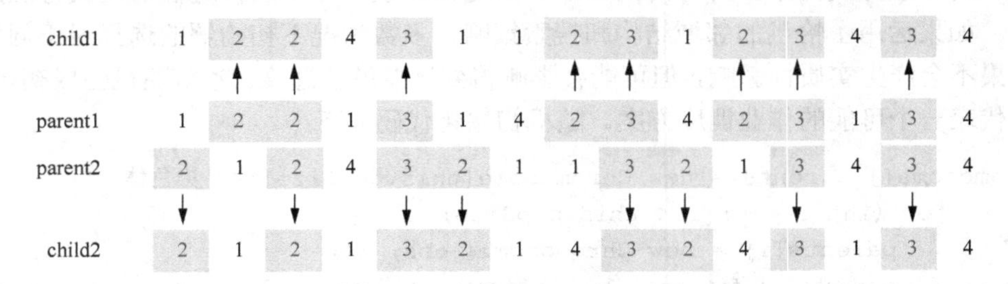

图 5-7 基于工序编码的交叉

在处理柔性作业车间调度问题时，需特别关注交叉操作后可能出现的特殊情况。若产生的机器编号超出该工序可选机器范围，则需从该工序的加工机器集合中随机选取一台进行加工。在此过程中，倾向于选择加工时间较短的机器，旨在优化生产效率。在遗传算法中，当处理基于机器分配编码的基因串时，对于第二部分的交叉操作，采用了多点交叉的方法。以下是具体的操作步骤。首先，生成一个与染色体长度相等的随机集合 rand_0_1，这个集合由 0 和 1 两种数字组成。然后，根据 rand_0_1 集合中的 0 来确定交叉点。具体来说，就是比较两个父代染色体(parent1 和 parent2)与 rand_0_1 集合中 0 位置相对应的基因，并在这些位置上进行基因互换。在确定的交叉点上，父代染色体 parent1 和 parent2 对应的基因进行互换，从而产生两个新的子代染色体 child1 和 child2。图 5-8 显示了两个父代基因 parent1 和 parent2 经过多点交叉后生成 child1 和 child2 的示例。柔性作业车间调度问题中，若交叉操作产生的机器号超出了某工序可选择的机器总数，则需要采取额外的步骤。在这种情况下，会在该工序的加工机器集合中随机选择一台机器进行加工。通常会优先考虑加工时间较短的机器，以提高生产效率。

child1	2	1	3	2	3	1	1	2	3	2	2	3	1	3	2
parent1	2	1	1	2	3	1	1	2	3	1	2	3	2	3	2
rand_0_1	0	1	0	0	1	1	0	1	0	0	1	1	0	1	1
parent2	2	1	3	2	3	2	1	1	3	2	1	3	1	3	3
child2	2	1	1	2	3	2	1	1	3	1	1	3	2	3	3

图 5-8　基于机器分配编码的交叉

5. 变异操作

变异操作旨在提升算法的局部搜索能力，同时保持种群的多样性，并预防早熟收敛的现象。在改进遗传算法的变异环节，针对工序编码和机器分配编码设计了不同的变异策略。对于工序编码的变异，采取随机插入的方式。首先，从当前染色体中随机挑选一个基因(即一道工序)，然后随机选择一个插入点，将该基因插入新的位置。这种变异方式有助于在保持全局加工顺序的前提下，微调局部工序的次序，以寻找更优的调度方案。对于机器分配编码的变异，考虑到每道工序都可能有多个可选的加工机器。因此，随机选择两道工序，并在它们的机器选择集合中，根据比例选择策略(即优先选择加工时间较短的机器)来挑选新的机器。之后，将选定的机器号更新到对应的机器分配编码基因串中。这样的变异方式确保了变异后的解仍然是可行解，并且有可能通过优化机器分配来提高整个生产过程的效率。

6. 选择操作

在遗传算法的框架下，选择操作构成了算法优化的核心机制，它基于个体适应度的评估从当前种群中筛选出优秀的个体，同时排除表现较差的个体。在优化遗传算法的实践中，选择操作常采用最佳个体保存(best individual preservation)与锦标赛选择(tournament selection)两种策略。在所探讨的改进遗传算法中，最佳个体保存策略的实施方式是将父代种群中表现最优的 1%个体直接复制到下一代中，以确保种群中优良基因的保留和遗传。这一策略有助于算法在迭代过程中积累优秀解的特征，从而加速收敛至全局最优解。锦标赛选择策略则是一种基于随机比较的选择机制。它从当前种群中随机选择两个个体进行竞争，根据它们适应度的优劣来决定胜者。具体地，当随机产生的值(介于 0 至 1 之间)小于给定的概率阈值 r(通常设定为 0.8)时，适应度值较高的个体将被选中；否则，适应度值较低的个体将被选中。通过这种方式，锦标赛选择策略在维持种群多样性的同时，也保证了优秀个体在种群中的存活机会，被选择的个体将有机会重新作为父代染色体参与后续的遗传操作，如交叉和变异，从而进一步影响种群的进化方向。

7. 终止条件和注意事项

终止条件：可以是达到迭代次数、找到满意解、适应度不再改变等条件。

参数设置：合理设置遗传算法的参数，如种群大小、交叉率、变异率等。

运算效率：考虑算法运算效率，针对问题规模选择合适的算法策略和技术手段。

问题特性：根据具体问题的特性，对算法进行合理的调整和优化。

思考与练习

5-1　请列举柔性作业车间调度问题中常见的约束条件。

5-2　请说明遗传算法在求解柔性作业车间调度问题中的应用步骤。

5-3　如何设计适应度函数来评估柔性作业车间调度问题的解的优劣？

5-4　变异操作在遗传算法中的作用是什么？

5-5　请简要说明遗传算法中的交叉操作是如何进行的。

5-6　如何确定遗传算法中的终止条件？

5-7　请说明如何调整遗传算法的参数以提高求解柔性作业车间调度问题的效果。

5-8　总结遗传算法在解决柔性作业车间调度问题中的应用优势和挑战。

5-9　编写实现柔性作业车间调度问题的遗传算法的基本求解过程。假设有 3 台机器和 4 个任务，每个任务的加工时间分别为{3, 5, 2}，{2, 4, 1}，{4, 3, 2}，{3, 2, 5}，求最短完工时间。

5-10　假设有 4 个任务和 3 台机器，每个任务的加工时间分别为{3, 5, 2}，{2, 4, 1}，{4, 3, 2}，{3, 2, 5}，使用遗传算法求解最短完工时间。

第 6 章　制造系统中的智能决策技术

在制造系统中，智能决策技术是指利用人工智能(AI)、机器学习、数据分析等技术手段，对制造过程中的数据、信息和资源进行智能化分析和决策，以提高生产效率、减少成本、提升资源利用率等。

国内外对智能制造系统的研究涵盖了计算机辅助决策、知识表示与推理、多目标决策方法等领域。这些研究旨在提升智能制造系统的自主性和决策能力，从而实现更高效、更精准的制造过程。这些进展不仅为我国智能制造系统的发展奠定了坚实基础，也为解决长期制约智能制造发展的瓶颈问题提供了重要支撑。除了在基础工艺上的理论探索与技术创新，智慧的体系架构同样是智能制造内的要素间关系的一种映射。国内学者提出了基于多智能体的分布式网络化智慧生产体系模型，通过制造生命周期、管理层次、智慧决策三层次建立智慧生产体系框架。

在当代制造产业中，智能决策起到的作用越来越重要。这些技术利用人工智能、大数据分析等先进工具，通过实时监控和分析生产过程中的各种数据，以预测、优化和自动化决策，从而提高生产效率、降低成本、提升产品质量。

首先，智能决策技术依赖于数据驱动的方法。制造系统收集和存储大量实时数据，包括生产设备状态、生产线效率、产品质量等方面的数据。这些数据为智能决策提供了基础，使得系统能够准确地识别问题、预测趋势，并做出相应的调整和决策。

其次，机器学习和深度学习技术在制造系统中得到广泛应用。通过对历史数据的学习和分析，机器学习模型能够发现数据中的模式和规律，从而预测生产过程中的潜在问题，优化生产调度和资源分配，并改进产品设计，以提高生产效率和产品质量。

智能优化算法也是制造系统中智能决策技术的重要组成部分。遗传算法、粒子群算法、灰狼算法等优化算法被广泛应用于生产调度、资源分配、库存管理等方面，以实现生产过程的最优化，提高资源利用率和生产效率。

此外，专家系统利用领域专家的知识和经验，通过建立知识库和推理引擎，为决策提供支持和指导。这些系统能够帮助工程师和操作人员更快速地识别和解决问题，提高生产效率和产品质量。

总的来说，制造系统中的智能决策技术通过数据驱动、机器学习、优化算法等技术手段，实现对生产过程的实时监控、智能优化和自动化决策，从而提高生产效率、降低成本、提升产品质量，使企业更具竞争力。随着技术的不断进步和应用的深入，智能决策技术将继续在制造业中发挥重要作用，推动行业向智能化、数字化方向发展。

6.1　计算机辅助决策

计算机辅助决策(computer-aided decision making)是指利用计算机系统和相关技术来辅助人们进行决策过程中的信息收集、数据分析、模型建立和结果评估等活动。这种决策方式通过计算机技术的支持，能够提供更多的数据、更多的分析方法以及更全面的决策支持，帮助决策者做出更准确和有效的决策。

首先，计算机辅助决策依赖于数据的采集、存储和分析。通过收集大量的数据，并利用数据分析技术，计算机能够从中挖掘出有用的信息和趋势，为决策者提供更准确、全面的背景信息。其次，计算机辅助决策包括各种决策支持系统的应用。这些系统可以基于规则、模型或者专家知识来进行决策分析和推荐。例如，专家系统利用专家知识库和推理引擎，为决策者提供专业的建议和解决方案。此外，计算机辅助决策还包括可视化技术的应用。通过可视化数据和结果，决策者能够更直观地理解问题和方案，从而更好地做出决策。最后，计算机辅助决策也可以涉及协同决策的过程。利用协同工具和平台，决策者可以与团队成员或专家进行沟通和合作，共同制定决策方案。

综上所述，计算机辅助决策通过数据分析、决策支持系统、可视化技术和协同工具等手段，为决策者提供全面、准确的信息和分析，帮助其做出更好的决策。这一过程不仅提高了决策的效率和质量，也促进了组织的创新和竞争力。

6.1.1　决策支持系统

决策支持系统通过数据采集、存储和处理，建立了一个数据仓库或数据库，包含了组织内外部的各种数据。这些数据被组织和管理，以支持后续的决策分析。决策支持系统包括了各种分析工具和模型，用于对数据进行分析和挖掘。这些工具可以是统计分析软件、数据挖掘算法、机器学习模型等，用于发现数据中的模式、趋势和关联性，为决策者提供决策所需的信息和见解。此外，决策支持系统还可以集成专家系统和推理引擎，利用专家知识和规则，为决策者提供专业的决策建议和解决方案。这种系统可以根据特定的情境和条件，自动推断出最佳的决策选项，并提供相应的解释和理由。决策支持系统通常包括了友好的用户界面，使得决策者可以轻松地访问和操作系统。这些界面可以是图形化的、交互式的，甚至是基于自然语言的，使得决策过程更加直观和高效。

目前，在计算机相关领域，决策系统主要通过数学模型来进行分析和描述，并将决策数据提供给管理者来使用。进行决策制定和分析的模型分为 R/B/F/N 四种不同的决策模型，如图 6-1 所示。

R 模型是一个理性模型，即一个信息充分、结构确定的决策模型。该模型要求决策者必须具有一个定义明确的函数，该函数可以通过一整套备选方案来确定未来事件发生的概率分布，而这些备选方案又可以用于根据函数最大值的标准进行决策。B 模型是一种相对局限的理性模型，也可以称作半结构化的决策制定模型。F 模型是一个有效果的理性模型，典型的 F 模型的决策过程能够根据一个或两个关键特征来识别选项。它通常通过提供相关的智能信息来正确识别系统的状态，从而帮助管理者做出合理的决策。N 模型是管理者根据主观意识进行判断的主观非理性模型。它是 F/B 模型的特殊情况，所作的决策无法进行事前估计和评价。

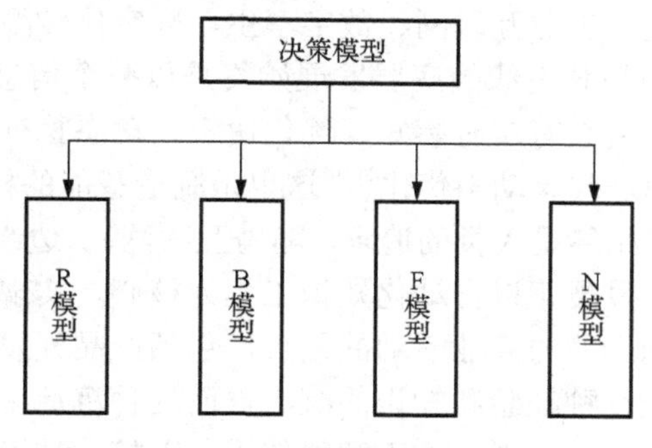

图 6-1　决策模型分类

随着计算机技术的不断发展，决策支持系统的结构逐渐发生变化，主要包括二库结构、三库结构和四库结构，如图 6-2 所示。其中二库结构由数据库以及模型库组成。二库结构主要在财务计划等领域进行应用，包括桥型、网络型以及层次型等不同结构。三库结构包括数据库、方法库以及模型库，该结构可以将模型库与决策方法并行存在，并将一些常用的决策方法存在方法库中。四库结构是根据三库结构的信息又增加一种知识库，它可以为用户提供各种解决方案，为用户提供各样化的便利。

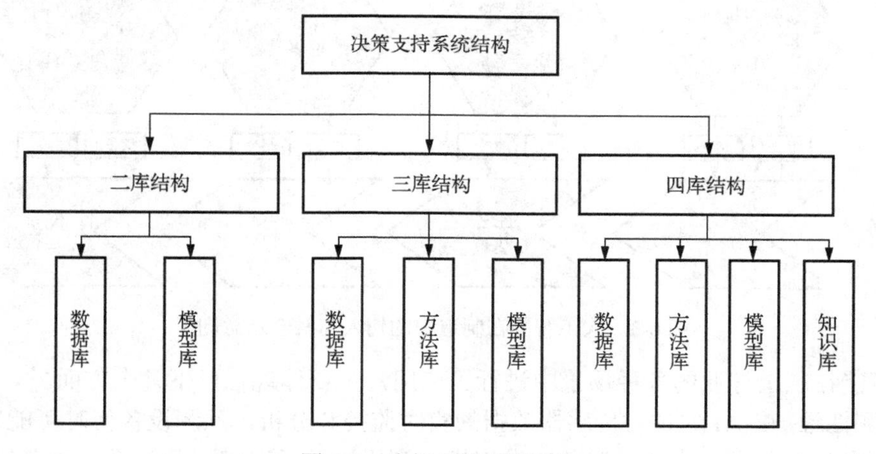

图 6-2　决策支持系统结构

6.1.2　决策中的人工智能

人工智能在决策中的应用使得决策过程更为科学、准确和高效。它能够处理海量数据、发现其中规律、模拟复杂情境，并辅助决策者做出更为理性和明智的决策。然而，需要注意的是，人工智能技术的应用仍需结合人类专业知识和经验，确保最终决策符合实际情况和价值观。

智能制造的主要关注点是开发智能技术，这些技术可以扩展甚至完全取代人类专家在制造过程中的智力工作，以提高制造过程中活动的智能性，如分析、论证、评估、概念和决策。

智能制造的本质是加强和提高制造业的智能决策水平，与人工智能的融合是自然的必然。基于物理信息系统、智能设备、智能工厂和其他智能制造流程的智能制造正在引领制造方法的变革。随着智能制造的发展，工业互联网、数字孪生、数字化转型等概念和方法已进入与制造业深度融合的阶段，其中静脉主线的底层发展始终是以整个信息技术物理系统（CPS）为核心的智能决策思想。智能制造具有实时感知、优化决策、动态执行等三个方面的特点，其中优化决策体现为CPS“快速迭代、动态优化”，这也是制造智能的核心。

对制造业智能化的追求始终是人类的追求。随着互联网+、边缘计算、工业大数据和机器学习技术的发展，人工智能发展正以自动化知识工程为核心，实现论证和决策分析。人工智能在制造业的入口是基于制造业与商业活动的结合，包括产品开发、流程执行、生产控制、服务运营等方面，本质上是一种经验和知识的沉淀，而这种沉淀主要是基于算法作为核心的建模和仿真特性作为软件载体的呈现。人工智能作为一项核心技术，必须融入先进的框架，才能在与制造业的集成过程中使用。人工智能在制造中的切入与融合示意图如图6-3所示。

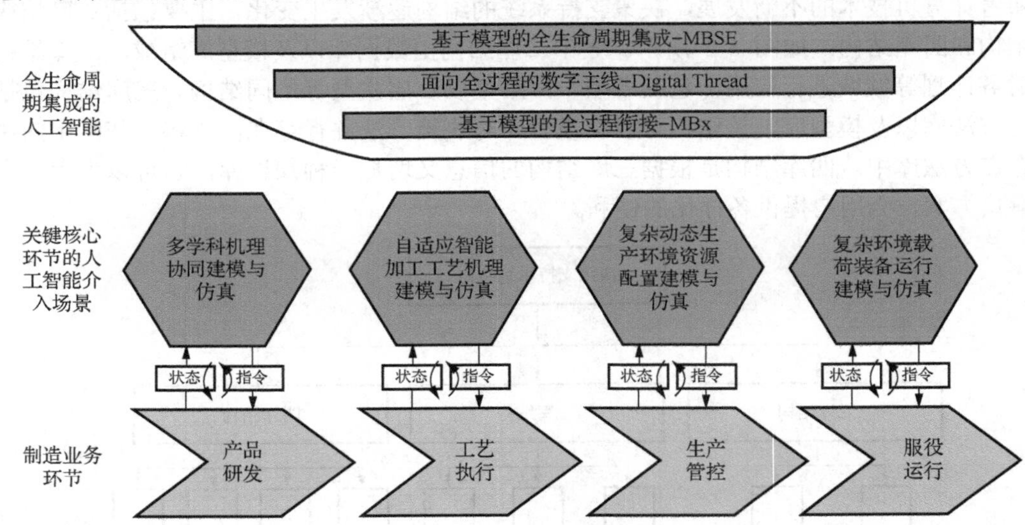

图6-3　人工智能在制造中的切入与融合示意图

人工智能在制造行业的各种场景中进行了应用，主要体现在以下几个方面。

(1) 预测性维护：AI通过对传感器数据的实时监控和分析，预测设备何时可能发生故障，从而在问题发生之前进行维护，避免突发停机。利用机器学习模型预测设备和零部件的剩余寿命，合理安排维护计划，延长设备使用寿命。

(2) 质量控制：使用计算机视觉技术，AI可以实时检测生产线上产品的质量，识别缺陷和异常，从而降低次品率。利用AI分析生产过程中产生的数据，发现并纠正影响质量的因素，提高产品的一致性和可靠性。

(3) 生产优化：通过分析历史生产数据和实时数据，AI可以优化生产工艺参数，提高生产效率和产品质量。利用AI进行资源调度和优化，确保人力、设备和原材料的最优配置，降低生产成本。

(4) 供应链管理：AI通过分析市场趋势、历史数据和外部因素（如季节性变化），准确预测产品需求，帮助企业优化生产计划和库存管理。AI通过分析库存数据和需求预测，优化库存水平，减少库存积压和缺货风险。AI 通过优化物流路径和运输方式，提高供应链的效率和响应速度。

(5) 人机协作：AI 赋能的协作机器人能够与操作人员安全、高效地协同工作，完成复杂的生产任务。AI 可以为操作人员提供实时支持和建议，帮助他们更快、更准确地完成任务。

(6) 定制化生产：AI 能够分析市场数据和客户行为，识别趋势和偏好，为企业提供定制化生产的依据。AI 支持按需生产和个性化定制，通过灵活的生产系统满足客户的个性化需求，提高客户满意度。

(7) 生产流程自动化：AI 能够优化生产任务调度，提高生产线的运行效率。利用 AI 控制和监控自动化设备，可以实现全自动化生产，提高生产速度和精度。

(8) 数据驱动的决策支持：AI 实时分析生产过程中产生的大量数据，提供数据驱动的决策支持。AI 根据数据分析结果，提出优化生产和运营的建议，帮助管理层做出更明智的决策。

6.2　知识表示与知识推理

知识表示是将领域知识转化为计算机可处理的形式的过程，以便计算机能够理解、存储、处理和应用这些知识。通过适当的知识表示方式，计算机系统能够理解和利用领域专家的知识，从而进行推理、决策和问题解决。知识表示方法包括逻辑表示(如一阶逻辑、描述逻辑)、语义网络、产生式系统、资源描述框架(模式)(RDF(S))、本体论表示(如 OWL)、框架表示、神经网络等，每种方法都有自己的优缺点和适用场景。

经典的知识表示方法包括语义网络、框架、产生式规则、逻辑、本体、脚本、概念图、贝叶斯网络和模糊逻辑。语义网络使用图结构表示概念及其关系；框架通过结构化的数据描述实体或情景；产生式规则采用“如果-那么”格式描述条件和结论；逻辑包括一阶逻辑和描述逻辑，用于自动推理和知识表示；本体是关于领域内概念及其关系的正式表示，特别适用于语义网和知识图谱；脚本描述事件序列和行为；概念图表示实体及其关系；贝叶斯网络结合概率理论进行不确定性推理；模糊逻辑允许部分真值处理不确定性和模糊性知识。这些方法各有优劣，通常根据具体需求选择合适的方法进行知识表示和推理。

知识推理是根据已知的事实和规则，利用逻辑、推断或模型，从存储的知识中得出新的信息、结论或解决问题的过程。知识推理通过利用存储的知识，进行推理和推断，以解决问题、回答查询或进行决策。知识推理可以通过逻辑推理(如基于规则的推理、演绎推理、归纳推理)、模糊推理、贝叶斯推理、案例推理、神经网络推理等方式实现。不同的推理方法适用于不同类型的问题和知识表示方式。

6.2.1　知识表示——框架

在人工智能和认知科学领域，框架(frame)是一种用于表示知识的结构化方式，旨在模拟人类的认知结构。框架表示法是一种将知识组织成层次化的结构，用于描述领域中的实体、概念、属性和关系，以便计算机系统能够理解和处理这些信息。

知识表示框架是一种结构化的方法，用于描述和组织知识，使计算机能够理解、处理和推理知识。这些框架提供了一种统一的方式来表示各种类型的知识，包括概念、关系、属性和规则等。一种常见的知识表示框架是语义网络，它通过节点和边来表示概念之间的关系。另一种常见的框架是本体，它定义了一组概念和它们之间的关系，以及规定了一种标准化的方式来表示和共享知识。在知识表示框架中，通常使用逻辑表达式或规则来描述知识之间的关系和属性。这些表达式可以基于一阶逻辑、描述逻辑或其他形式的逻辑来表示，从而使计算机能够进行推理和推断。知识表示框架架构图如图 6-4 所示。

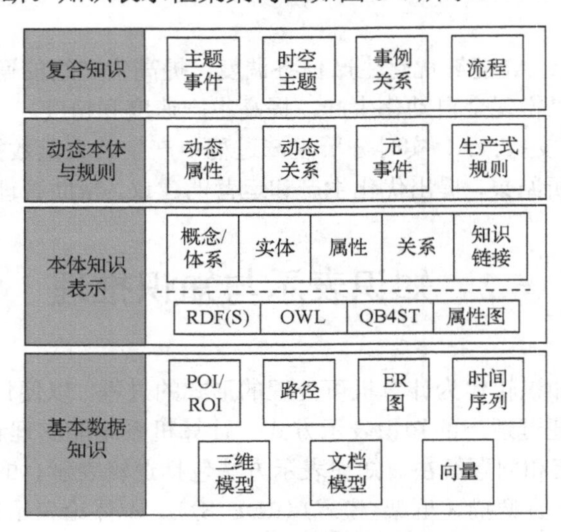

图 6-4　知识表示框架架构图

基本数据知识层实现了模态战场态势数据的表示，使得不同的数据类别使用它们最合适的表示，从而选择合适的存储来支持较高的应用需求；本体知识表示层提供了基本(静态)姿态知识的表示，主要基于使用语义网的知识表示技术和属性映射，形成将概念、概念体系、实体、属性、关系和知识链接相结合的知识表示模型；动态本体与规则定义了知识和业务规则的动态类，其中动态知识是指必须基于其他数据或知识进行动态计算的知识；复合知识包括主题事件和时空主题等主题模型、事件与业务结算过程的事例关系等知识。

1. 基本数据表示

基本数据知识层利用三维模型、文档模型、向量、时间序列、ER 图等不同类型的数据来进行表示。

2. 本体知识表示

本体知识表示的方式包括 RDF(S)、OWL 以及 QB4ST 等语义网，可以在一个场景中描述静态知识，生成概念+实体+属性+关系+知识链接的复合模型。

(1) 概念：概念是利用语义内容的共同性和关系进行划分的类，它具有层级的意思，一般用上下位的表示来进行描述。

(2) 实体：概念中的具体对象称为实体，对应于现实世界中存在的具体事物。

(3) 属性：用于描述实体本身性质。

(4) 关系：用于描述不同实体间的联系。

(5) 知识链接：知识链接是指外部数据，这些数据与知识图谱中的知识具有关联关系，通过知识链接能够实现不同形态知识和不同数据的关联。

3. 动态本体与规则

感知场景的规则表示主要使用产生式规则和置信规则两种表示方法。

(1) 产生式规则表示通过“如果-那么”的结构，明确地描述条件和动作，适用于处理确定性因果关系。每个产生式规则由条件部分和动作部分组成，当条件满足时，系统执行相应的动作。这种方法易于理解和实现，规则可以灵活地添加、修改和删除，但在处理不确定性和模糊性方面存在局限性。

(2) 置信规则表示结合贝叶斯推理和模糊逻辑，通过对条件和结果设定置信度来表示知识，能够处理不确定性和模糊性。置信规则包括多个前件条件、置信度和后件部分，允许每个条件具有置信度，表示其可信度或模糊程度。系统通过综合各个前件条件的置信度，计算后件结果的置信度，从而得出结论或执行操作。这种方法提供了更精细和灵活的推理机制，适用于更复杂的感知场景，但理解和实现相对复杂，需要合理设置和调整置信度。

这两种方法分别在处理明确和不确定性问题上各有优势，互补使用可以增强系统的决策支持能力，使其更有效地感知和处理复杂场景中的信息，提供准确的决策支持。产生式规则适用于明确和确定的情景，而置信规则在处理不确定性和模糊性方面具有明显优势，适合复杂的动态环境。

4. 复合知识

复合知识用于表示和管理复杂场景中的知识，包括主题事件、时空主题、事例关系和流程四个方面。

(1) 主题事件描述场景中的重要活动和现象，如公司年会或自然灾害；

(2) 时空主题提供事件的时间和空间背景信息，通过时间戳、地理位置等方式描述事件的发生地点、持续时间和影响范围；

(3) 事例关系揭示事件之间的因果、先后、并发和依赖关系，帮助理解事件的相互影响和关联；

(4) 流程描述事件的动态演变过程，强调步骤和逻辑关系，常用流程图、状态图和活动图进行建模。

通过综合这些方面，复合知识能够形成一个全面的知识图谱，支持复杂场景下的决策，如应急管理、生产调度和物流优化，同时也提供知识推理功能，发现潜在的关联和模式，实现智能化服务。通过对事件详细信息、时空背景、关系网络和流程步骤的全面整合，复合知识能够提供强大的知识表示和管理能力，提升系统的决策支持和智能分析水平。

6.2.2　知识表示——语义网络

语义网络(semantic network，SNet)是一种知识表示结构，用于描述实体之间的关系，并且以图形或网络的形式呈现，这种结构类似于现实世界中事物之间的关联。语义网络的主要目的是表示和组织知识，并且有助于计算机系统理解、推理和处理这些信息。

语义网络本质上是由节点(node)和边(edge)构成的语义知识库，简单来说，节点表示实体，边表示实体之间的关系，众多实体和关系构成了大规模语义网络。知识通常以三元组的形式进行表示。如(辽宁，省会，沈阳)，其中“辽宁”和“沈阳”分别为头实体和尾实体，

“省会”是两个实体之间的关系，该三元组描述了“辽宁省会是沈阳”这一客观事实。

语义网络也是一种用于表示知识的图结构，其中节点表示概念、实体或事件，边表示概念、实体或事件之间的关系。语义网络通过这种图形化的方式，将知识的语义信息直观地展示出来，便于理解和推理。

语义网络是知识表示的重要方法之一，广泛应用于人工智能、自然语言处理和知识工程等领域。

1. 语义网络表达模式中的基本关系

语义网络表达模式中的基本关系一般有如下几类。

1) 分类关系(taxonomic relations)

定义：分类关系表示概念之间的层级关系，通常用于描述一个概念是另一个概念的子类或实例。

常见类型：包括“是一个(is-a)”和“实例(instance-of)”关系。

示例：在语义网络中，“猫”是“哺乳动物”的一个子类(is-a)，“哺乳动物”是“动物”的一个子类(is-a)；具体的“猫咪汤姆”是“猫”的一个实例(instance-of)。

2) 部分关系(part-whole relations)

定义：部分关系表示一个概念是另一个概念的组成部分或整体的一部分。

常见类型：包括“部分(part-of)”和“包含(has-part)”关系。

示例：在语义网络中，“车轮”是“汽车”的一个部分(part-of)，“汽车”包含“车轮”(has-part)。

3) 属性关系(attribute relations)

定义：属性关系表示概念与其属性或特征之间的关系。

常见类型：包括“属性(has-attribute)”和“值(attribute-value)”关系。

示例：在语义网络中，“猫”具有“颜色”(has-attribute)，某只猫的颜色是“黑色”(attribute-value)。

4) 因果关系(causal relations)

定义：因果关系表示一个事件或状态引起另一个事件或状态的关系。

常见类型：包括“导致(causes)”和“结果(result-of)”关系。

示例：在语义网络中，“暴雨”导致“洪水”(causes)，“洪水”是“暴雨”的结果(result-of)。

5) 时序关系(temporal relations)

定义：时序关系表示事件或状态在时间上的先后顺序和持续时间。

常见类型：包括“之前(before)”、“之后(after)”、“期间(during)”和“同时(simultaneous)”关系。

示例：在语义网络中，“春天”在“夏天”之前(before)，“夏天”在“春天”之后(after)。

6) 空间关系(spatial relations)

定义：空间关系表示概念或实体在空间上的位置和布局。

常见类型：包括“在…之上(above)”、“在…之下(below)”、“旁边(beside)”和“内部(inside)”关系。

示例：在语义网络中，“桌子”在“房间”内(inside)，“杯子”在“桌子”上(above)。

7) 相似关系 (similarity relations)

定义：相似关系表示概念或实体之间的相似性或类比关系。

常见类型：包括“类似(similar-to)”和“等同(equivalent-to)”关系。

示例：在语义网络中，“车”类似于“自行车”(similar-to)，“水”等同于“H_2O”(equivalent-to)。

8) 功能关系 (functional relations)

定义：功能关系表示概念或实体的用途或功能。

常见类型：包括“用途(used-for)”和“功能(function-of)”关系。

示例：在语义网络中，“笔”用于“写字”(used-for)，“心脏”是“泵血”的功能(function-of)。

9) 所有权关系 (ownership relations)

定义：所有权关系表示一个概念或实体的拥有关系。

常见类型：包括“拥有(owns)”和“属于(belongs-to)”关系。

示例：在语义网络中，“约翰”拥有“一辆车”(owns)，这辆车属于“约翰”(belongs-to)。

2. 语义网络的多层次关系

语义网络通常具有层次结构，节点可以有不同的层级或层次，形成树状或图状结构。节点之间可以有多个关系连接，使得语义网络能够表示复杂的关系网。

1) 事实或概念的表示

用节点 1 表示实体，用节点 2 表示实体的性质或属性等，用弧表示节点 1 和节点 2 之间的语义关系。

例子：动物能运动、会吃。鸟是一种动物，有翅膀、会飞。鱼是一种动物，生活在水中、会游泳，如图 6-5 所示。

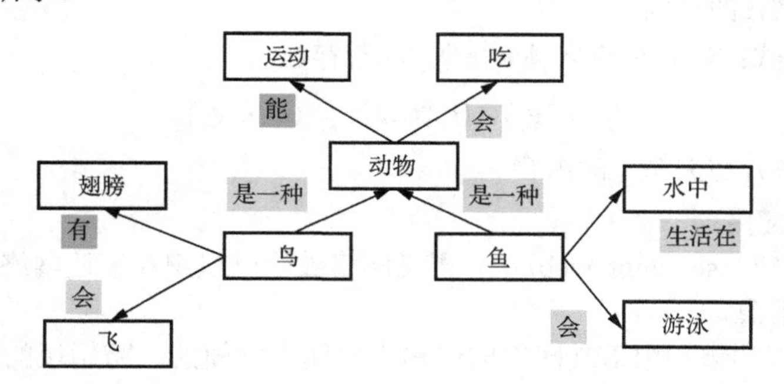

图 6-5　事实表示示例图

2) 逻辑关系的表示

网络区分技术将复杂的知识划分为多个简单的部分，每个部分用一个小的语义网络表示，这些小网络称为子空间。所有子空间共同组成一个更大的网络，每个子空间被视为一个超节点，可以嵌套在一起，并通过弧线连接，形成一个复杂的多层次网络结构。

例子：每个同学都学习了一门程序设计语言，如图 6-6 所示。

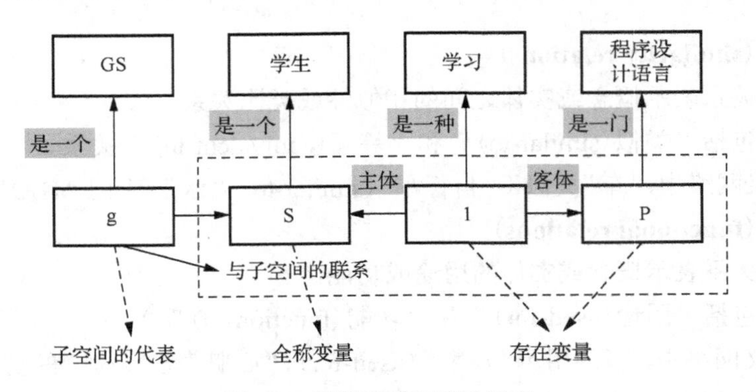

图 6-6　逻辑关系表示示例图

3. 语义网络的三种关系模式

语义网络包括对称/反对称关系模式、反向关系模式、组合关系模式。这三种关系模式的具体定义如下。

(1) 对称/反对称关系模式：给定任意实体 e_i, e_j，若存在

$$(e_i, r, e_j) \Rightarrow (e_j, r, e_i)$$

$$(e_i, r, e_j) \Rightarrow \neg(e_j, r, e_i)$$

则认为关系 r 是对称的/反对称的。

(2) 反向关系模式：给定任意实体 e_i, e_j，若存在

$$(e_i, r_1, e_j) \Rightarrow (e_j, r_2, e_i)$$

$$(e_i, r_2, e_j) \Rightarrow (e_j, r_1, e_i)$$

则认为关系 r_1 是关系 r_2 的反向。

(3) 组合关系模式：给定任意实体 e_i, e_j, e_k，若存在

$$(e_i, r_2, e_j) \wedge (e_j, r_3, e_k) \Rightarrow (e_i, r_1, e_k)$$

则认为关系 r_1 是关系 r_2 与关系 r_3 的组合。

4. 语义网络的应用

语义网：在语义网(semantic web)中，语义网络被用于组织和表达网络信息，以便计算机更好地理解和处理信息。

知识图谱：知识图谱利用语义网络的结构来构建大规模的、跨领域的知识库，如谷歌知识图谱和百度知识图谱。

举例：用语义网络对积木世界中的房子进行描述。

图 6-7(a) 中包含长方块 B 和楔形块 A 两个部分；

图 6-7(b) 表示由 A 和 B 组成了房子，语义网络表达的意思就是“one-part-is”；

图 6-7(c) 表示 B 来支撑 A，用“is-supported-by”来表示这种关系；

图 6-7(d) 表示 A 是一种形状，B 是另一种形状，用“is-a”表示这种关系；

图 6-7(e) 则是描述了房子的完整语义网络。

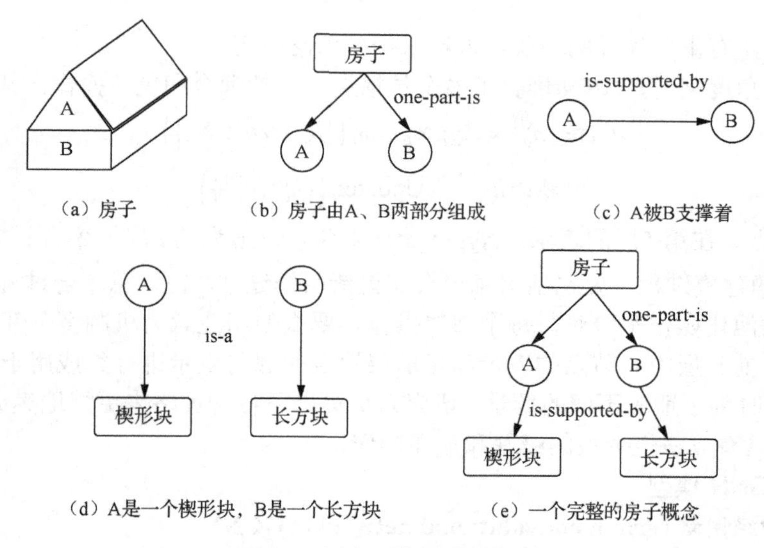

（a）房子　（b）房子由A、B两部分组成　（c）A被B支撑着

（d）A是一个楔形块，B是一个长方块　（e）一个完整的房子概念

图 6-7　语义网络描述示例图

5. 语义网络的优势和局限性

(1) 优势：语义网络提供了非常直观、容易理解的知识表示方式，能够更好地表达实体之间的关系。

(2) 局限性：在表示复杂关系时，语义网络可能变得庞大且难以管理；它有时可能无法有效地处理模糊、不确定或动态变化的知识。

6.2.3　知识表示——图神经网络

图神经网络(graph neural networks, GNN)的概念将神经网络扩展到图域上，用于处理图域中的节点信息和图结构信息。基于图神经网络及其变体的研究在许多图形数据相关的任务中都取得了优异的性能，如蛋白质结构、知识图谱、机器翻译等领域。

1. 图神经网络的基本原理

一个图通常表示为$G=(V,E)$，式中 V 是所有节点的集合，E 是图中所有边的集合。令$v_i \in V$是图 G 中的一个节点，则$e_{ij}=(v_i,v_j)$表示从节点v_i到v_j的一条边，节点 v 的邻居集合用$N(v)=\{u \in V|(u,v)\in E\}$表示。图神经网络是一类专门处理图结构数据的神经网络模型。它们通过在图的节点和边上传播信息，学习节点、边和整个图的表示。这使得 GNN 在处理复杂的图结构数据时非常有效，如社交网络、知识图谱、生物网络和分子结构等。一般将图分为以下几类。

(1) 有向图与无向图：有向图是一个节点有方向地指向另外一个节点，是一种单向的矢量关系。无向图是两个节点之间的连接，没有方向，既可以单向连接，也可以双向连接。

(2) 同构图与异构图：同构图是有一种类型的节点和边，异构图则具有多种类型的节点或边。

(3) 超图：超图是图的另一种形式，其中一条边可以和任意数量的节点进行连接。图结构具有强大的表达能力，可以作为社会科学、自然科学、知识图谱等领域的系统表示，侧重于分类、聚类和预测等问题。图神经网络是深度学习方法的一种，在图域上进行操作。由于 GNN

在图数据处理上具有十分优异的表现，近年来得到广泛应用。

从网络架构角度来看，GNN 堆叠了多个传播层，包括聚合和更新操作。其传播公式为

$$\text{聚合：} n_v^{(l)} = \text{Aggregator}_l\left(\left\{h_u^{(l)}, \forall u \in N_v\right\}\right)$$

$$\text{更新：} h_v^{(l+1)} = \text{Updater}_l\left(\left\{h_v^{(l)}, n_v^{(l)}\right\}\right)$$

式中，$h_u^{(l)}$ 为节点 u 在第 l 层的表示；Aggregator_l 和 Updater_l 为第 l 层的聚合和更新函数。

GNN 模型的建模过程主要包括信息聚合和更新两个过程。在信息聚合过程中，现有的工作要么使用平均池化操作平等对待每个邻居操作，要么使用注意力机制区分邻居的重要性。在更新操作中，前一层中心节点的表示和当前层聚合的邻居表示进行集成用于更新本层中心节点的表示。同时为了适应不同的场景，研究人员提出了各种策略来更好地集成这两种表示，如 GRU 机制、具有非线性变换的级联和加和操作。

2. 常见的 GNN 模型

1）卷积图神经网络（graph convolutional network，GCN）

定义：GCN 使用卷积操作来聚合节点的邻居信息，通过层级传递更新节点的表示。

特点：每一层通过邻居节点的特征和自身特征的线性变换和激活函数更新节点特征。

示例：经典的 GCN 模型可以表示为 $H^{(l+1)} = \sigma\left(\tilde{D}^{-1/2}\tilde{A}\tilde{D}^{-1/2}H^{(l)}W^{(l)}\right)$，其中 $\tilde{A}$ 是图的邻接矩阵加单位矩阵；$\tilde{D}$ 是度矩阵；$H^{(l)}$ 是第l层的节点特征矩阵；$W^{(l)}$ 是第 l 层的权重矩阵；σ 是激活函数。

2）图注意力网络（graph attention network，GAT）

GAT 是基于空间的图神经网络模型，它解决了谱域 GNN 模型的几个关键挑战，如从一个特定的图结构到另一个复杂矩阵逆计算的泛化能力差的问题。GAT 通过利用注意力机制对不同的节点分配不同的权重，并关注其邻居来更新每个节点的向量表示，具体传播公式如下：

$$\text{聚合：} n_v^{(l)} = \sum_{j \in N_v} a_{vj} h_j^{(l)},\quad a_{vj} = \frac{\exp\left(\text{Att}\left(a^{\text{T}}\left[W^{(l)}h_v^{(l)} \| W^{(l)}h_j^{(l)}\right]\right)\right)}{\sum_{k \in N_v} \exp\left(\text{Att}\left(a^{\text{T}}\left[W^{(l)}h_v^{(l)} \| W^{(l)}h_j^{(l)}\right]\right)\right)}$$

$$\text{更新：} h_v^{(l+1)} = \delta\left(W^{(l)}n_v^{(l)}\right)$$

式中，$\text{Att}(\cdot)$ 是一个注意力函数，通常使用 Leaky ReLU；$W^{(l)}$ 是第 l 层变换矩阵，注意力机制由可学习向量 a 参数化的全连接层实现，随后使用 softmax 得到注意力系数 a_{vj}，即节点 v 到 j 的传播权重。

3）GraphSAGE

GraphSAGE 是一个归纳式的学习框架，其考虑从一个节点的局部邻居进行采样并聚合邻居特征，而不是为每个节点训练单独的嵌入表示。GraphSAGE 为每个节点采样固定大小的领域，聚合其嵌入并进行更新。

$$\text{聚合：} n_v^{(l)} = \text{Aggregator}_l\left(\left\{h_u^{(l)}, \forall u \in N_v\right\}\right)$$

$$\text{更新：} h_v^{(l+1)} = \delta\left(W^{(l)} \cdot \left[h_v^{(l)} \oplus n_v^{(l)}\right]\right)$$

式中，Aggregator_l 表示第 l 层的聚合函数；$\delta(\cdot)$ 是非线性激活函数；$W^{(l)}$ 是第 l 层的可学习变

换矩阵。

4) HGNN

HGNN 是一个在超图上实现 GNN 的谱域模型，它在超图结构中编码高阶数据相关性。其超边卷积层公式如下：

$$\text{聚合：} N^{(l)} = D_v^{-\frac{1}{2}} E W^0 \tilde{D}_e^{-1} E^{\mathrm{T}} D_v^{-\frac{1}{2}} H^{(l)}$$

$$\text{更新：} H^{(l+1)} = \delta\left(W^{(l)} N^{(l)}\right)$$

式中，$\delta(\cdot)$ 是非线性激活函数，如 ReLU 函数；$W^{(l)}$ 是第 l 层的可学习变换矩阵；E 是超图的邻接矩阵；D_e 和 D_v 分别表示边度和节点度的对角矩阵。

6.2.4　知识推理

知识推理是人工智能领域的一项核心技术，它指的是利用已知知识和逻辑规则，从现有信息中推导出新的知识或结论的过程。知识推理的目的是模拟人类的推理能力，以便在知识库中自动发现隐含的关系和信息，从而辅助决策、解决问题和发现知识。

知识推理可以根据推理方向、推理方式、推理时间、推理结果的确定性和推理策略等标准进行分类。根据推理方向，知识推理可以分为前向推理和后向推理。前向推理从已知事实出发，逐步推导出新事实，适用于数据驱动的任务；后向推理从目标结论出发，倒推其前提条件，适用于目标驱动的任务。根据推理方式，知识推理可以分为演绎推理、归纳推理和类比推理。演绎推理从一般性知识推导具体结论，具有高度确定性；归纳推理从具体实例归纳一般结论，具有不确定性；类比推理基于领域间的相似性推导可能情况。

在推理时间方面，知识推理可以分为静态推理和动态推理。静态推理在固定时间点进行，不考虑时间变化的影响，适用于一次性决策和静态问题；动态推理考虑时间变化的影响，适用于连续决策和动态环境中的问题。在推理结果的确定性方面，知识推理可以分为确定性推理和非确定性推理。确定性推理的结论是确定的，不存在不确定性；非确定性推理包含不确定性因素，结论具有一定概率。根据推理策略，知识推理可以分为单一策略推理和混合策略推理。单一策略推理使用单一的推理策略，简单易实现；混合策略推理结合多种推理策略，提高灵活性和准确性。

知识推理在多个领域中有广泛应用，包括专家系统、智能问答、机器人导航和智能推荐等。专家系统利用推理技术模拟专家的决策过程，应用于医疗诊断和故障诊断；智能问答通过推理技术从知识库中找到答案，提供准确和相关的回答；机器人导航使用动态推理技术根据实时环境数据进行路径规划和障碍物避免；智能推荐通过归纳和类比推理提供个性化推荐，提高用户满意度。通过以上分类和理论描述，知识推理展示了其在处理复杂知识和信息方面的强大能力和广泛应用前景。

1. 基于传统方法的知识推理

传统的知识推理包括本体推理，一直以来备受关注，已经产生了一系列的推理方法。面向知识图谱的知识推理可以应用这些方法完成知识图谱场景下的知识推理。本节将概述这些应用的实例，具体可分为两类：基于传统规则推理的方法和基于本体推理的方法，分别将传统的规则推理和本体推理方法用于面向知识图谱的知识推理。

1) 基于传统规则推理的方法

基于传统规则推理的方法是一种利用预定义的“如果-那么”规则和逻辑推理机制，从已有知识库中推导出新知识或结论的智能技术。该方法主要依赖三个核心组件：规则库、事实库和推理引擎。规则库存储了所有推理规则，这些规则通常以逻辑表达式的形式表示；事实库则存储了已知的事实，这些事实是推理过程的基础；推理引擎负责应用规则库中的规则对事实库中的事实进行处理，从而推导出新的事实或结论。

推理方法主要包括前向推理和后向推理两种。前向推理从已知事实出发，通过不断应用匹配的规则推导出新的事实，直到不能再推导出新的事实或实现预期目标。其优点在于适用于从一组初始条件推导出所有可能结论的场景，适合数据驱动的任务。后向推理则从目标结论出发，倒推其可能的前提条件，逐步验证这些前提条件是否成立，以确定目标结论的真实性。后向推理适用于从目标出发寻找支持证据的场景，节省推理时间，适合目标驱动的任务。

2) 基于本体推理的方法

基于本体推理的方法利用本体中定义的概念、关系和规则，通过逻辑推理技术，从已知事实和知识库中推导出新的知识或结论。本体提供了一种结构化的知识表示方式，通过描述和链接场景中的静态知识，形成一个概念-实体-属性-关系的复合模型，使得知识表示更加语义化和结构化。推理引擎利用这些定义好的本体进行推理，能够自动识别和处理复杂的知识关系，从而发现隐含的知识和推导新的结论。这种方法广泛应用于语义网、知识管理、智能决策、信息检索、数据集成等领域。例如，在语义网中，本体推理可以帮助改进搜索结果的准确性和相关性；在知识管理中，它可以帮助企业更好地组织和利用其知识资源；在智能决策系统中，它可以提供更有逻辑性和相关性的决策支持。通过本体推理，系统能够实现更高水平的自动化和智能化，有效地提升知识处理和应用的效率。

2. 单步推理

单步推理是一种基本的推理过程，它指的是在给定一组前提和规则的情况下，通过应用单个推理规则直接从前提推导出一个新结论的过程。该方法仅涉及一次规则应用，不涉及连续或多步的推理链。单步推理通常用于逻辑推理系统和专家系统中，用于验证简单的逻辑关系或直接得出结论，主要包括三类，分别为基于分布式表示的推理、基于神经网络的推理以及混合推理。

1) 基于分布式表示的推理

基于分布式表示的推理是一种利用向量空间模型，将知识中的实体和关系嵌入低维度向量空间中，通过向量运算(如加法、减法、点积等)直接进行推理的方法。

2013 年，Borders 等受词向量空间中平移不变现象的启发，提出了 TransE 模型，该模型将实体与关系嵌入同一个低维的向量空间中，其中实体之间的关系对应于潜在特征空间中的平移，如图 6-8 所示。对于给定事实三元组(h,r,t)，模型将关系 j 的向量 r 看作头实体向量 h 和尾实体向量 t 之间的平移操作，可以表示为

$$h+r\approx t$$

基于上述原理，TransE 模型定义的得分函数如以下公式所示：

$$f_r(h,t)=\|h+r-t\|_2^2$$

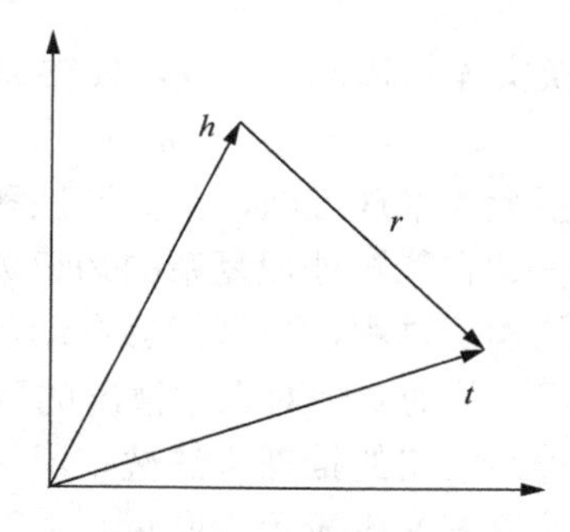

图 6-8　TransE 模型图

为了最大限度上分离正例三元组与负例三元组，应使正例三元组的得分趋近于 0，负例三元组的得分大于 1。因此使用基于边界的排序误差函数作为 TransE 模型的优化函数，用来提升知识表示的学习能力，如以下公式所示：

$$\text{Loss}=\sum_{(h,r,t)\in T}\sum_{(h',r,t'\in T')}\left[f_r(h,t)+\gamma-f_r(h',t')\right]_+$$

式中，$\left[f_r(h,t)+\gamma-f_r(h',t')\right]_+=\max\left(0,f_r(h,t)+\gamma-f_r(h',t')\right)$，表示最大化间隔的排序误差函数；$\gamma$ 表示正例三元组和负例三元组的边界值；T是正例三元组的集合；T'是负例三元组的集合。负例三元组的产生方式不是随机的，而是替换正例三元组中的实体产生的。负例三元组的抽取定义如下：

$$T'=\left\{(h',r,t)\middle|h'\in E\right\}\cup\left\{(h,r,t')\middle|t'\in E\right\}$$

利用随机梯度下降法(stochastic gradient descent，SGD)，TransE 模型实现了最小化目标函数。在 WordNet 数据集和 Freebase 数据集上，TransE 模型进行了链接预测实验。实验数据显示，与多数早期知识表示模型相比，该模型在处理知识图谱数据时，拥有更高的计算效率。同时该模型的参数数量较少，易于训练，便于用于大规模知识图谱。

尽管 TransE 模型在多种知识图谱任务中表现优异，但是在处理复杂关系、泛化能力以及数据质量上存在缺陷，具体如下。

(1) 复杂关系问题。在知识图谱中关系包含四种类型，分别为一对一、一对多、多对一、多对多。例如，“班级关系”便是典型的一对多关系，因为一个班级往往有多个学生。由于 TransE 模型的得分函数的单一线性表示，该模型能处理单一关系，而无法对上述四种复杂关系进行有效的建模学习。以“城市”这一典型一对多复杂关系为例，(中国，城市，北京)与(中国，城市，广州)这两个三元组如果用 TransE 模型进行学习表示，则会使得“北京”与“广州”的嵌入向量相同，所以该模型无法将实体进行有效区分，不能合理表示三元组。

(2) 泛化能力问题。在训练过程中，当知识图谱中包含的三元组关系数量较多时，嵌入的效果就越好，反之亦然。例如，在 Freebase 子数据集 FB15K 中，有大量实体只有少数关系与之关联，因此导致部分实体与关系训练更新次数较少，嵌入向量无法准确表示实体与关系的语义信息，影响知识表示模型整体的学习效果。

(3) 数据质量问题。在知识表示学习模型的训练过程中，通常会使用随机替换正例三元组中的实体来生成负例三元组的方法。然而，这种方法生成的负例三元组的数据质量不高，对模型的学习训练是不利的。例如，三元组中的省份实体“山东”，可能会被景点实体“故宫”

替换。这就导致替换实体与被替换实体的相似性不高，使得训练使用的数据质量无法保证。

2）基于神经网络的推理

基于神经网络的推理是一种强大的推理方法，其灵活性和适应性使其在各种领域都得到了广泛应用。这种方法的优势之一是它能够处理复杂的知识关系和数据模式，而不需要人工定义特征或规则。通过神经网络的学习过程，模型能够自动从数据中学习到合适的表示，并通过网络的前向传播过程进行推理，从而实现对未知情况的预测和推断。

在自然语言处理领域，基于神经网络的推理方法被广泛应用于语义理解、文本推理和问答系统等任务。例如，通过将自然语言文本表示为向量，并利用神经网络模型进行学习和推理，可以实现文本的语义相似度计算、逻辑推理和问题回答等功能。在知识图谱和语义网领域，神经网络模型也被用来进行实体关系的推理和图结构的学习，从而提高知识图谱的完整性和准确性。此外，基于神经网络的推理方法还在推荐系统中得到了广泛应用，例如，利用用户行为数据进行个性化推荐和预测，通过分析用户的历史行为和偏好，实现对未来行为的预测和推荐。

总的来说，基于神经网络的推理方法在各种领域都展现出了巨大的潜力和应用前景。随着深度学习技术的不断发展和完善，相信这种方法将在未来的智能系统中发挥更加重要的作用，为推理任务提供更加准确和高效的解决方案。

3）混合推理

混合推理作为一种综合利用多种推理方法和技术的方法，在智能系统中发挥着重要的作用。其灵活性体现在能够根据具体的推理任务和问题特点，选择合适的推理策略和方法。例如，在智能决策系统中，混合推理可以结合逻辑推理、规则推理和神经网络推理等方法，从多个角度对数据进行分析和推断，为决策者提供全面的决策支持。此外，在智能搜索引擎中，混合推理可以综合利用基于规则的推理和机器学习技术，提高搜索结果的相关性和精度，从而提升用户搜索体验。

另外，混合推理的应用也在自然语言处理领域展现了其重要性。在语义理解和问答系统中，结合语言模型、知识图谱和逻辑推理等方法进行混合推理，可以实现更深层次的语义理解和推理。例如，在问答系统中，系统可以综合考虑用户提出的问题、知识图谱中的实体关系以及常识推理规则，从而更准确地回答用户的问题。这种综合利用不同推理方法的方式，使得系统能够更全面地理解和处理自然语言信息，为用户提供更加智能化的服务和支持。

总的来说，混合推理作为一种融合多种推理方法的推理策略，在智能系统中具有广泛的应用前景。通过综合利用各种推理方法和技术，混合推理能够充分发挥不同方法的优势，提高推理的准确性和效率，为智能系统的发展和应用带来了新的可能性和机遇。

6.3　多目标决策方法

多目标决策方法是用于解决涉及多个目标和多个决策变量的问题，这些目标之间可能存在矛盾或相互影响。在这种情况下，单一的最优解并不适用，需要考虑到各种目标之间的权衡和平衡，以找到一组可行的解决方案。多目标决策方法是一种在管理、工程和其他领域中常用的决策分析方法，它涉及对具有多个相互矛盾目标的问题进行科学和合理的优化选择。这种方法在 20 世纪 70 年代中期开始迅速发展，并已成为管理科学的一个重要分支。多目标决策与传统的单目标决策不同，后者通常只关注一个目标，而多目标决策则需要在多个目标之间进行权衡和选择，主要包括层次分析法和帕累托最优求解两种方法。

6.3.1　层次分析法

层次分析法(analytic hierarchy process，AHP)是一种多属性决策分析方法，用于帮助决策者在多个因素或准则之间进行层次化的比较和决策。该方法由 Thomas L. Saaty 教授于 20 世纪 70 年代提出，用于解决复杂的决策问题，并且适用于各种领域，如工程、管理、经济等。

多属性决策包括属性、目标和准则三个术语。属性是指在多属性决策问题中，各种备选方案(alternatives)所具有的特征或特性。每个属性代表了评估和比较备选方案的一个维度。属性可以是定量的(如成本、时间)或定性的(如舒适度、可靠性)，用于描述和衡量方案的不同方面。例如，在选择一辆汽车时，属性可能包括价格、燃油效率、安全性能、外观等。目标是指决策者在决策过程中希望达到的最终目的或结果。它是整个决策过程的最高层次，也是所有属性和准则的最终导向。目标通常是单一的，它定义了决策问题的方向和期望。例如，在选择一辆汽车的决策问题中，目标可能是“选择最适合的汽车”。准则是指用于评估和比较备选方案的标准或规则，它们是属性的具体化。准则帮助将决策问题分解为更细致的部分，使得比较和评估更加系统化和明确化。准则可以进一步分为主准则和子准则，形成一个层次结构。例如，在选择一辆汽车时，准则可以包括价格(进一步分为购置成本、维护成本等)、性能(进一步分为加速能力、操控性等)、安全性(进一步分为碰撞测试结果、安全配置等)。

多属性(准则)决策(一种特殊的综合评价)问题可以描述为：给定方案集 $P=\{P_1,P_2,\cdots,P_m\}$，表示每个方案特征的属性(准则)集 $M=\{M_1,M_2,\cdots,M_n\}$ 及决策者对属性(准则)的偏好即权重矢量 $R=(R_1,R_2,\cdots,R_n)^{\mathrm{T}}$ 相应的指标矩阵为

$$X=\begin{bmatrix} x_{11} & x_{12} & \cdots & x_{1n} \\ x_{21} & x_{22} & \cdots & x_{2n} \\ \vdots & \vdots & & \vdots \\ x_{m1} & x_{m2} & \cdots & x_{mn} \end{bmatrix}$$

在多属性决策中，常用的权重分配方法主要有主观法和客观法。①主观法是由决策分析者根据对各属性的主观重视程度进行赋权的方法，这种方法依赖于专家或决策者的经验、知识和偏好。②客观法是指单纯利用属性指标来确定权重的方法，不依赖于决策者的主观判断。

层次分析法确定方案优先权重的主要思想如下。

设有备选方案集 $\{A_1,A_2,\cdots,A_n\}$，根据一定的准则比较方案的重要性，判断矩阵如下：

$$A=\begin{bmatrix} a_{11} & a_{12} & \cdots & a_{1n} \\ a_{21} & a_{22} & \cdots & a_{2n} \\ \vdots & \vdots & & \vdots \\ a_{n1} & a_{n2} & \cdots & a_{nn} \end{bmatrix}$$

式中，$a_{ij}(i,j=1,2,\cdots,n)$ 表示方案 A_i 与方案 A_j 比较的相对重要性程度，a_{ij} 越大，表示方案 A_i 比方案 A_j 越重要。

定义 1　设判断矩阵 $A=(a_{ij})_{n\times n}$，若矩阵元素满足以下条件：

(1) $a_{ij}>0, i,j=1,2,\cdots,n$；

(2) $a_{ii}=1, i=1,2,\cdots,n$；

(3) $a_{ij}=1/a_{ji}, i,j=1,2,\cdots,n$；

则称 A 为正互反判断矩阵。

定义 2　设正互反判断矩阵 $A=(a_{ij})_{n\times n}$，若

$$a_{ij}=\frac{a_{ik}}{a_{jk}},\ i,j,k=1,2,\cdots,n$$

则称 A 为一致性判断矩阵。

以下为叙述方便，定义指标集 $I=\{1,2,\cdots,n\}$。

当 $A=(a_{ij})_{n\times n}$ 为正互反一致性判断矩阵时，矩阵 A 的元素与权重矢量 $w=(w_1,w_2,\cdots,w_n)^{\mathrm{T}}$ 的逻辑关系如下：

$$a_{ij}=\frac{w_i}{w_j},\quad \forall i,j\in I$$

设多属性决策问题中各个方案的权重矢量为 $w=(w_1,w_2,\cdots,w_n)^{\mathrm{T}}$，依据方案 A_i 和 A_j 的权重比 w_i/w_j，i,j 属于 I，可构造下面权重比的正互反一致性判断矩阵 A：

$$A=(a_{ij})_{n\times n}=\begin{bmatrix} w_1/w_1 & w_1/w_2 & \cdots & w_1/w_n \\ w_2/w_1 & w_2/w_2 & \cdots & w_2/w_n \\ \vdots & \vdots & & \vdots \\ w_n/w_1 & w_n/w_2 & \cdots & w_n/w_n \end{bmatrix}$$

式中，矩阵元素 $a_{ii}=w_i/w_i=1$，$a_{ij}=w_i/w_j=1/(w_j/w_i)=1/a_{ji}$，且 $a_{ij}=a_{ik}/a_{jk}$。将权重矢量 w 左乘矩阵 A，则有

$$Aw=\begin{bmatrix} w_1/w_1 & w_1/w_2 & \cdots & w_1/w_n \\ w_2/w_1 & w_2/w_2 & \cdots & w_2/w_n \\ \vdots & \vdots & & \vdots \\ w_n/w_1 & w_n/w_2 & \cdots & w_n/w_n \end{bmatrix}\begin{pmatrix} w_1 \\ w_2 \\ \vdots \\ w_n \end{pmatrix}=n\begin{pmatrix} w_1 \\ w_2 \\ \vdots \\ w_n \end{pmatrix}=nw$$

由以上分析可知，n 是 A 的最大特征根，也是唯一非零的，记为 $\lambda_{\max}$，而 w 是 $\lambda_{\max}$ 所对应的特征矢量。在实际应用中，由于权重矢量 w 是未知的，采用每两个互相比较的方法得到一个估计矩阵 $A'=(a'_{ij})_{n\times n}$，A' 称为判断矩阵。然后对 A' 的最大特征根 $\lambda'_{\max}$ 进行求解，得到如下行列式表示的最大根 $\lambda'_{\max}$：

$$\begin{bmatrix} a'_{11}-\lambda & a'_{12} & \cdots & a'_{1n} \\ a'_{21} & a'_{22} & \cdots & a'_{2n} \\ \vdots & \vdots & & \vdots \\ a'_{n1} & a'_{n2} & \cdots & a'_{nn}-\lambda \end{bmatrix}=0$$

将求出的最大特征根 $\lambda'_{\max}$，代入齐次线性方程组：

$$(A'-\lambda'_{\max}I)w'=0$$

从而解出 $\lambda'_{\max}$ 对应的特征矢量：

$$w' = (w'_1, w'_2, \cdots, w'_n)^{\mathrm{T}}$$

如果判断矩阵 A' 具有一致性，矢量 w 即 $\lambda'_{\max}$ 对应的特征矢量 w'。为了理想效果，除了 $\lambda'_{\max}$ 之外，其他特征根尽可能接近零。检验判断矩阵一致性的指标(consistency index)为其余 $n-1$ 特征根和的平均绝对值，即

$$\mathrm{CI} = \frac{\lambda'_{\max} - n}{n-1}$$

一般情况下，CI 的值越大，偏离一致性就会越大，相反，偏离一致性就会越小。进一步讲，如果矩阵的阶数 n 越大，因为主观因素造成的偏差就会越大，偏差一致性也就越大。反之，偏差一致性越小。

为了解决矩阵阶数增加导致最大特征值求解困难的问题，使用以下方法来求解权重。

(1) 最小二乘法(LSM)：对正互反一致性判断矩阵 $A = (a_{ij})_{n\times n}$，通过下列最优化问题得到的排序向量的方法称为最小二乘法。

$$\min F(w) = \sum_{i=1}^{m}\sum_{j=1}^{m}\left(a_{ij} - \frac{w_i}{w_j}\right)^2$$

$$\sum_{i=1}^{m} w_i = 1,\quad w_i > 0,\quad i \in I$$

(2) 对数最小二乘法(LLSM)：对正互反一致性判断矩阵 $A = (a_{ij})_{n\times n}$，通过下列最优化问题得到的排序向量的方法称为对数最小二乘法。

$$\min F(w) = \sum_{i=1}^{n}\sum_{j=1}^{n}(\ln a_{ij} - \ln w_i + \ln w_j)^2$$

$$\sum_{i=1}^{n} w_i = 1,\quad w_i > 0,\quad i \in I$$

(3) 梯度特征向量法(GEM)：设正互反一致性判断矩阵为 $A = (a_{ij})_{n\times n}$，其伪互反矩阵为

$$\overline{A} = (\overline{a_{ij}})_{n\times n}, \text{其中} a_{ij} = \begin{cases} a_{ij}, & i \leqslant j \\ w_j / w_i, & i > j \end{cases}$$

求 $\overline{A}$ 的特征向量时，得到如下递推关系式：

$$w_{n-1} = a_{n-1,n} w_n$$

$$w_i = \frac{1}{n-i}\sum_{j=i+1}^{n} a_{ij} w_j,\quad i = n-2, n-3, \cdots, 1$$

根据此方法求得向量的方法称作梯度特征向量法。

研究表明，当判断矩阵 A 具有一致性时，最小二乘法、对数最小二乘法和梯度特征向量法的排序结果一致。当 A 不一致时，会产生偏差，此时需要调整判断矩阵。

6.3.2　帕累托最优求解

1. 帕累托最优概述

帕累托最优(Pareto optimality)，也称为帕累托前沿(Pareto frontier)或帕累托边界(Pareto boundary），它是一个重要的经济学概念和优化原则，其核心思想是在给定资源约束下，无法通过改善一方的状况而不损害其他方的状况。

具体来说，帕累托最优指的是在给定资源和约束条件下，无法再优化某一方面的情况，而不会对其他方面造成恶化。换句话说，帕累托最优是一种无法通过单方面改善来改变状态的情况。

帕累托最优的概念通常用于多目标优化问题，特别是在经济学和管理学的决策制定过程中。在这些情况下，决策者面临着多个目标，但是资源是有限的。帕累托最优告诉我们，虽然不能在所有目标上同时取得最佳结果，但可以通过找到最佳的折中方案来实现最大限度的满足。

在图形表示中，帕累托最优通常以帕累托前沿或边界的形式呈现，它是多个目标的最优解的集合，每个解都无法在不损害其他目标的情况下进一步改善。因此，帕累托最优提供了一种有用的理论框架，帮助决策者理解和评估不同选择之间的权衡，并找到最优的决策方案。

2. 帕累托最优条件

帕累托最优条件是指在多目标优化问题中，达到帕累托最优解的一组条件。具体而言，帕累托最优条件包括以下几个方面。

(1) 非劣解(non-dominated solution)：在多目标优化问题中，一个解如果被称为非劣解，该解在至少一个目标上比其他解更好，而在其他目标上不劣于其他解。

(2) 帕累托前沿：帕累托前沿是指所有非劣解构成的集合，即无法通过改善某一目标而不损害其他目标的解的集合。在帕累托前沿上的解被认为是帕累托最优解。

(3) 帕累托最优解(Pareto optimal solution)：帕累托最优解是指在帕累托前沿上的解，它是在给定资源和约束条件下无法进一步改善的解。换句话说，帕累托最优解是一种最优的折中解，无法在不损害其他目标的情况下改善。

(4) 其他帕累托最优条件。

有限性条件：解集合必须是有限的。

无支配条件：任何非劣解都不能被其他解支配。

有效性条件：至少存在一个解被认为是最优的，即位于帕累托前沿上的解。

非重复条件：解集合中不存在相同的解。

通过满足这些条件，可以确保找到帕累托最优解集合，从而帮助决策者在多目标优化问题中做出最佳的决策。

3. 帕累托最优状态

帕累托最优状态是指在多目标优化问题中的一种特定状态，该状态满足帕累托最优条件，即在给定资源和约束条件下，无法通过改善一方面的状况而不损害其他方面的状况。

具体来说，帕累托最优状态包括以下几个特征。

(1) 最优性：帕累托最优状态是在所有可能的选择中达到最优的状态之一。在给定资源和约束条件下，该状态是无法进一步改善的最佳状态。

(2) 多目标优化：帕累托最优状态考虑了多个目标或指标，并在这些目标之间找到了一种最佳的权衡方案。在这种状态下，没有任何单一的改进可以同时提高所有目标。

(3) 非劣解集合：帕累托最优状态对应于一个非劣解集合，即无法找到其他解在所有目标上都比它更好的解。这个解集合构成了帕累托前沿。

(4) 权衡和折中：帕累托最优状态反映了在多目标决策中的权衡和折中。在这种状态下，决策者需要在不同目标之间进行权衡，并找到最适合的解决方案，以最大限度地满足各种需求。

帕累托最优状态在多目标优化、决策制定和资源分配等领域都具有重要意义。通过理解和识别帕累托最优状态，决策者可以更好地理解问题的复杂性，找到最佳的解决方案，并做出明智的决策。

4. 帕累托最优概念

帕累托最优概念是在多目标优化任务中经常用来表现解决方案之间的优越性。其一般可做以下表示。

设 m 个目标被最小化的多目标优化问题可以写成：最小化集 $\{f_1(x), f_2(x), \cdots, f_m(x)\}$，服从属于可行区域 S 的判决向量 $x=(x_1, x_2, \cdots, x_n)^{\mathrm{T}}$，$x$ 的目标向量为：$f(x)=(f_1(x), f_2(x), \cdots, f_m(x))$。

在帕累托概念中，当且仅当 x 的目标向量支配 x^* 的目标向量时，解 x 被认为比解 x^* 好。更正式地说，当且仅当 x 在所有目标中都不差于 x^* 即 $f_i(x) \leqslant f_i(x^*) (\forall i=1,2,\cdots,m)$ 时，解 $x \in S$ 才能求解 $x^* \in S (x \leqslant x^*)$，并且至少存在一个 $i=1,2,\cdots,m$，使 $f_i(x) < f_i(x^*)$ 成立，即 x 在至少一个目标中严格优于 x^*。

另外，如果 x 在所有目标中严格地优于 x^*，则解 x 强烈地支配 $x^* (x<x^*)$。如果 x 既不占主导地位，x^* 也不占主导地位，则这些解决方案并不是优先于彼此的。在这种情况下，两种解决方案被认为是无与伦比的或不匹配的。

帕累托最优概念已被广泛用于解决多目标优化问题的算法设计中。在推荐系统的上下文中，帕累托最优性经常用于识别推荐系统中可能对被推荐的用户感兴趣的项目。

思考与练习

6-1　计算机辅助决策的含义是什么？

6-2　计算机辅助决策包含哪几种模型？

6-3　人工智能在制造中的应用主要集中在哪几个方面？

6-4　知识表示的含义？

6-5　知识推理的含义？

6-6　语义网络的含义？

6-7　语义网络表达模式中的关系包含几类？

6-8　语义网络包括哪几种关系模式及每种关系模式的定义？

6-9　图神经网络的原理及分类？

6-10　层次分析法确定方案优先权重的主要思想？

第7章　云计算、边缘节点和中台技术

云计算、边缘节点和中台技术是当今信息技术领域中备受关注的三大重要趋势。它们相辅相成，共同构建了一个新的计算架构，为数字化转型和创新提供了强大的支持。

云计算作为这三者中最为熟悉和普及的概念之一，已经成为企业和个人存储、处理和交换数据的首选方式。通过云计算，用户可以在任何时间、任何地点通过互联网访问计算资源，无须关心物理服务器的部署和维护。这种实施模式显著地降低了信息技术(IT)的运营成本，并增强了系统的灵活性和可扩展性，为未来的技术发展和业务需求变化提供了强有力的支撑。

边缘节点技术作为一种新兴的计算范式，不仅是对传统云计算模式的自然延伸，更是对其在数据处理、实时响应以及资源优化等方面的重要补充。随着物联网和5G技术的普及，越来越多的设备可以产生大量的数据，而这些数据需要实时处理和响应。边缘节点技术将计算资源从远程的数据中心移动到数据产生的源头附近，使得数据可以在本地被快速处理和分析，从而减少了延迟并提高了隐私性和安全性。

中台技术则是将云计算和边缘节点相连接的关键。中台作为一个中间层，扮演着数据汇聚、处理和分发的角色，既可以连接云端的大规模数据中心，又可以与各个边缘节点进行通信，实现数据的统一管理和应用的分发。通过中台技术，企业可以更加高效地利用云端和边缘节点的资源，实现数据的全生命周期管理和价值最大化。

因此，云计算、边缘节点和中台技术共同构成了一个全新的计算架构，为数字化转型和创新提供了丰富的可能性。未来，随着技术的不断演进和应用场景的不断拓展，这三者之间的关系和作用也将变得更加密切，为人类社会带来更多的便利和机遇。

7.1　智能制造中的云计算技术

智能制造是当今制造业的重要发展趋势，它通过整合先进的信息技术和制造技术，实现生产过程的智能化、自动化和数字化。在智能制造的演进中，云计算技术发挥了核心作用。云计算，作为一种基于网络的计算模式，通过将计算资源集中在一起，以提供按需、可扩展的计算服务，从而为智能制造提供了强大的支撑。

在智能制造的实践中，云计算技术的应用具有广泛且深入的涵盖面。首先，云计算提供了大规模的数据存储和处理能力，能够支持智能制造系统处理海量的生产数据和设备信息。在智能制造的实践中，云平台被用作数据的实时监控、高级分析和挖掘的媒介，通过这些操作，企业能够达成生产流程的优化以及管理的精细化，进而提升整体运营效率和决策质量。其次，云计算为智能制造提供了强大的计算能力和算法支持，可以实现复杂的数据建模、仿真和优化，为企业提供智能化的生产决策和预测能力。此外，云计算还可以通过提供统一的开放平台和服务，促进智能制造系统的互联互通，实现跨平台、跨系统的集成和协同，从而提高生产效率和灵活性。

在智能制造的实际应用中，云计算技术已经取得了不容忽视的显著成果。以工业互联网为代表的智能制造平台，采用了云计算技术，实现了生产设备、产品和企业之间的信息共享和协同，推动了制造业向数字化、网络化和智能化的转型。例如，云计算为MES提供了实时监控和远程管理的功能，这对于提升生产效率、保障产品质量具有显著影响；在工业互联网中，云计算可以实现设备之间的数据交互和协同控制，实现智能化的生产调度和优化。

然而，智能制造中的云计算技术也面临着一些挑战和难题。首先是数据安全和隐私保护问题，大规模的数据存储和处理可能会导致敏感信息泄露和数据安全风险，因此需要加强数据加密、访问控制等安全措施。其次是网络延迟和带宽限制问题，智能制造系统对实时性和响应速度要求较高，而云计算的数据传输和处理可能受到网络带宽和延迟的影响，因此需要优化网络架构和算法设计，提高数据传输和处理的效率与速度。智能制造中设备与系统的多样性对云计算集成与协同构成挑战，因此，为确保其互联互通，制定统一的标准与协议显得尤为重要。

综上所述，智能制造中的云计算技术在推动制造业转型升级、提高生产效率和质量方面发挥着重要作用，但也面临着诸多挑战和难题。未来，随着云计算技术的不断发展和完善，相信智能制造将会迎来更加广阔的发展空间，为实现制造强国的目标做出更大的贡献。

7.1.1　云计算分类

云计算作为现代信息技术的关键驱动，已在多个领域展现深远影响。为了深入理解其应用，我们需对其服务模式和部署模式进行分类。如图7-1所示，基于服务模式（service models），云计算可被划分为三大类别，即基础设施即服务（infrastructure as a service，IaaS）、平台即服务（platform as a service，PaaS）和软件即服务（software as a service，SaaS）。云计算的部署模式（deployment models）多样，据此可将其细分为公有云（public cloud）、私有云（private cloud）、混合云（hybrid cloud）及社区云（community cloud）四大类，每种类型都有其独特的应用场景和优势。本节将从这两方面，分别介绍云计算各种各样的类型。

1. 按服务模式分类

1）基础设施即服务

IaaS 利用云计算技术为企业和个人提供远程访问计算资源的服务模式。这些资源涵盖了计算、存储等核心功能，并通过应用虚拟化技术提供灵活且可扩展的服务。无须原始投资购买、维护和管理物理基础设施，包括服务器、存储设备与网络设备等，无论是最终用户、SaaS 提供商还是 PaaS 提供商，均可从 IaaS 中轻松获取运行应用所需的计算能力。IaaS 模式被证实能有效减少企业的 IT 成本，同时显著增强了资源的灵活调配和可扩展能力。

2）平台即服务

平台即服务被定义为一个提供完整计算机平台的服务模式，该平台涵盖了应用设计、开发、测试及托管等各个环节。PaaS 平台为客户提供了无须自行购置和管理硬件、软件资源的便利，客户仅需依托该平台，便能高效地完成应用的创建、测试以及部署流程。与基于传统数据中心的软件开发模式相比，PaaS 模式显著降低了成本，这一优势构成了其核心价值所在。

通过利用 PaaS，客户能够以更为经济、高效的方式构建、测试并部署应用，进而提升其业务敏捷性和市场竞争力。

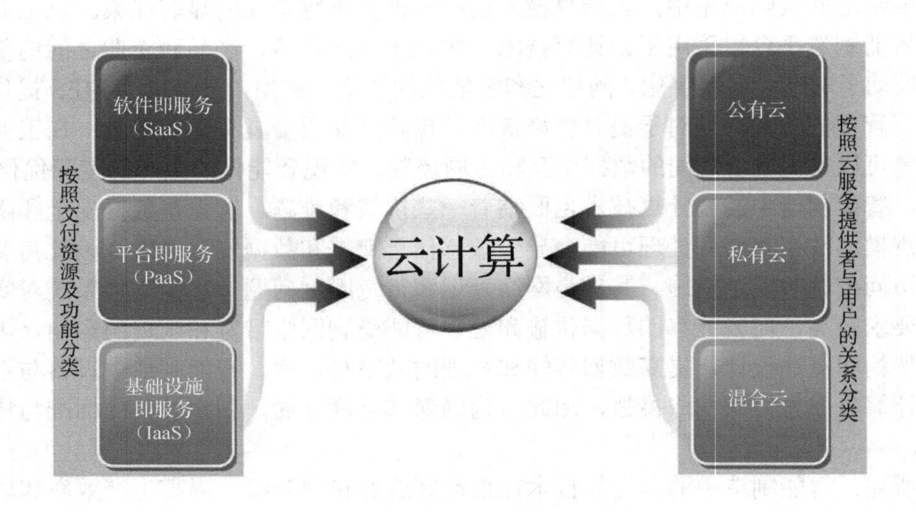

图 7-1　云计算的分类

PaaS 不仅展现出了卓越的市场应用潜力，而且能够积极推动 SaaS 的发展，并与之形成协同进化的态势。对于期望涉足 SaaS 领域的企业来说，PaaS 的核心价值显著体现在降低了其开发和提供 SaaS 服务的初期成本及技术壁垒，使得他们能够以更低的成本、更高的效率进入市场。对于 SaaS 领域中已建立稳固地位的提供商而言，PaaS 已然成为推动其实现产品多元化及定制化服务策略的核心支柱。这些提供商通过 PaaS 平台的有效运用，成功吸引了更多的独立软件开发商(ISV)融入其构建的生态系统，共同开发出多样化的 SaaS 应用，从而进一步巩固和拓展其市场份额。相较于传统的软件解决方案，SaaS 模式展现出了众多不容忽视的显著优势。这些优势包括较低的前期成本，即企业无须一次性投入大量资金购买和部署软件，而是可以根据实际需求按需付费；SaaS 解决方案的一大显著特点在于其高度的维护便捷性。这种解决方案的独特之处在于，其更新和维护工作主要由服务提供商全权负责，从而极大地减轻了企业的负担；以及快速展开使用，即 SaaS 解决方案通常具有用户友好的界面和简单易用的功能，企业能够快速上手并投入使用。这些优势使得 SaaS 成为越来越多企业的首选，而 PaaS 作为支撑 SaaS 发展的基础平台，其重要性也愈发凸显。

3) 软件即服务

在学术领域中，SaaS 模式彰显了软件服务领域的全新变革。该模式的核心在于，用户无须自行安装软件产品于个人计算机或企业服务器，而是通过网络直接接入专业提供商的资源，依据双方约定的服务水平协议(SLA)获取所需的软件功能。简而言之，SaaS 是服务提供商根据用户需求所提供的软件计算能力。其应用范围广泛且多样性，涵盖了从工具型到管理型的多项服务。例如，工具型服务中的在线邮件、网络会议、网络传真、在线杀毒等，为用户提供了高效便捷的工具支持。而在管理型服务领域，诸如在线客户关系管理、在线人力资源管理、在线进销存、在线项目管理等，SaaS 则帮助用户实现了更为高效和精准的管理。在人力资源软件应用中，SaaS模式的优势在于能够为企业提供灵活、可扩展的人力资源管理解决方案。此外，随着技术的不断进步和市场需求的日益增长，SaaS已经开始向更为复杂的企业资源计划领域拓展，如Workday等解决方案的出现，进一步证明了SaaS模式的广泛适用性和巨大潜力。

2. 部署模式

1) 公有云

公有云作为云计算的一种主要形式，其核心特征在于云服务商拥有所有基础设施的所有权，并向社会大众开放云端资源。任何符合条件的个人或组织，无须自行管理底层设施，均可通过租赁方式使用这些云端资源。与依赖本地硬件资源相比，公有云的使用仅需要互联网连接，对用户的硬件设备和软件版本要求较低，大大提升了使用的便捷性和灵活性。公有云模式展现出其独特的优势，核心在于其以成本效益极高的方式向最终用户提供优质服务。用户不再需要承担烦琐的维护成本，而是采取按需付费的灵活模式，即可轻松享受到这种便捷、高度可扩展的云服务。这一模式不仅优化了资源配置，还为用户带来了更为高效、灵活的服务体验。这种服务模式不仅适应了个人用户的需求，也满足了互联网企业等广大客户群体的多样化需求，使得公有云成为当今云计算领域的主流选择。

尽管公有云为众多组织和个人提供了极大的便利和灵活性，但在某些特定场景下，它可能无法满足严格的安全法规要求。这主要是因为公有云的服务器往往分散在多个国家，每个国家都有其独特的安全法规和标准。因此，对于需要在特定地区或跨多个国家运营的组织来说，可能需要仔细评估公有云是否能够满足其安全合规性的需求。

2) 私有云

私有云是部署在组织内部或由组织专有的云基础设施，由单个组织或用户拥有和管理，用于满足特定组织的需求。它可以提供类似于公有云的资源和服务，但只对内部用户或合作伙伴开放。在私有云模式下，由于其基础设施与外部网络环境相隔离，所以数据的安全性和隐私性得到了显著增强。这种特性尤其满足了政府机关、金融机构以及其他对数据安全要求极为严格的客户群体的需求。然而，私有云的高安全性并非没有代价。其安装和维护成本通常较高，这主要是因为需要建立和维护一套独立、专用的云计算基础设施。

3) 混合云

在学术领域，混合云作为一种集成模型，融合了公有云与私有云的核心优势，赋予了组织空前的弹性与延展性，满足了现代信息化管理的需求。这种模式使得组织可以根据实际需求，在私有云与公有云之间灵活地迁移和管理工作负载。具体而言，组织能够在本地数据中心构建私有云环境，用以处理涉及敏感信息的业务并安全存储核心数据。应对云计算资源峰值需求时，用户可以通过网络灵活地获取公有云服务。这一架构的精髓在于，混合云不仅确保了互联网化应用的高效部署，而且充分利用了私有云本地数据中心带来的卓越安全性与可靠性。此外，其灵活性允许组织根据各部门的具体工作负载选择合适的云部署模式，进而优化资源配置并降低总体成本。正因如此，混合云受到了大型企业和复杂业务需求方的广泛青睐。

然而，混合云也面临着一些挑战。混合云的复杂设置首先带来了一个显著挑战，即其维护和保护难度的增加。为确保混合云的安全稳定运行，组织不得不投入更多的资源和技术力量。此外，混合云作为不同云平台、数据和应用程序的集合体，其整合过程也显得尤为复杂，这就要求组织具备高超的整合能力和技术水平。在开发混合云时，组织需要解决基础设施之间的兼容性问题，以确保不同组件之间的顺畅协作。

4)社区云

社区云被定义为一种特定的云计算服务模式，其核心在于云基础设施和资源由多个组织共同使用，以满足特定行业或相似的需求。这一模式的显著特征在于，云端资源是专为两个或更多具有共同目标的特定单位组织内部用户所定制，而外部组织则无法租赁或使用这些云端计算资源。这种专属性确保了资源的高效利用和安全性。参与社区云的单位组织通常具有一致或相似的云服务模式、安全级别等要求。具备业务关联性或隶属关系的单位组织，在实际应用中更倾向于共同构建和采用社区云，以满足他们特定的业务需求和数据共享需求。这是因为通过共享云端资源，这些单位组织不仅可以降低各自的运营成本，还能实现信息的共享与协作。例如，同一行业内的多家企业，由于业务相似且需要遵守相同的行业标准和法规，因此更有可能共同建设一个满足这些共同需求的社区云。

社区云的云端部署呈现多样性，可能仅限于单一单位组织内部，也可能跨越部分或全部参与单位组织。这种分布式的部署模式不仅增加了技术复杂性，同时也对社区云的开发和运行过程中的组织管理构成了显著挑战。此外，在社区云的构建过程中，资源和服务的集成不仅带来了高效的资源共享和协作，同时也引发了不同成员单位在安全方面的相互影响。由于社区云中的成员单位可能具有不同的安全需求和策略，因此，如何在保障各自安全性的同时实现资源和服务的有效集成，成为社区云建设中的重要议题。为确保社区云的安全稳定运行，建设过程中应充分考虑并设计统一的或协调的安全服务。

7.1.2　云服务与制造系统结合

在全球制造业竞争日趋白热化的背景下，传统生产模式逐渐凸显出其难以满足多变市场需求的局限性。智能制造作为制造业的新趋势，强调通过信息化技术提升生产效率、降低成本、提高质量，并且可以实现产品的个性化定制以及快速响应市场变化，已经成为现代制造企业必须面对的挑战。为了有效应对这一挑战，制造企业必须积极探索从传统制造向智能制造的转型之路，以实现更高效、灵活和创新的生产模式。

另外，随着信息技术的日新月异，云服务作为一种颠覆性的计算范式，正在逐步渗透到企业的各个领域中，并得到了广泛的应用。云服务以其灵活、可扩展、成本低廉等优势，为企业提供了高效的信息化解决方案。通过云服务，企业可以实现资源共享、弹性扩展、快速部署等功能，大大提升了企业的IT运营效率和灵活性。

在这个背景下，云服务和制造系统的结合愈发引人关注，这种融合不仅能为制造企业带来新的机遇，更为实现智能制造注入了新的活力。通过将云服务与制造系统相结合，可以实现生产数据的实时监控、生产过程的可视化管理、设备的远程维护等功能。同时，借助云计算的强大计算能力和存储能力，制造企业还可以实现生产资源的智能调度、供应链的优化管理等，从而提升生产效率和产品质量。

云服务与制造系统的融合不仅为制造企业带来了新的机遇，也面临着一些挑战。首先，制造企业需要克服信息安全、数据隐私等方面的顾虑，确保生产数据的安全性和可靠性。其次，制造企业还需要加强内部人才队伍建设，培养具备云计算、大数据等技能的人才，以应对数字化转型带来的挑战。

在制造业的演进图谱中，智能制造以其前瞻性和引领性，成为不可忽视的未来发展方向。它不仅能够显著增强制造企业的核心竞争力，还将成为推动整个行业向数字化、智能化、网络化转型的关键力量。因此，制造企业应当抓住机遇，加快推进云服务与制造系统的融合，不断提升自身的创新能力和竞争力，迎接数字化时代的挑战。

本节将详细探讨云服务与制造系统结合的具体方式、优势以及挑战。

1. 云服务与制造系统结合的方式及相应优势

在当今数字化转型的潮流中，云服务与制造系统的结合被认为是推动制造业迈向智能化、高效化的重要一环。这种结合不仅为制造企业带来了全新的生产方式和管理模式，还为其提供了更广阔的发展空间。以下将详细介绍云服务与制造系统结合的具体方式，以及这种结合带来的重要益处。

1) 数据集中管理与实时访问

通过云服务，制造企业可以将生产过程中产生的海量数据存储在云端，实现数据的集中管理和实时访问。这些数据包括了生产线运作的实时状态、设备运行的详细参数以及产品质量监控的关键信息。制造企业可以借助云端存储的弹性和可扩展性，灵活地管理和存储数据，避免了传统本地存储容量受限的问题。

2) 数据分析与预测性维护

云服务平台提供了丰富的数据分析工具和算法库，制造企业可以利用这些工具对生产数据进行深度分析，挖掘数据背后的价值。通过对历史数据和实时数据的分析，制造企业可以实现对生产过程的优化，预测设备的故障和生产异常，并采取相应的维护措施，从而实现预测性维护，最大限度地减少停机时间，提高生产效率。

3) 资源优化与调度

制造企业通过融合云服务与先进的制造系统，得以实现对生产资源的实时监控与精准调度，进而优化资源配置，提升生产效率。在现代制造企业中，通过对生产计划、物料需求、设备利用率等关键信息进行深入的综合分析，企业可以精准地优化生产调度，实现资源的合理分配。这种优化的结果不仅能够显著提升生产效率，使生产流程更加顺畅高效，还能有效降低生产成本，为企业带来更高的经济效益。

4) 智能制造与自动化

制造企业正迎来智能制造与自动化生产的新篇章，这一转变源于云服务与人工智能技术的深度融合。借助云端强大的数据分析能力和先进的机器学习算法，制造企业得以实现生产过程的智能化优化与实时调整，进一步实现设备的自动化控制与精准调度。这不仅显著提升了生产效率，更为产品质量的稳步提升奠定了坚实基础。

5) 实时监控与控制

基于云的实时监控和控制系统，制造商能够从任何有互联网连接的地方实时监控和管理生产过程。通过将制造设备和系统连接到云端，操作员可以访问关键数据，并接收有关设备故障、参数偏差或生产延误的警报。这种实时可见性可以实现主动决策、快速问题解决，并持续优化生产工作流程，以最小化停机时间并最大限度地提高产能。

6) 协作制造

云协作工具促进了分布在不同地点的团队、供应商和合作伙伴之间的沟通和协作。通过云端平台，利益相关者可以实时共享文档、设计和生产计划，实现供应链上的无缝协调和一致性。协作制造通过促进快速原型制作、设计迭代和知识共享，提升了灵活性、响应能力和创新能力。

7) 供应链管理

基于云的供应链管理（SCM）解决方案简化了从原材料采购到产品交付的物料、信息和资源流程。通过将制造系统与基于云的 SCM 平台整合，制造商可以优化库存水平、跟踪货物运输并更准确地预测需求。这种可见性和控制能力使制造商能够最小化交货时间、降低成本，并通过确保及时交付高质量产品来提高客户满意度。

8) 安全保障与隐私保护

当云服务与制造系统实现深度整合时，数据的安全性与隐私保护成为不可或缺的核心要素。为确保生产流程的稳定、高效运行，制造企业需制定并落实一系列严密的安全策略。这些策略旨在维护云端数据的完整性和安全性，有效抵御数据泄露和网络攻击的风险，为智能制造的稳健发展奠定坚实基础。

2. 云服务与制造系统结合的挑战

尽管云服务与制造系统的结合可以为制造企业带来诸多益处，然而在实施过程中也面临着一系列挑战。这些挑战涉及技术、管理、安全等多个方面，需要制造企业在结合云服务与制造系统的过程中加以克服和解决。

1) 数据安全与隐私保护

将制造系统内的核心生产数据迁移至云端存储，往往会引发对数据安全和隐私保护的深刻关注。为了消除这些顾虑并确保云端数据的安全与完整，制造企业必须实施一系列严谨的安全策略。这些策略包括数据加密以保障数据在传输和存储过程中的机密性，访问控制以限制对敏感数据的非法访问，以及身份认证机制来确保只有授权用户才能访问和操作云端数据。通过这些措施，制造企业可以有效防止数据泄露和网络攻击，确保生产过程的稳定性和可靠性。

2) 技术集成与数据交互

制造系统通常由多个不同厂商的设备和软件组成，这些设备和软件之间的技术标准和接口可能不一致，导致技术集成和数据交互方面存在一定的困难。制造企业需要通过技术协调和标准化等方式，实现不同系统之间的数据交互和集成，确保数据的流畅传输和共享。

3) 云端计算资源与性能需求

制造系统被要求高效地处理海量的实时数据，并执行精细且复杂的数据分析与计算任务，以支持生产过程的优化与决策。然而，云端计算资源的性能可能会受到限制，无法满足制造系统的性能需求。制造企业需要通过优化算法、提升网络带宽、增加云端计算资源等方式，提高云端计算的性能，确保制造系统的顺畅运行。

4) 组织变革与人员培训

云服务与制造系统的结合可能会带来组织结构和业务流程方面的变化，需要制造企业进行相应的组织变革和人员培训。制造企业需要建立跨部门的协作机制，重新规划业务流程，培训员工掌握新的工作技能和知识，以适应新的生产模式和管理模式。

5）成本与投资回报

引入云服务与制造系统的结合需要制造企业进行一定的投资，包括云端软件和硬件设备的采购、技术集成和人员培训等方面的成本。制造企业需要对投资回报进行全面的评估和分析，确保投资能够带来足够的收益和效益。

6）法律法规与合规要求

在云服务与制造系统的结合过程中，制造企业需要遵守相关的法律法规和合规要求，包括数据保护法规、知识产权法规等。制造企业需要审慎评估云服务提供商的合规性，确保云端数据的合法合规存储和使用，避免可能的法律风险和责任。

7.2　智能制造中的边缘节点技术

智能制造是当今工业界的重要趋势，它通过整合先进的技术和理念，致力于提高生产效率、降低成本并提高产品质量。在智能制造的框架下，边缘节点技术正逐渐成为一个关键的组成部分。边缘节点技术是指在物联网环境中，位于网络边缘的智能设备，如图 7-2 所示，其作用是收集、处理和传输数据，以实现实时的监控、分析和控制。

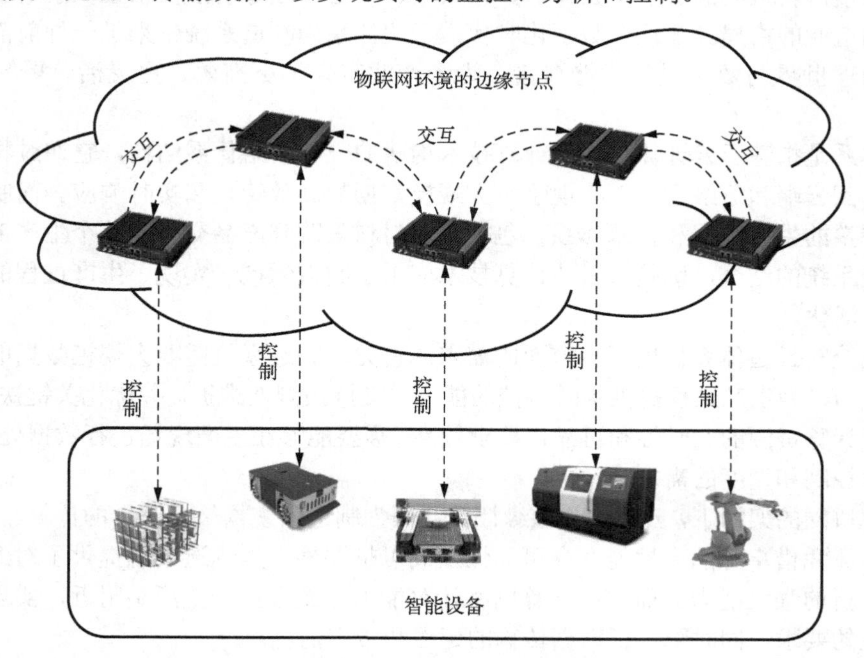

图 7-2　物联网环境中的边缘节点

在智能制造中，边缘节点技术以其卓越性能成为不可或缺的一环。其首要贡献在于实时地捕获和处理数据，有效缩减了数据传输至中心服务器的延时，显著提升了系统响应的迅捷性。这对于一些对实时性要求较高的制造过程尤为重要，如自动化装配线或机器人操作。其次，边缘节点能够降低数据传输的成本和网络带宽的压力，因为只有经过筛选和处理的数据才会被发送到云端或中心服务器，而无关紧要的数据可以在本地进行丢弃或存储。

边缘节点技术在智能制造系统中不仅提升了运行稳定性，还显著增强了系统的安全性。由于边缘节点可以在本地执行部分数据处理和决策，因此可以减少对中心服务器的依赖，即使在网络连接不稳定或中断的情况下，生产过程也能够继续进行。同时，边缘节点可以实现对数据的实时加密和安全传输，有效保护了生产数据的机密性和完整性，防止了数据泄露或篡改的风险。

智能制造领域对边缘节点技术的运用虽具潜力，但其应用过程中也遭遇了多重挑战与局限。例如，边缘节点的计算和存储能力相对有限，可能无法处理大规模数据或复杂的算法，这就需要在设计阶段考虑如何优化算法和提高资源利用率。此外，边缘节点的部署和管理也需要面临复杂的网络架构和设备互操作性的问题，需要制定统一的标准和协议以促进各种设备的互联互通。

总的来说，边缘节点技术在智能制造中的应用具有巨大的潜力和优势，能够实现更加灵活、高效和安全的生产过程。随着技术的不断进步和应用的深入推进，相信边缘节点技术将会在智能制造领域发挥越来越重要的作用，为工业界带来更多创新和发展。

7.2.1 云边体系与制造系统

随着科技日新月异的进步，云计算、大数据、人工智能等前沿技术正以前所未有的速度重塑传统制造业的格局。在这个数字化时代，云边体系为制造系统带来了一种前沿的生产模式，它将物理世界与数字世界无缝连接，为制造业带来了更高效、更灵活、更智能的生产执行。

云边体系是指基于云计算和边缘计算技术构建的一种网络体系结构，它通过将数据处理和存储分布到云端和边缘设备，实现了对大规模数据的高效管理和实时响应。而制造系统则是指一套完整的生产流程和技术体系，包括从原材料采购到产品交付的整个生产链条。云边体系与制造系统的结合，则是将云边计算技术应用于制造领域，实现了生产过程的数字化、智能化和灵活化。

制造系统对云边体系提出了多方面的需求。首先，制造系统需要大规模数据的存储、处理和分析能力，为生产过程提供实时监控的能力，支持预测性维护，并优化关键决策。其次，制造系统对计算资源的实时性和可靠性要求较高，需要能够在生产现场进行数据处理和分析，以满足实时控制和调度的需求。

在云边协同的架构下，云计算与边缘计算共同为制造系统构筑了坚实的计算与存储基石。其中，云计算凭借卓越的高性能、高可靠性及高可扩展性，为制造系统提供了对海量数据高效处理与分析的强大能力。而边缘计算则将计算能力移到数据产生源头附近，实现了对实时性和响应性的要求，同时降低了数据传输的延迟和带宽消耗。

为了揭开云边体系与制造系统结合的具体细节，下面将针对云边协同智能制造系统展开叙述。

1. 云边协同智能制造系统的概念模型

云边协同智能制造系统的概念模型如图 7-3 所示，云边协同智能制造系统通过整合多个层次的功能模块，形成了一个云-云-边-端协同的完整体系。该系统由智能商务云平台（云 1）、智能制造云平台（云 2）、边缘系统（边）和工业现场设备（端）构成。

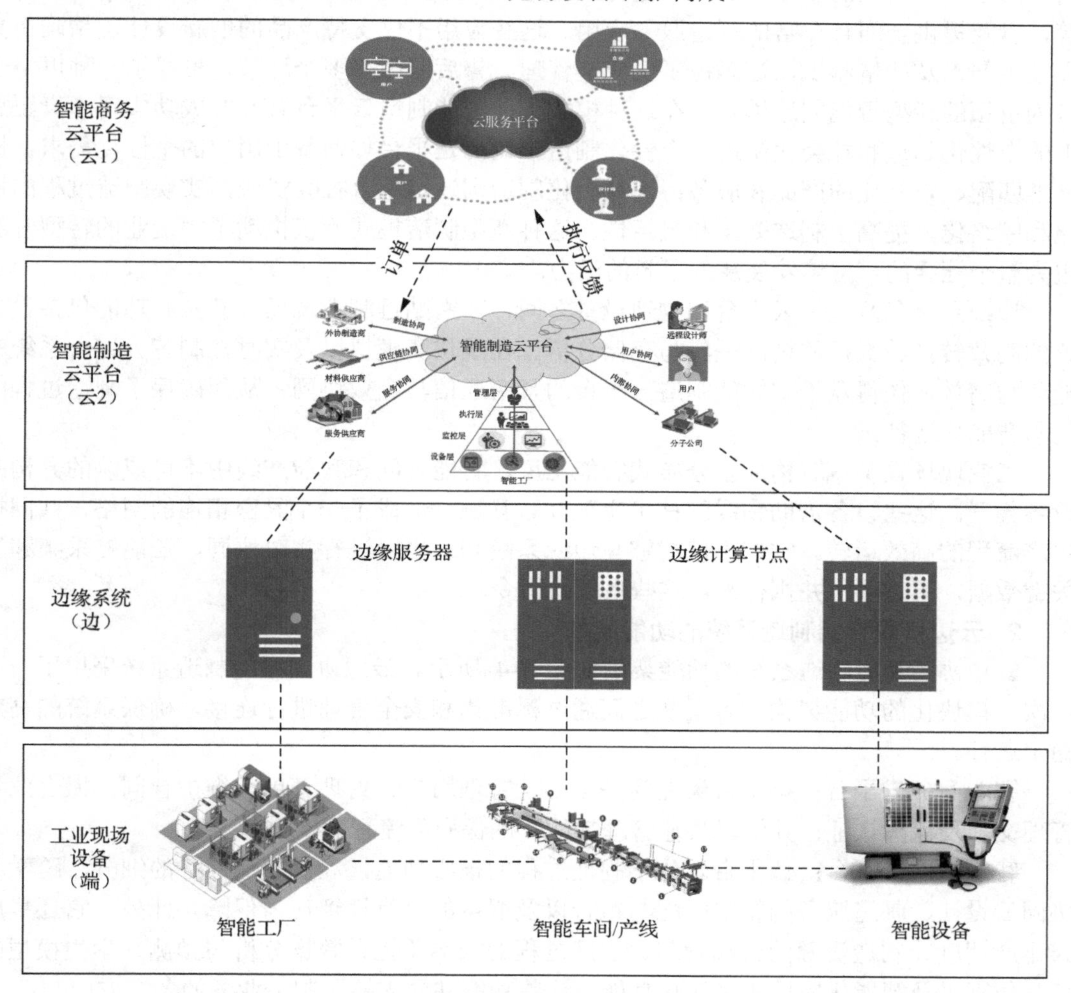

图 7-3　云边协同智能制造系统的概念模型

智能商务云平台（云 1）在智能制造生态系统中扮演着至关重要的角色，其作为一个中央化的协作平台，聚集了多样化的参与主体，包括产品/服务提供者、消费者以及运营者。该平台的核心功能体现在：它为平台管理者提供了灵活的机制，用以配置和定制商务逻辑与规则，确保在产品/服务提供者与消费者之间建立起高效、公正的协商与交易渠道，从而平衡并协调各参与方的利益。智能商务云平台的引入，不仅推动了商务模式的创新，更进一步地促进了制造模式的革新。通过该平台，企业能够打破传统制造模式的限制，实现更加灵活、高效的生产方式。这种创新不仅优化了生产流程，提高了生产效率，而且为智能制造平台/系统的可持续发展奠定了坚实的基础。

智能制造云平台（云 2）的核心聚焦于与制造过程直接相关的功能，包括产品设计、仿真模拟、生产执行和产品测试等。为实现这些功能，云 2 平台深度整合并应用了大数据、区块链、人工智能等前沿技术。同时，云 2 平台通过智能商务云平台(云 1)汇聚的庞大客户资源，为产品全生命周期的多样化客户群体提供全方位的服务与支持，如设计师、生产者、消费者等，以及提供全面且丰富的制造服务应用。这些应用不仅支持产品的创新设计、精确仿真、高效生产以及严格测试，还涵盖了供应链管理、售后服务等多个环节，形成了一种以电子商务为引领的新型智能制造模式。在这种模式下，智能制造云平台(云 2)成功实现了真正意义上的个性化制造和社会化制造。个性化制造强调的是平台如何基于用户的个性化需求，提供精准匹配、定制化的产品和服务；而社会化制造则通过整合社会资源，实现制造过程的协同化和网络化，提高了制造效率和灵活性。这种新型制造模式不仅推动了制造业的转型升级，也为整个社会的可持续发展注入了新的活力。

边缘系统(边)位于云平台和物理设备之间，紧密贴近制造现场。其核心功能包括设备协议的高效转换、数据的精准采集与存储分析、在线仿真模拟以及实时控制等。这一系统的智能化与高效运作得益于与智能制造云平台的紧密通信与高效协同，从而确保了制造过程的流畅与智能化运行。

工业现场设备(端)构成了分布式智能工厂、智能车间和智能产线中不可或缺的异构制造设备集群。这些设备借助物联网技术实现互联互通，形成了一个紧密相连的网络，共同推动生产流程的高效运转。它们不仅能够与边缘系统和云平台进行实时协同，还能够采集和发送关键数据，同时接收并执行来自这些系统的指令。

2. 云边协同智能制造系统的功能架构

云边协同智能制造系统的功能架构如图 7-4 所示。云边协同智能制造系统采用了一种多层次、模块化的功能架构。各层次之间通过标准化和安全管理进行连接，确保系统的高效、稳定运行。

智能商务云平台：该平台聚焦商务核心，管理用户、处理订单、维护合同、撮合业务、管理交易及保障认证，并辅以其他管理功能，确保商务流程顺畅无阻。

智能制造云平台：该平台聚焦于制造过程的核心功能，涵盖制造任务的细分、跨学科的协同云设计、制造服务的精准匹配与组合以及服务的可靠性评估与保障。此外，它还集成了云排产调度、制造资源的云端管理、生产过程的云端监控、数据分析与预测、孪生模型的构建与仿真以及智能化应用等多元化功能。这些功能共同支持了制造业务的各个方面。

边缘计算平台/系统：该系统靠近制造现场，该平台承担着多项关键职责，包括制造资源的智能感知、边缘层实时监测与控制、多源数据的高效处理与分析、故障检测的精准执行、边缘环境的快速仿真以及生产执行的实时管理等功能。该机制有效保障了制造流程的实时性与精确性，进而显著提升了生产效率。

制造设备：这一层级涵盖了多样化的分布异构制造设备，如工业机器人、数控机床、3D 打印机、加工中心、自动化生产线以及 AGV 等。这些设备或系统通过物联网技术实现互联互通，共同构建一个高效协同的智能化生产体系。它们接收来自上层系统的指令，执行具体的生产任务，并通过物联网将实时数据反馈给上层系统。

在整个系统中，各层次之间的功能相互依赖、相互影响。为了实现制造任务的顺利完成，各层次之间需要高度协同，确保信息的畅通和资源的有效配置。通过标准化和安全管理，系统能够保持高效、稳定的运行状态，为智能制造提供强有力的支持。

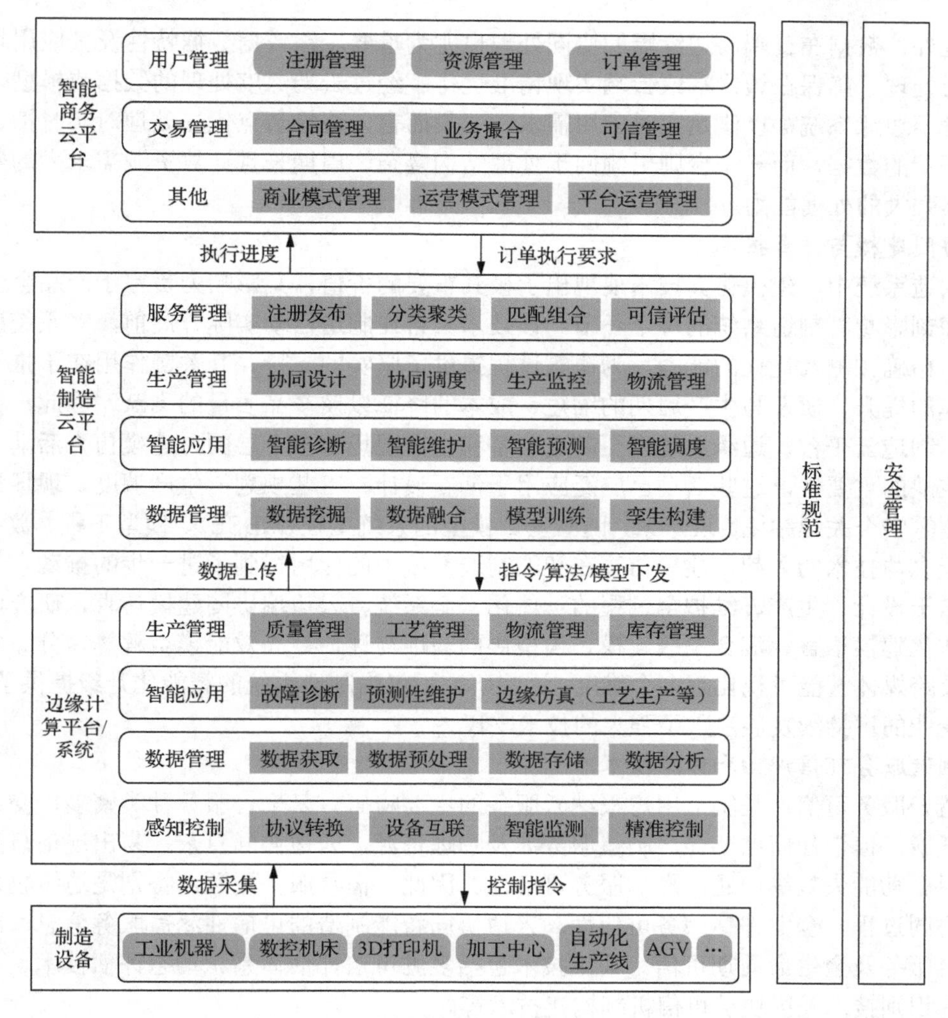

图 7-4　云边协同智能制造系统的功能架构

3. 云边协同智能制造系统的关键技术

在智能制造系统中，一个制造任务的顺利完成依赖于商务云、制造云、边缘系统和制造设备等各部分的紧密协作。要使这一复杂系统实现高效、协调的运行，除了依赖各组成部分的通用技术外，还需特别注重一系列专门用于协同作业的关键技术。这些关键技术大致可分为以下六类。

1) 数据协同处理技术

在智能制造领域，各类传感器能够捕捉到制造设备及其所处环境产生的海量数据。随着 5G 技术的日益普及和应用，数据连接与传输的效能得到了质的飞跃，极大地推动了制造领域数据处理的革新。面对如此庞大的数据规模，如何对其进行高效的管理与利用，已成为一项极具挑战性的任务。为实现数据的高效精准利用，提出一种目标导向的数据采集策略，即依据云平台或边缘节点上特定制造活动的实际需求，进行有选择性、目的性的数据采集。这一策略旨在通过精准定位并采集与制造任务直接相关的数据，从而显著减轻数据处理和管理的负担。此外，数据在云端与边缘端的协同处理也尤为重要，需依据数据特性及其应用场景，进行分类处理，确保在边缘端或云端实现精准优化。经过云端深度处理的数据或模型，将被有效传输至边缘系统，以满足实时应用需求。一般而言，边缘节点优先处理对实时性、安全性要求严苛的数据，而云平台则更倾向于处理结构复杂、周期长且计算资源需求大的数据，以展现其强大的处理能力。

2) 协同建模与仿真技术

在制造系统中，建模仿真技术展现出了极其重要的价值，其影响力贯穿于产品全生命周期，并深刻影响着制造系统的每个环节。该技术具备在制造活动实际开展前，对系统进行深入分析、精确预测及优化的能力，为决策过程提供了坚实的支持。其关键作用在于推动制造系统效率的提升、研发与生产周期的缩短、成本的降低以及产品质量的飞跃。因此，在商务云平台、制造云平台、边缘系统直至制造装备和生产现场等多个层面，建模仿真活动均展现出不可或缺的重要性，这些活动已广泛应用于创新设计、工艺规划、生产调度、现场培训、故障预测等多个关键领域。近年来，随着基于模型的系统工程(MBSE)、模型工程、数字孪生等先进理念与技术的兴起，建模仿真在智能制造系统中的应用得到了进一步的推动。当前研究已聚焦于设计、生产、维护全过程的一体化、全系统、云边端协同建模仿真，研究内容涵盖了一体化建模语言、混合系统建模、模型协同验证与评估、高效能模型解算、分布式仿真引擎以及跨媒体智能可视化等多个维度。这些研究不仅为制造系统的智能化升级提供了动力，也为制造业的可持续发展注入了强大的技术支撑。

3) 制造服务可信评估和保障技术

制造云服务可信性是制造用户采纳云服务的主要障碍。云平台服务种类繁多，交易便捷且成本低廉，但信任问题凸显。制造服务涉及物理资源，云边协同复杂，易出现信息篡改、响应延迟、功能失效等问题，影响服务可信性。因此，需从服务资源，特别是边缘物理资源及云边协同过程，全面评估服务可信性。云边协同智能制造的可信性涵盖服务信息、制造资源、平台服务及全生命周期可信。关键技术包括多维可信评估体系、动态评估技术、大数据服务行为识别技术及区块链可信机制构建技术等。

4) 云边协同调度技术

调度策略对于高效完成制造任务具有至关重要的作用，一直是制造领域研究的热点。在云边协同的制造环境中，云端、边缘端和车间/设备端的服务与资源调度问题呈现出多样化的特征。具体而言，云平台的服务调度涉及在开放、动态、不确定的环境下，对广泛分布的社会制造资源进行跨组织的优化配置。而边缘端和车间/设备端则处于相对封闭的环境中，对调度的实时性和可靠性提出了更高要求。为了实现复杂的制造任务，云端、边缘端和车间/设备端的制造活动必须高度协同，确保在时间和空间上的协调一致。然而，云边端各层面存在的不同程度的不确定性，如物理制造资源状态的变化和动态干扰事件的发生，给调度策略带来了极大的挑战。为了克服当前挑战，实现物理制造资源状态的实时洞察，并对动态干扰事件做出迅捷响应，迫切需要采纳高效、智能且具备自适应特性的调度策略。在这一背景下，一系列关键技术显得尤为重要，它们包括任务需求与服务特征的智能识别技术、订单的动态解耦与资源实时匹配优化技术，以及基于机器学习的多层次协同排产和动态自适应调度技术。这些技术的综合应用，将显著提升制造系统的整体效能与运作效率。

5) 生产过程云边协同管控技术

云边协同智能制造的生产流程呈现为一种高度分布式、网络化和广域协作的范式，其业务流程不仅复杂且充满了不确定性。为适应这一特性，整个生产过程的管控对自动化和智能化的需求日益凸显。在这种模式下，用户的个性化需求得到了更加精确和全面的满足，得以深入嵌入生产环节中。更进一步，用户还能够通过云平台实时跟踪生产过程，甚至直接参与其中，实现更为紧密的生产与消费互动。关键技术的研究与发展至关重要，这包括开发云边一体化的制造执行管理系统，深化沉浸式虚拟孪生技术的应用，强化边缘控制技术的效能，优化跨企业业务流程管理，以及推进智能装备技术和智能化柔性生产技术的创新。这些技术的融合应用将推动云边协同智能制造向更高水平发展。

6) 安全管控技术

随着云上业务持续扩展，供需双方核心数据交换日益频繁，企业技术机密泄露风险显著上升。在云边协同制造系统中，信息系统与物理系统深度融合，导致传统信息安全与物理安全的界限模糊化。这种融合不仅加剧了数据丢失和软件崩溃的风险，更使黑客可能利用云端系统漏洞直接攻击物理系统，引发严重的财务损失乃至人身安全威胁。因此，云边协同制造系统对安全管控的需求愈发迫切，挑战日益严峻。为应对这些挑战，需研发关键技术如云边协同安全架构、身份认证与识别、制造数据防泄露、软硬件接口保护、信号防泄漏与干扰以及标识识别与认证等，以确保云边协同制造系统的整体安全。

7.2.2　边缘节点中制造系统功能与服务的搭建

在当今数字化时代，制造业正经历着深刻的转型和升级。边缘计算作为一种新兴的计算模式，正在为制造业的发展提供全新的解决方案。边缘节点中制造系统功能与服务的搭建成为制造业的一个重要课题，其涉及了边缘计算、物联网、云计算、大数据等多个领域的技术与应用。本节将探讨如何在边缘节点中搭建制造系统的功能与服务，以实现制造业的智能化、自动化和柔性化发展。

1. 确定需求和目标

搭建边缘节点中制造系统功能与服务的第一步是明确需求和目标。这包括确定系统要解决的问题、提升的目标和所需的功能。需求可能包括实时监控、数据分析、预测性维护、生产优化等。同时，明确系统要服务的对象，如生产线、工厂、供应链等。

2. 确定边缘节点布局和拓扑结构

确定边缘节点的布局和拓扑结构是搭建制造系统功能与服务的关键步骤，需要考虑到生产设备的分布情况、数据传输的距离和带宽、边缘节点的位置和数量等因素。合理的边缘节点布局和拓扑结构能够有效地降低延迟，提高数据处理效率。

3. 选择合适的边缘计算设备和传感器

根据系统的需求和边缘节点的布局，选择合适的边缘计算设备和传感器是非常重要的。边缘计算设备应具备足够的计算和存储能力，能够满足系统对实时性和响应性的要求。传感器的选择应考虑到其对数据精度、采样频率、通信协议等方面的要求，以及适应工作环境的耐用性和稳定性。

4. 设计边缘数据采集和传输方案

设计边缘数据采集和传输方案是确保系统正常运行的关键环节。这包括确定数据采集频率、采集方式、通信协议等，以及实现数据传输的安全性和稳定性。通常情况下，可以采用轻量级的通信协议如 MQTT 或 CoAP 来实现边缘节点与设备之间的通信，并通过 TLS/SSL 等加密协议保障数据的安全传输。

5. 开发边缘数据处理和分析模块

开发边缘数据处理和分析模块是实现制造系统功能与服务的关键一步。这涉及对采集到的数据进行处理、分析和挖掘，提取出有价值的信息和知识。可以利用机器学习、深度学习等技术来实现设备状态预测、异常检测、生产优化等功能，并将结果反馈至生产现场进行实时调整和控制。

6. 实现实时监控和控制功能

实现实时监控和控制功能是确保制造系统安全稳定运行的重要一环。通过与生产设备的连接和交互，实时监测生产过程的状态和参数，并根据监测结果进行相应的控制和调度。可以采用可视化界面或仪表盘来实现对生产过程的实时监控，并通过报警系统实现对异常情况的实时响应。

7. 部署和测试

完成开发后，需要对系统进行部署和测试。部署时需要考虑到系统的稳定性、可靠性和安全性，确保系统能够正常运行并满足预期的性能指标。测试阶段可以采用模拟环境或实际生产场景进行测试，发现并解决潜在的问题和缺陷。

8. 迭代优化

制造系统功能与服务的搭建是一个持续改进的过程。在系统投入使用后，需要不断收集反馈信息，对系统进行优化和改进。可以利用数据分析和用户反馈等方式，发现系统存在的问题和瓶颈，并及时进行调整和改进，以不断提升系统的性能和用户体验。

7.3　智能制造中的中台技术

在智能制造的实践中，中台技术扮演着至关重要的角色。首先，中台技术在智能制造中的作用体现在其促进工业生产转型升级的能力上。随着科技的进步和市场需求的变化，传统的生产模式和管理方式已经难以满足当今工业生产的需求。中台技术通过整合各个环节的资源，构建起高效的生产运营体系，推动企业从传统制造向智能制造的转变。例如，通过建立数字化工厂平台，实现设备之间的信息共享和协同生产，提高生产效率和灵活性；通过大数据分析和人工智能技术，优化生产计划和供应链管理，降低生产成本和库存压力。这些都为企业实现生产方式的升级和转型提供了重要支撑。

其次，中台技术在提升生产效率方面发挥了重要作用。在传统的生产模式中，信息孤岛的存在以及各个环节之间的数据无法有效共享，导致生产过程中存在着信息不对称、资源浪费等问题，限制了生产效率的提升。而中台技术的应用可以打破这种局面，实现生产过程的数字化、网络化和智能化。中台技术通过建立统一的数据标准和开放的接口，将生产过程中产生的数据进行整合和分析，实现对生产过程的实时监控和调整，提高了生产的精准度和响应速度。同时，中台技术还可以通过智能化的生产调度和资源配置，优化生产过程中的各项指标，提高了生产效率和产能利用率，降低了生产成本和能耗水平。

此外，中台技术还在优化资源配置方面发挥了重要作用。在传统的生产模式中，信息不对称和资源分散，导致了生产过程中资源配置不均衡、效率低下的问题。而中台技术可以通过整合和共享资源，实现资源的优化配置和高效利用。例如，通过建立数字化的供应链平台，实现生产计划和物流配送的智能化和协同化，降低了物流成本，缩短了交货周期；通过建立工业互联网平台，实现设备之间的信息共享和协同生产，提高了设备利用率和维护效率。这些都为企业实现资源的最大化配置提供了重要支撑，提高了企业的竞争力和可持续发展能力。

如图 7-5 所示，中台的主流分类有数据中台和业务中台双中台，也有一些其他非主流的中台种类，如技术中台。业务中台是指在企业内部将各业务领域的业务逻辑、流程和数据进行整合和重构，形成一个可复用、可扩展、可升级的中台平台，提供标准化的服务和产品，帮助企业实现业务协同和业务创新。而数据中台是指在企业内部将各业务领域的数据进行整合和共享，构建一个数据生态系统，提供数据服务和数据产品，帮助企业实现数据价值最大化。接下来，本节将针对中台技术在智能制造的发展，从业务中台、数据中台和中台的细分化三个方面展开具体的描述。

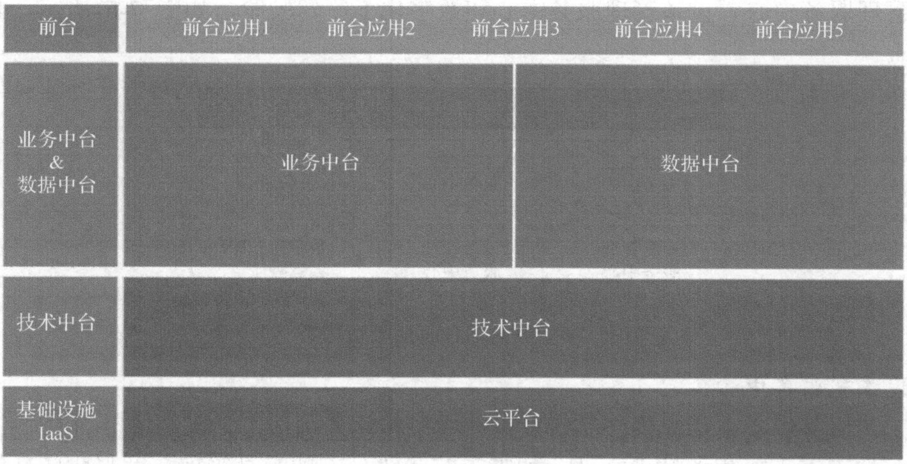

前台
前台应用1　前台应用2　前台应用3　前台应用4　前台应用5
业务中台
&
数据中台
业务中台
数据中台
技术中台
技术中台
基础设施
IaaS
云平台

图 7-5　中台的分类

7.3.1　业务中台

在智能制造的数字化转型中，业务中台扮演着举足轻重的角色。它不仅是数字化中台的关键组成部分，更是管理理念和管理方法的集中体现。业务中台以制造为核心，以数据为动力，为打破企业传统的孤立、封闭式“烟囱”业务模式，致力于统一并标准化企业业务数据对象，实现制造业务服务的无缝共享，进而为企业提供智能决策分析的有力支持，推动企业向开放、互联、智能的方向发展。

作为制造业务的服务平台，业务中台的功能丰富而全面。它负责数据存储、数据规范、数据分享，同时优化业务流程、效益分析、数据挖掘，覆盖了产品全生命周期的各个环节，包括设计、工艺、生产、质量、创新，以及供应链协同中的市场、计划、采购、物流、生产、销售、售后等。此外，它还为企业财务、人力资源、设备管理、能源管理、安全环保和综合办公等提供数据分析服务。

在业务中台的构建过程中，采取了一种创新的架构，即将前端执行系统（涵盖生产执行、仓库管理、物流管理、产品数据管理、设备运维管理等）与后端支撑系统（如企业资源计划和商务智能管理系统）相融合，构建了一个集中的制造服务核心。这种设计不仅实现了前后端系统的无缝整合与流程优化，更推动了企业向运营分析智能化的高阶演进。在智能制造业务中台构建的过程中，数据无疑是基石中的基石。立足于企业既有的标准化、规范化和流程化管理理念，需确立以大数据为核心的创新驱动观念，进而构建一个能够赋能企业管理持续优化、智能预警、快速决策和专项分析能力的业务中台服务。这一平台将成为企业实现智能转型的关键支撑。

在智能制造领域，数字化业务中台的建设应紧密聚焦于制造相关业务。通过提炼和集中管理共性特点与要素，实现业务的抽象化、集中化与服务化，从而构建一个智能制造业务共享服务中心。这一中心将为前后台业务提供全面、可复用、可迭代及赋能的支持，助力企业实现智能制造的转型升级。

业务中台智能制造服务主要包括研发工艺服务中心、供应链服务中心、生产现场服务中心、质量管理服务中心、设备管理服务中心和数字化工厂驾驶舱，如图 7-6 所示，具体内容如下。

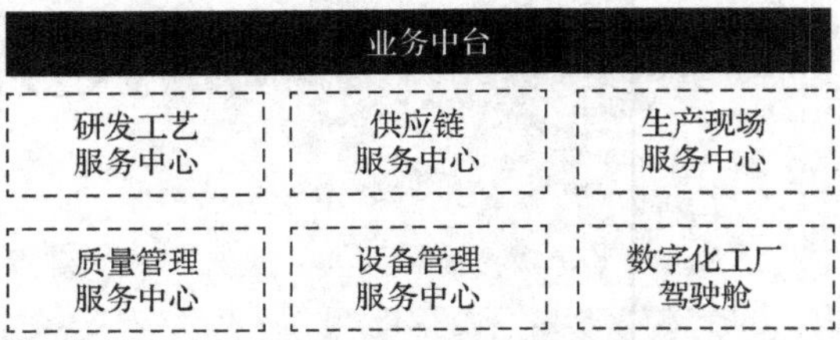

业务中台

研发工艺服务中心	供应链服务中心	生产现场服务中心
质量管理服务中心	设备管理服务中心	数字化工厂驾驶舱

图 7-6　业务中台智能制造服务

1）研发工艺服务中心

研发工艺服务中心主要提供产品研发设计成果转化为制造工艺、制造 BOM、工程变更、加工过程、加工工步、相关技术文件、加工工艺路线、工装工具管理，并形成闭环管理。这可以获取相应的实际执行过程中的加工工时、实际装配清单、工程变更执行等，并可以依托大数据进行分析和对加工工时、节拍、瓶颈等进行优化、调整、变更等，实现数字化装配、虚拟装配和装配仿真，还可以追溯产品的装配过程。

2）供应链服务中心

供应链服务中心覆盖产品制造相关的计划、采购、生产、仓储、物流等业务环节，形成从订单评审、交期确定、主生产计划、上线顺序排产计划、物料需求计划、采购计划、到货计划、仓储能力平衡、物流配送计划、生产执行到销售订单交付计划的闭环计划管理，实现集成计划管理服务；基于有限产能约束条件和物料可用性的检查，对计划的执行过程进行跟踪监控，并且根据库存、到货、产能、订单需求等进行快速响应和运筹决策，及时调整计划，并指挥前台的业务系统（如 MES/WMS/LES 等）予以执行。

3) 生产现场服务中心

生产现场服务中心与生产执行系统的融合实现了对排产工序计划的即时获取、计划进度的动态更新以及产能数据的实时追踪，同时支持车间现场对技术工艺文件的便捷查阅以及 VR/AR 技术的虚拟装配指导；与生产现场检验系统、检验设备、加工设备、加工过程控制系统集成，采集设备状态、材料配送及消耗、加工工艺参数、产品检测参数、环境参数信息，提供数据归集、归类、清洗服务和呈现服务，指导生产现场运作。

4) 质量管理服务中心

质量管理服务中心实现产品质量的全面管理，从产品研发设计、零部件寻源及供应商准入、首件鉴定、小批量试制、大规模生产、不合格品检测、售后、三包及索赔直至产品或零部件退市，实现产品及零部件全生命周期的质量管理，并且将各个阶段的检验结果进行数据采集、检测结果收集、归纳并分析产品及零部件的动态质量趋势，进行相应的质量预测和质量研判，为持续质量改进和产品零部件设计提供数据支撑，实现对供应商的质量评估和产品质量的全程追溯。

5) 设备管理服务中心

设备管理服务中心实现对设备的全生命周期管理，从设备的技术立项、采购、安装验收、设备台账、运维保养、日常监控、检修计划、日常维修、预防性维护、设备改造直到设备报废及退出等，实现与设备的数据采集，可以获取设备的日常运行状态，可以实时展现设备的各项运行参数，实现设备数字孪生。

6) 数字化工厂驾驶舱

数字化工厂驾驶舱实现整个智能制造工厂的数字化展示，从计划、采购、制造、仓储、物流、设备到安全等各个业务环节，全面、即时地展示工厂的运行状态，实现工厂的可视化，同时展示工厂运营的相关绩效指标，实现工厂的持续优化与改进。

7.3.2 数据中台

数据中台是指企业在数据存储、管理、加工和应用方面构建的统一平台，为企业提供数据汇聚、一致性、共享和交换等服务，以支持企业内外部业务的需求。数据中台的目标是将所有的数据资源进行整合和统一，形成一个可被所有系统和业务所使用的数据服务，从而实现数据的集中管理和更有效的利用。

位于业务前台与技术后台之间的数据中台，作为核心中间件，致力于将业务需求的数据能力抽象化、共享化。其关键职能在于将企业内部数据转化为宝贵的数据资产，通过集成数据能力组件与高效运行机制，实现数据的汇聚接入、整合、清洗、建模与深度挖掘分析。进而，以共享服务模式将数据资源提供给业务端，构建与业务紧密联动的机制。结合业务系统的数据生成能力，数据中台成功搭建了一个数据生产、消费与再生的闭环生态系统，通过持续的数据利用、智能生成及业务反馈，实现了数据价值的最大化与变现。

从战略部署的视角审视，数据中台由多个关键组件构成，包括数据资产管理平台、数据智能分析平台、资源发布与展示平台以及资源服务共享平台。其中，数据资产管理平台作为核心组件，其首要任务是将数据转化为可量化的资产，实现数据的资产化管理与价值最大化；数据智能分析平台则专注于将数据转化为智能决策支持；资源发布与展示平台致力于将数据融入具体业务场景；而资源服务共享平台则聚焦于将数据服务化，以满足不同业务部门的需求。

1. 数据资产管理平台

数据资产管理平台旨在构建对媒体数据资产的全面管控能力，该平台集数据采集、数据融合、数据治理、数据组织管理以及智能分析等多功能于一体。其最终目标是通过以服务为导向的数据供给，优化前台应用的性能，从而提升业务运行效率，并持续推动业务创新。

该平台聚焦于多元化数据资源的汇聚与管理，涵盖企业数据、产品数据、运营数据、行为数据以及外部互联网资源等。它通过建立统一的数据标准和管理体系，为业务方提供标准化的基础数据服务。同时，秉持数据多样性的全域视角，平台将数据化应用于内容资源，深入探索数据间的内在联系，从而挖掘并释放数据的潜在价值。此外，借助自动专题、定制专题等功能，平台实现了业务库、专题库的迅速构建，为用户提供高效、灵活的数据库创建能力。

2. 数据智能分析平台

数据智能分析平台为媒体机构赋予了认知智能与业务智能两大核心 AI 驱动力。在认知智能层面，平台借助机器学习、深度学习和迁移学习等尖端技术，实现了自然语言处理、图片识别、OCR 识别和视频分析等核心功能，为媒体数据的智能化处理提供了坚实的技术后盾。而在业务智能层面，平台在认知智能的基础上，整合了一系列通用的业务服务能力，为媒体机构提供了数据的深度加工和业务深入分析。这些业务智能功能，包括智能推荐、用户画像、内容标引、专题分析、内容审校和智能专题等，极大地提升了媒体内容的个性化、精准化和智能化水平。通过大数据中心能力平台的构建，数据智能分析平台显著提升了媒体机构的智能处理能力，不仅实现了能力的复用，降低了开发成本，还推动了媒体产品的创新。该平台的最终目标是构建媒体 AI 能力，为媒体机构内外提供全方位的 AI 支持，从而推动媒体行业从数字化向智能化的转型升级。在媒体生产的各个环节，如智能发布、媒体运营、传播效果评估和舆情分析等方面，数据智能分析平台都能提供智能辅助，助力媒体机构实现更高效、更精准的决策。

3. 资源发布与展示平台

资源发布与展示平台是媒体数据中台的关键展示界面，对于媒体机构而言，它扮演着将数据和能力统一封装并集中展示的角色。该平台作为服务于相关用户的共享资源统一门户，实现了共享资源的统一呈现，并提供了资源的检索、资源的灵活组织与页面发布功能。同时，该平台还具备灵活的权限管理，旨在构建一个“一门式”服务平台，为用户提供便捷、高效的服务体验。资源发布与展示平台主要由两个部分组成：前台资源展示部分和后台资源发布部分。前台资源展示部分主要面向用户，为媒体数据中台的内容数据提供浏览和使用功能，包括但不限于网站门户首页的展示、浏览频道的导航、浏览文章的详细阅读，以及智能检索能力的集成等。这些功能使用户能够轻松获取所需信息，提升用户体验。后台资源发布部分则侧重于用户和内容的管理。它涵盖了内容管理、菜单管理、模板管理、标记管理和用户管理等模块。内容管理允许管理员对平台上的内容进行添加、编辑、删除等操作，确保内容的准确性和时效性。菜单管理则用于构建和维护网站的导航结构，方便用户浏览和定位信息。模板管理提供了灵活的页面布局和样式设计功能，使得平台界面更加美观和个性化。标记管理用于对内容进行分类和标签化，便于用户检索和发现相关内容。用户管理则负责用户账号的创建、权限分配和安全管理等工作，确保平台的安全性和稳定性。

4. 资源服务共享平台

当媒体机构成功打破“信息孤岛”，整合分散异构资源，建立数据资产与AI能力后，关键在于将这些能力转化为对外服务，实现价值最大化。在此过程中，资源服务共享平台发挥了重要作用。目前，企业面临三大资源共享挑战：数据需求方因格式不统一、提取效率低及直接获取困难而受阻；数据所有者面临开发效率低下、授权管理体系不完善、服务方式滞后及调用关系复杂等管理难题；双方间数据互联互通障碍及服务方式单一，难以满足大数据时代的共享需求。

为应对这些挑战，资源服务共享平台通过封装数据与分析能力将标准化API服务接口，以微服务形式提供数据服务与能力支持。该平台不仅创建数据服务资源目录，还实现数据接口的快速开发与发布，实时响应业务需求。通过可视化配置，平台简化API的创建、发布、版本与文档管理，降低运维成本。媒体数据中台由数据资产管理、智能分析、资源发布与展示、服务共享四个平台构成，它们相互支持，贯穿数据采集、存储、分析与发布全流程，共同构建数据中台的整体系统架构。

7.3.3　中台的其他细分

除了上面介绍的数据中台和业务中台，中台根据不同的功能和服务，还存在其他的细分。以下是一些其他常见的中台细分化及其描述。

1. 技术中台

技术中台是指在企业内部搭建的一个统一的技术基础设施和服务平台，旨在为不同业务部门提供共享的技术资源和支持，以降低开发成本、提高开发效率、提升系统稳定性和可扩展性。技术中台的核心理念是将企业内部的技术能力进行抽象和统一，通过建立通用的技术框架、开发工具、基础设施和平台服务，为业务线提供统一的开发和运行环境，从而实现技术能力的共享和复用。

技术中台通常包括以下几个方面的功能和服务。

(1)技术框架和标准化规范：制定通用的技术框架和开发规范，包括架构设计、组件选型、代码规范等，为业务开发提供统一的技术基础。

(2)开发工具和平台服务：提供丰富的开发工具和平台服务，包括代码管理、版本控制、持续集成/持续部署、测试自动化、监控报警等，以提高开发效率和质量。

(3)基础设施和平台服务：提供通用的基础设施和平台服务，包括云计算平台、容器化技术、存储服务、计算服务等，为业务应用的部署和运行提供稳定可靠的基础支持。

(4)技术能力的积累和创新：通过技术研究和探索，不断提升技术中台的能力和水平，为企业提供持续的技术竞争优势。

2. 运营中台

运营中台是指在企业内部搭建的一个集中化的运营管理平台，旨在整合和优化各项运营活动，提升运营效率和效果。运营中台的核心任务是通过统一的数据管理、运营监控、数据分析等功能，实现对业务运营全流程的管控和优化，从而帮助企业更好地实现业务目标和提升竞争力。

运营中台通常包括以下几个方面的功能和服务。

(1) 数据管理和统一视图：运营中台整合各个业务线的数据来源，建立统一的数据仓库或数据湖，实现数据的统一管理和分析，为运营决策提供全面的数据支持。

(2) 运营监控和实时报警：运营中台通过监控各项业务运营指标和关键性能指标，实时反馈系统运行状态，及时发现和解决问题，保障业务的稳定运行。

(3) 数据分析和洞察发现：运营中台利用数据分析技术，对业务运营数据进行深度挖掘和分析，发现用户行为、市场趋势等有价值的信息，为业务优化和决策提供洞察和支持。

(4) 运营决策和优化推荐：基于数据分析结果，运营中台为业务提供智能化的决策和优化推荐，帮助业务线制定合理的运营策略和方案，提升业务效率和效果。

(5) 用户体验管理和服务支持：运营中台关注用户体验，通过监控用户反馈和行为数据，优化产品功能和服务流程，提升用户满意度和忠诚度。

3. 风控中台

风控中台是指在企业内部建立的一个集中化的风险管理平台，旨在通过整合各项风险管理活动，统一管理和管控企业面临的各类风险，从而保障业务的安全稳定运行。风控中台的核心任务是通过风险识别、评估、监控和应对等功能，实现对企业风险的全方位管控和防范，以确保业务的正常运行和持续发展。

风控中台通常包括以下几个方面的功能和服务。

(1) 风险识别和评估：风控中台通过监控业务流程和交易行为，识别和分析潜在的风险因素，对各类风险进行量化评估和分级分类。

(2) 交易风险管理：风控中台对企业交易活动进行监控和分析，识别可疑交易和异常行为，及时采取措施进行风险控制和防范。

(3) 身份认证和权限控制：风控中台提供身份认证和权限管理服务，确保用户身份的真实性和合法性，防止未授权访问和操作。

(4) 反欺诈和反洗钱：风控中台通过风险模型和算法，识别和阻止欺诈行为和洗钱活动，保护企业财产安全和声誉。

(5) 信用评估和信用风险管理：风控中台对客户信用进行评估和管理，制定信用策略和措施，控制信用风险的发生和扩大。

(6) 合规监管和报告：风控中台协助企业遵守法律法规和监管政策，及时报告风险事件和违规行为，降低合规风险和法律责任。

4. 人工智能中台

人工智能中台是指在企业内部构建的一个集中化的人工智能服务平台，旨在提供人工智能相关的技术支持和服务，以促进人工智能在企业内部的应用和落地。人工智能中台的核心任务是通过统一的模型开发、训练、部署和管理平台，为企业各业务部门提供统一的人工智能技术支持，推动人工智能在企业内部的普及和应用。

人工智能中台通常包括以下几个方面的功能和服务。

(1) 数据准备和标注：人工智能中台提供数据准备和标注的工具和平台，帮助用户收集、清洗和标注数据，为模型训练提供高质量的数据支持。

(2) 模型开发和训练：人工智能中台提供模型开发和训练的工具和平台，支持各种机器学习和深度学习算法，帮助用户构建和训练各类人工智能模型。

(3) 模型部署和服务化：人工智能中台提供模型部署和服务化的工具和平台，帮助用户将训练好的模型部署到生产环境，并提供稳定可靠的模型服务。

(4) 模型监控和管理：人工智能中台提供模型监控和管理的工具和平台，帮助用户实时监控模型性能和运行状态，及时发现和解决问题，确保模型的稳定运行。

(5) 模型优化和迭代：人工智能中台支持模型优化和迭代，通过对模型性能进行评估和分析，持续改进模型效果和性能。

5. 服务中台

服务中台是指在企业内部建立的一个集中化的服务管理平台，旨在统一管理和调度企业内部各种服务，包括软件服务、硬件服务、数据服务等，以实现服务的标准化、共享化和复用化。服务中台的核心任务是通过统一的服务注册、服务调用、服务治理和服务监控等功能，为企业内部各业务部门提供统一的服务支持和管理平台，提高服务的可用性、可靠性和效率。

服务中台通常包括以下几个方面的功能和服务。

(1) 服务注册和发现：服务中台提供服务注册和发现的功能，将企业内部各种服务注册到统一的服务目录中，并通过统一的服务命名和标识，实现服务的统一管理和调度。

(2) 服务调用和调度：服务中台提供服务调用和调度的功能，为业务系统提供统一的服务调用接口和调度策略，实现服务的灵活调用和动态调度。

(3) 服务治理和管理：服务中台提供服务治理和管理的功能，包括服务安全、服务质量、服务监控等，帮助企业管理和控制服务的运行状态和性能指标。

(4) 服务监控和报警：服务中台通过监控服务运行状态和性能指标，实时反馈服务的运行情况，及时发现和解决问题，保障服务的稳定运行。

(5) 服务共享和复用：服务中台促进服务的共享和复用，通过统一的服务接口和规范，实现服务的标准化和通用化，降低了服务的开发和维护成本，提高了服务的复用率和效率。

6. 生态中台

生态中台是指在企业内部或跨企业间构建的一个开放的生态系统平台，旨在促进合作伙伴和开发者参与生态建设，共享资源和价值，实现生态系统的共赢发展。生态中台的核心任务是通过构建开放的生态平台和生态服务体系，促进企业内外各方的合作和创新，实现资源的共享、价值的共创、利益的共享，推动生态系统的良性发展和持续壮大。

生态中台通常包括以下几个方面的功能和服务。

(1) 生态平台建设：生态中台建设一个开放的生态平台，为合作伙伴和开发者提供统一的入口和服务接口，方便他们参与生态建设和开发应用。

(2) 生态服务体系：生态中台构建生态服务体系，提供各种生态服务和支持，包括技术支持、市场推广、客户服务等，帮助合作伙伴和开发者顺利开展业务。

(3) 资源共享和开放 API：生态中台提供资源共享和开放 API，使合作伙伴和开发者可以便捷地获取和利用平台的各种资源，促进生态系统的蓬勃发展。

(4) 合作伙伴生态建设：生态中台积极开展合作伙伴生态建设，与各类企业、开发者和创新者展开合作，共同推动生态系统的发展和壮大。

(5)价值共创和共享：生态中台倡导价值共创和共享，鼓励合作伙伴和开发者共同创造和分享价值，实现利益的共享和共赢。

这些中台的细分化各有侧重，但共同的目标是提升企业的运营效率、降低成本、提高服务质量，推动企业数字化转型和创新发展。

思考与练习

7-1　请解释什么是云计算？并列举其分类。
7-2　云服务与制造系统的结合方式有哪些？请列举至少 5 点，并叙述对应的优势。
7-3　云服务与制造系统结合的挑战有哪些？请列举至少 4 点。
7-4　智能制造中的边缘节点技术指什么？
7-5　请解释什么是云边体系？它能为制造系统带来什么优势？
7-6　云边协同智能制造系统概念模型包括哪几个部分？具体介绍每个部分的功能。
7-7　云边协同智能制造系统关键技术有哪些？请列举至少 5 点。
7-8　智能制造中的业务中台包括哪些服务中心？具体叙述每个服务中心的作用。
7-9　数据中台包括哪些组成部分？具体介绍每个部分的功能。
7-10　除了业务中台和数据中台，中台的细分化还有哪些？

第 8 章　智能制造系统集成——多智能体制造系统

多智能体制造系统(multi-agent manufacturing system，MAMS)是指由多个智能体(即具有独立决策能力和通信能力的实体)组成的制造系统。这些智能体可以是机器人、传感器、执行机构、工作站等，它们能够相互通信、协作并共同完成制造任务。

8.1　多智能体制造系统中的关键技术

8.1.1　智能体

智能体(agent)没有统一的定义，其概念来源于人工智能学科，Franklin 等将 Agent 称为能感知环境并对环境做出反应的智能个体，这一定义与工业领域最为契合。Agent 可以建立独立的事件流程管理机制，感知外部信息并做出反应。Agent 基本架构如图 8-1 所示，在人工智能领域，Agent 能够感知身体内部运行状态和所处环境的变化信息，具有推断和决策功能。Agent 能够进行自主决策，可以通过对外部环境和内部状态感知确定当前做出何种动作。同时多个 Agent 之间能够进行信息交互，可以通过协商共同完成某一复杂的活动。人工智能领域对 Agent 的研究主要集中于如何认知环境、如何模拟人类活动以及如何提升学习能力等。

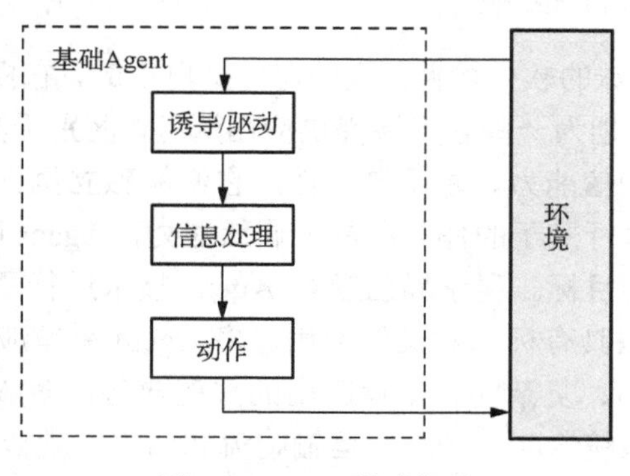

图 8-1　Agent 基本架构

随着研究的深入，在 Agent 基本架构的基础上诞生了其他类型的架构，其中，认知型和反应型结构是单个 Agent 建模时考虑最多的两种理论架构(图 8-2)，两者都需要知识库的支持。与 Agent 基本架构不同，认知型 Agent 还会考虑 Agent 内部状态信息。在 Agent 接收外界信息后，内部状态信息会与外部信息进行语义融合，产生符合当前状态的描述，该描述会驱动知识库制定计划。而反应型 Agent 没有信息处理分析过程，外部刺激后，知识库能够支持迅速做出反应。需要注意的是，当 Agent 应用于具体工程时，其内部结构还需要考虑具体的应用对象，本书应用对象为制造车间，Agent 与车间中的设备、工件、人员以及特定的功能对应。

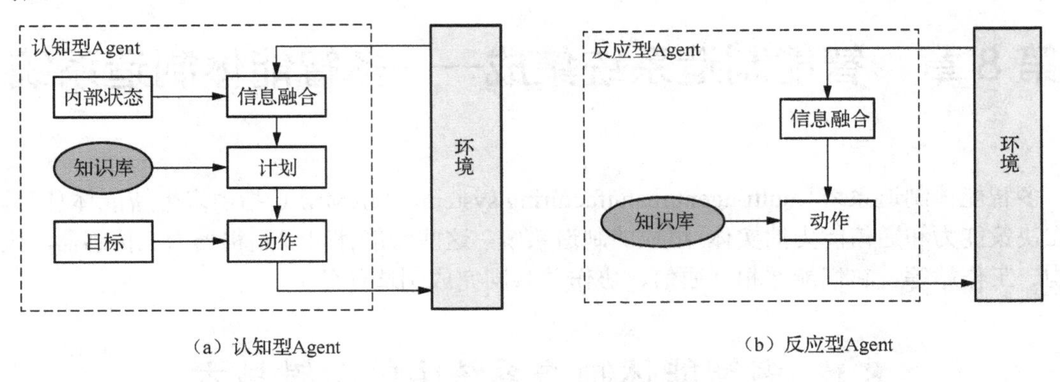

图 8-2　认知型 Agent 和反应型 Agent

就表现形式上来看，Agent 是一段软件层面的程序。国际上为了规范 Agent 程序的编写，由 FIPA(Foundation for Intelligent Physical Agents)组织制定了 Agent 程序的一系列软件标准，包括 Agent 如何在软件系统中注册、如何管理以及如何集成。遵循这一系列的软件编写规定，多个大学联盟和公益组织设计了多项 Agent 程序的开发框架，其中 JADE(Java Agent DEvelopment Framework)是一个完全用 Java 语言实现的软件框架，它符合 FIPA 规范，提供了用于 Agent 内部模块和多 Agent 之间通信的消息中间件，同时给出了多 Agent 时的注册框架并提供黄页服务。本书所涉及的智能体中的逻辑部分将采用这一软件框架完成相关程序的编写。

8.1.2　智能体软件设计框架

Agent 本质上是一类特殊的软件构件，这种构件是自主的，它提供与任意系统的接口，类似人类行为，按照自己的规划为一些客户端提供应用服务。区别于其他事物，Agent 的特征主要包括自主性、主动性和通信能力。基于自主性，它们能独立执行复杂的、长期的任务；基于主动性，它们可以主动执行赋予的任务；基于通信能力，Agent 可以与其他实体进行交互，协作实现自身和其他实体的目标。科学界已经对 Agent 技术进行了多年的讨论和研究，但最近它才在商业领域得到一些具有标志意义的作用。多 Agent 系统应用日益广泛，从较小的个人辅助系统，到大型开放的、复杂的、工业应用的关键业务。多 Agent 系统得到成功应用的工业领域包括过程控制、系统诊断、控制、运输物流和网络管理等。

FIPA 是 1996 年建立的，作为一个国际性非营利组织，它主要负责制定和软件 Agent 技术相关的一系列标准。FIPA 标准提出的核心观念是 Agent 通信、Agent 管理和 Agent 抽象体系结构。

(1) Agent 通信：Agent 之间是使用 Agent 通信语言(ACL)进行交互的。FIPA-ACL 是基于言语行为理论的，强调消息代表了一种行为或者通信行为，同时，根据消息的目的、表达方式等不同，定义消息行为有通知、请求、同意、拒绝等，其涵盖了基本通信中最常用的行为方式。

(2) Agent 管理：Agent 管理框架中，兼容 FIPA 的 Agent 是可以存在、进行操作和有效管理的，其为 Agent 的创建、注册、定位、通信、迁移和操作建立了逻辑参考模型。

(3) Agent 抽象体系结构：Agent 抽象体系结构允许建立具体实现，同时提供它们之间的互操作机制，包括传输和解码的网关转换。这种结构详细定义了 ACL 消息结构、消息传输、Agent 目录服务，并将目录服务指定为强制性的服务。

JADE 是基于 Java 语言的 Agent 开发框架，是由 TILAB 开发的开放源代码的自由软件。JADE 是多 Agent 开发框架，遵循 FIPA 规范，提供了基本的命名服务、黄页服务、通信机制等，可以有效地与其他 Java 开发平台和技术集成。JADE 架构的适应性很强，不仅可以在受限资源环境中运行，而且可以与其他复杂架构集成到一起，如 Net 和 Java EE。它包括一个 Agent 赖以生存的运行环境、开发 Agent 应用的类库和用来调试与配置的一套图形化的工具，简化了一个多 Agent 系统的开发过程。

JADE 主要由 3 部分组成：①智能体赖以生存的一个运行环境；②程序员用来开发智能体应用的一个运行库；③一系列图形工具，帮助用户管理和监控运行时智能体的状态。

JADE 网站是 https://jade.tilab.com。这个网站中提供了 JADE 的下载软件以及 API 帮助文档、实例代码和使用方法等大量有用信息。另外，也可以在下载后的 jade/doc/index.html 中查找相应的文档。

由 FIPA 定义的标准 Agent 开发平台参考架构如图 8-3 所示。

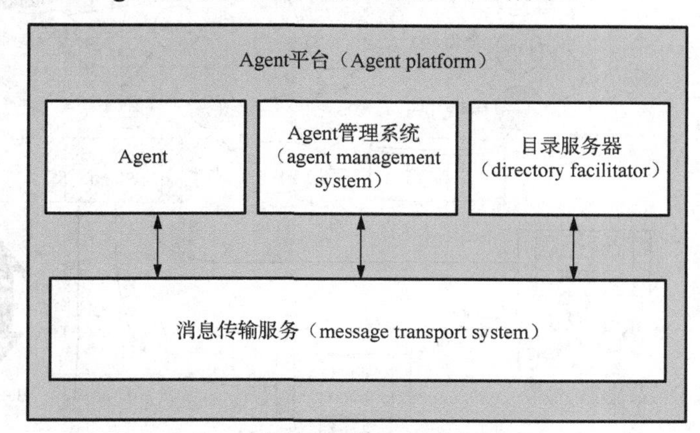

图 8-3　Agent 开发平台参考架构

(1) Agent 管理系统（agent management system，AMS），负责控制平台内 Agent 的活动、生存周期及外部应用程序与平台的交互，Agent 的身份标识包含在 Agent 标识符 AID 中。

(2) 目录服务器（directory facilitator，DF），负责对平台内的 Agent 提供黄页服务，注册服务类型以供查找。

(3) 消息传输服务（message transport system，MTS），是 Agent 平台提供的一种服务，主要用来在指定的不同 Agent 平台上的 Agent 之间传递 FIPA-ACL 消息。

8.1.3　多智能体系统

多个 Agent 构成的集合能够形成多智能体系统（multi-agent system，MAS）。MAS 能够通过 Agent 自身的智能行为和 Agent 之间的协商行为，实现统一全局目标。在 MAS 思路下，复杂系统可以分解为多个独立的个体，这些个体可以是实物或是功能，然后通过一定手段封装成 Agent。单个 Agent 具备“自治”的能力，能够独立开展活动，同时，Agent 之间能够进行信息交互和协作，最终多个 Agent 共同完成复杂系统的自组织运作。在 MAS 中，因各 Agent 的目标不同、功能不同、感受信息不同，需要在 Agent 之间建立有效的协商机制，使系统的性能达到最优。

如何实现多 Agent 系统，使其能够真正使用于制造系统依旧是目前研究的主要难点，目前研究者采用的典型的多 Agent 制造系统模式如图 8-4 所示。在这种模式下，车间层所有设备的控制器和传感装置都默认安装了统一的数据交互接口，如 OPC UA 或者 MTConnect，并通过相应的数据处理，将从底层设备所提取的数据转变为系统利用的信息包或者知识体。在服务端，设计人员建立了对应于车间层实体的 Agent 程序，每个 Agent 程序即一个线程，依靠从车间层提取的信息驱动程序运作。在 Agent 程序完成决策后，同样依靠统一的数据交换接口将行为指令发送给对应的实体设备。

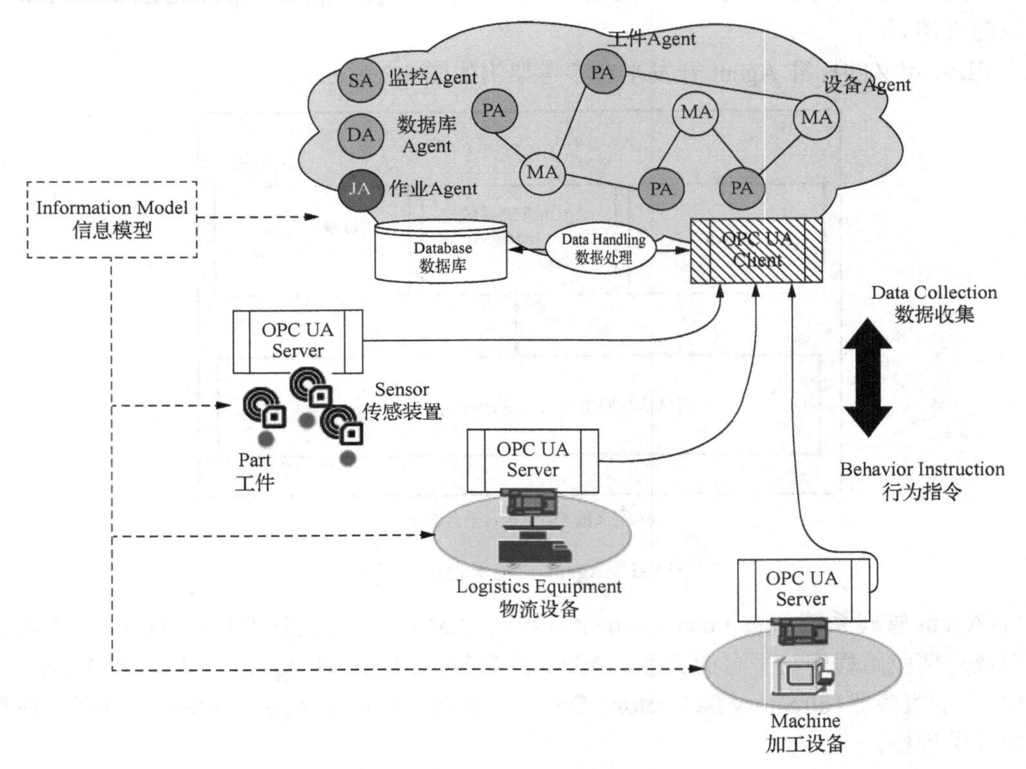

图 8-4　典型的多 Agent 制造系统模式

多 Agent 制造系统中，单个 Agent 具有自治特性，Agent 之间通过一定的协商机制进行信息交流与合作，共同完成生产任务。MAMS 通过一定的协商机制把多个 Agent 关联起来，既可以发挥 Agent 的自治特性，又可以充分利用 Agent 群体的资源和优势来弥补个体的局限性，进而使得整个制造系统的性能和效率远远大于单个 Agent。

8.2　基于物联技术的 Agent 封装

8.2.1　Agent 的映射

Agent 的映射方式、映射粒度决定了整个系统的结构和性能。目前尚没有一套完善而统一的理论体系来指导 Agent 的映射工作，Agent 如何进行映射通常依赖于开发人员对于整套系统的理解和进行 Agent 开发的经验。

在 MAS 的研究领域中，目前有两种主流的 Agent 映射方式。

(1) 按照功能模块进行映射：将制造系统划分为不同的功能模块，如物流优化模块、订单选择模块和动态调度模块等，然后将不同的功能模块映射成不同的 Agent，各个 Agent 功能模块之间通过感知和通信完成任务。

(2) 按照物理实体进行映射：制造车间存在很多制造装备，制造装备具备自治性、交互性、反应性和主动性，将不同的制造装备映射成不同的 Agent 是非常简单而又自然的，如将 AGV 映射为 AGV-Agent，将仓库映射为仓库 Agent 等。

在上述两种映射方式中，按照功能模块进行映射需要开发人员具备良好的系统模块化能力，难度相对较高，而且如果车间系统比较庞大，那么单个功能模块所承载的负载压力会比较高。按照物理实体进行映射是传统 MAS 常用的 Agent 映射方式，它将制造装备与 Agent 一一对应，具有建模简单、扩展性强和容错高的优点，适合大规模分布式制造系统，但也因为 Agent 相对更加离散的特点对动态事件的反应性较差。因此本书将这两种映射方式相结合，按照制造装备进行映射的同时在全局构建一个专门用于动态扰动事件监控的监控 Agent。

8.2.2　基于物联网的 Agent 封装步骤

基于物联网技术的 Agent 封装通常指的是一种软件或系统，负责在物联网环境中，作为 Agent 与设备或传感器进行通信、数据交换和控制的功能。Agent 在物联网系统中充当了中介角色，协调管理多个物联设备之间的通信和数据传输。

实现物联网 Agent 封装的步骤如下。

(1) 设备接入和通信协议支持：确定需要接入的设备类型，以及支持这些设备所需的通信协议和通信接口。

(2) Agent 软件开发或选择：开发或选择适合需求的 Agent 软件，它应能够支持设备管理、通信协议适配等功能。

(3) 数据处理和存储设计：设计合适的数据处理机制，确定数据的存储方式和存储介质。

(4) 安全性和认证机制：设计安全性措施，确保通信的安全性和数据隐私，包括加密、认证等机制。

(5) 测试和部署：进行功能测试和集成测试，确保 Agent 封装与物联设备的兼容性和稳定性，最后进行部署和实施。

8.2.3　Agent之间的交互设计

1. 通信协议和标准化

选择合适的通信协议：确定可适用于系统的通信协议，确保不同 Agent 之间能够进行有效的通信。常见的包括 MQTT、CoAP、HTTP 等。

统一的通信标准：建立一致的通信标准和接口，使不同 Agent 能够遵循同一套规范进行通信，提高互操作性。

2. 数据格式和内容定义

共享数据模型：设计统一的数据模型或格式，确保不同 Agent 之间能够理解和解释传输的数据，实现数据的共享和交换。

定义消息格式：确定消息格式和内容，包括标识、数据类型、数据结构等，便于消息在 Agent 之间的解析和处理。

3. 通信安全和身份验证

数据加密：在传输过程中使用加密技术确保数据的安全性，防止数据泄露或篡改。

身份验证机制：使用有效的身份验证方法，确保只有合法的 Agent 才能进行通信和数据交换，保护系统安全。

4. 异常处理和反馈机制

异常处理：设计有效的异常处理机制，当出现通信故障或数据错误时，能够及时发现、识别并处理问题。

反馈和状态更新：为实现 Agent 之间的实时通信，建立反馈和状态更新机制，确保各 Agent 获知其他 Agent 的状态和动态信息。

5. 任务协作和任务分配

任务协作：设计协作机制，使得各 Agent 能够相互协作，完成更复杂的任务。

任务分配：确定任务分配策略，合理分配任务给不同的 Agent，提高系统效率。

6. 性能和扩展性考虑

性能优化：设计高效的交互方式，减少通信时延，提升系统性能。

可扩展性：考虑到系统未来的扩展，设计灵活的交互结构，以便更多的 Agent 加入系统。

8.3　Multi-Agent 与制造系统

8.3.1　整体架构设计

现代的离散型加工作业车间一般由加工设备、检测设备、运输设备等物理设备构成，这些不同的物理构成及其逻辑关系具备分布式控制系统构建的基础，可以把这些物理设备看成 Agent，因此可以把现代制造系统看成由许多自治的 Agent 之间通过协作所构成的复杂系统。这种运用多 Agent 思想构建的智能制造系统组织模式就是多 Agent 制造系统。在当前国内车间环境下，设备的自动化水平和信息化水平越来越高，为 Agent 在制造系统中的应用提供了条件保障。

车间中的 Agent 是按照特定的方式进行封装并可以映射生产制造车间的实体，多个 Agent 之间构成松耦的组织结构，为车间控制系统的开发奠定基础。车间控制系统按控制结构可分为：集中式制造控制结构、层次式制造控制结构（hierarchical manufacturing control architecture，HiMCA）、异构式制造控制结构（heterarchical manufacturing control architecture，HeMCA）和混合式制造控制结构（hybrid manufacturing control architecture，HyMCA）四种，如图 8-5 所示。

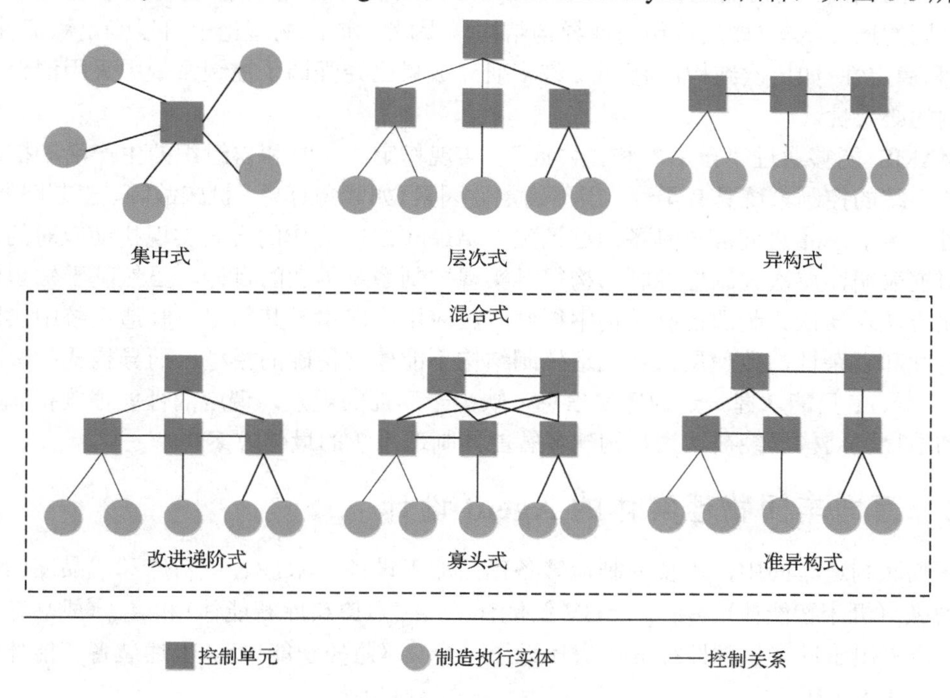

图 8-5　车间控制架构

1. 集中式制造控制结构

集中式制造控制结构由一个中央控制器完成所有制造资源控制，中央控制器集成了车间层所有信息，容易产生最优调度决策，但系统不易扩展，几乎无法重构。集中式的控制结构对扰动的应对能力差，一个扰动可能会导致整个系统停产。中央控制器的信息负载大、职责重，决策通常需要等待一段时间，实时性差。

2. 层次式制造控制结构

HiMCA 是集中式制造控制结构的一种进阶版本，上下有明确的控制和被控制关系，每层由数个控制器构成控制系统，但每层控制器无法相互通信。层次式制造控制结构使每个控制器负载减小，分散了原中央单元职责，仍是目前实际工业环境最主要的一种架构。层次式制造控制结构本质上是一种集中控制，控制命令自上而下，因此，该架构的缺点同集中式相同：结构刚度过高、控制单元设计难度大、缺乏柔性。

3. 异构式制造控制结构

HeMCA 是最早的分布式智能控制架构，结构中没有中央控制器，由个体之间通过交互协商完成决策构成。HeMCA 具有良好的鲁棒性，能够便于制造系统及时处理未预见的扰动事件。HeMCA 柔性高，车间层中的设备更换和订单增删不会打断控制系统运作。HeMCA 是多智能体制造系统的主要架构之一。但是异构式制造控制结构也存在一定缺陷，如设备单元决策与系统整体运行目标缺乏协调，系统运行状态难以预测等。

4. 混合式制造控制结构

该结构综合了层次式和异构式结构的优点，既具有集中式的全局观念，又有 HeMCA 良好鲁棒性的优点，与前面三种架构相比，Agent 的通信路径更灵活，并且可以根据系统的要求创建不同的连接结构（如层次结构或异构结构）。因此，该结构理论上可以满足敏捷性（如异构结构）和稳定性（如层次结构）的要求。许多研究成果已经强调了控制系统中采用混合式制造控制结构的必要性。

MAMS 能够通过“自治”和“协商”，实现稳定、实时和自组织的生产活动控制。为了使制造系统的控制系统具有柔性，当不确定性因素（如紧急订单、机床故障、工艺路线变更等）发生时，多 Agent 之间应该具备通过调整各 Agent 之间协作的方式实现扰动应对的能力。以往的研究表明，层次式制造控制结构很难实现控制系统柔性的目标，虽然基于知识的算法和最优化方法在层次式制造控制结构中得到广泛应用，但由于其忽略了制造系统中实际扰动的不确定性和复杂性，致使层次式制造控制结构不能建立精确的模型。而异构式制造控制结构中单个 Agent 只能掌握一定的环境信息，缺少全局性的观点，调度的性能很难得到保证。混合式制造控制结构已经被认为是构建多智能体制造系统的最佳方案。

8.3.2 面向车间物理实体的 Agent 设计

在物联制造车间中，主要的制造装备包括加工设备、AGV、原料库和成品库四种，分别映射为 A_M（机床智能体）、A_{AGV}（AGV 智能体）、A_{MW}（原料库智能体）和 A_{PW}（成品库智能体）。此外，本书出于动态事件监控的考虑还设了一个 A_C（监控智能体）。上述装备智能体的模块功能说明如表 8-1 所示。

表 8-1 装备智能体模块功能介绍

模块	A_M	A_{AGV}	A_{MW}	A_{PW}	A_C
感知模块	判断消息类型：A_{AGV} 的到达信息；招标书信息；工位台上 RFID 电子标签存储信息；A_M 自身设备状态信息等	判断消息类型：配送时间请求信息，工件出库信息；感知磁条与 RFID 芯片；感知自身位置	判断消息类型：来自 A_M 的投标书消息和应标书消息；A_{AGV} 到达消息；车间机床状态消息等	判断消息类型：成品入库请求消息；A_{AGV} 的到达信息	判断消息类型：设备是否在线的消息；紧急订单插入消息；订单优先级变动消息；机床故障消息
设备操作与监控	控制托盘出入工位台；根据加工信息执行 NC 代码；向 A_C 反馈自身状态信息	执行 AGV 行驶、转弯、急停和障碍检测等功能；向物流任务发起者反馈负载信息；向其余 A_{AGV} 反馈位置信息	控制托盘出库；RFID 信息初始化；向云平台反馈订单完成进度和车间状态信息	控制托盘入库；成品 RFID 信息读取；将托盘搬运入库	向监控平台发送执行状态信息
知识库	存储机械手交互、任务信息分解与加工、合同网招投标策略等	存储配送时间计算、路径规划、冲突管理策略等	存储合同网招投标、RFID 信息初始化策略等	存储成品入库流程策略	存储扰动处理策略

续表

模块		A_M	A_{AGV}	A_{MW}	A_{PW}	A_C
数据库	状态	存储工位台信息、自身加工能力、当前加工工件状态等信息	存储执行路径、当前位置、自身电量等信息	存储仓库库位状态信息	存储仓库库位状态信息	存储车间其他设备运行状态信息
	订单	存储设备待执行的订单优先队列和当前执行的订单信息			存储已完成订单信息	存储紧急订单信息
	任务	存储设备待执行的任务优先队列和当前执行的任务信息			存储已完成任务信息	存储将要发布的紧急任务信息
通信模块		负责与其他装备智能体的交互与通信				

逻辑决策模块通过信息交互和事件感知来匹配知识库对应的处理策略进而控制整个装备智能体的行为。但由于该模块逻辑复杂，功能繁多，很难用上述表 8-1 的形式叙述全部逻辑决策过程。因此，对不同装备智能体的逻辑决策模块进行如下介绍。

1. 机床智能体（A_M）

如图 8-6 所示，A_M 的逻辑决策模块负责任务工件的加工和竞标。当收到招标书时，A_M 会根据自身加工能力和缓冲区是否有空位再决定是否投标，如果招标方选中该 A_M，A_M 收到选标书之后会再次确认缓冲区是否有空位再回复是否应标。A_M 也负责工件的加工，当工件的工序加工完成后，需要对工件 RFID 芯片数据进行读取，判断是否还有下一道工序需要完成，如果工序已经全部完成，则通知 AGV 入库，否则针对下一道工序向其他智能体发送招标书，进行招标。

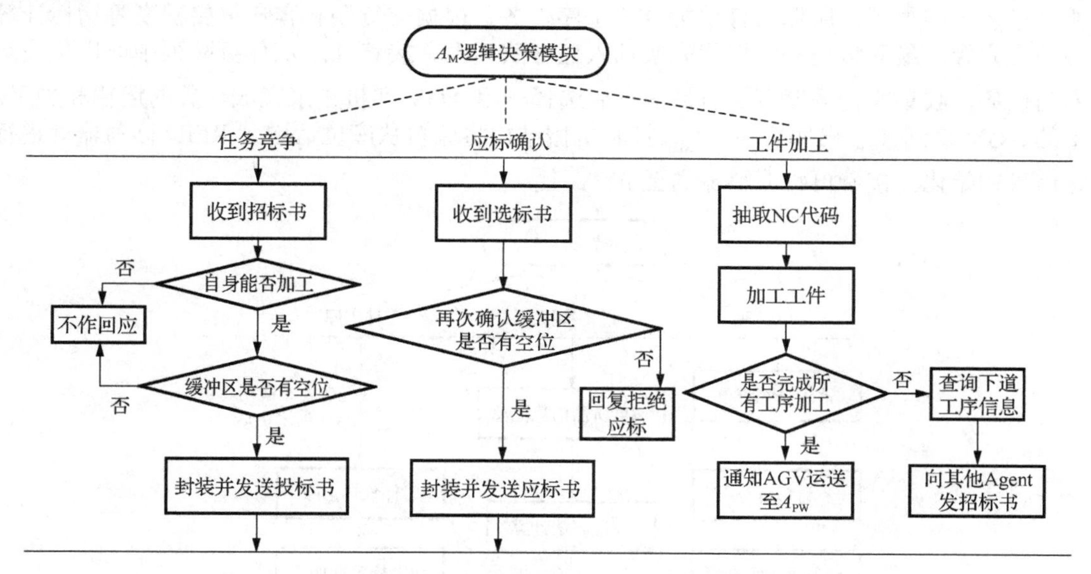

图 8-6　机床智能体逻辑决策模块流程图

2. AGV 智能体（A_{AGV}）

如图 8-7 所示，A_{AGV} 的逻辑决策模块主要负责物流任务的接收和执行。A_{AGV} 接收到物流任务后根据任务优先级大小插入优先级队列中。A_{AGV} 在执行物流任务时先根据物流任务的起点和终点查询离线路径库，按照查到的最优路径执行任务，如果执行任务期间碰到路径冲突，通过查询冲突事件策略库搜索对应的解决策略，重新规划路线，完成物流任务。

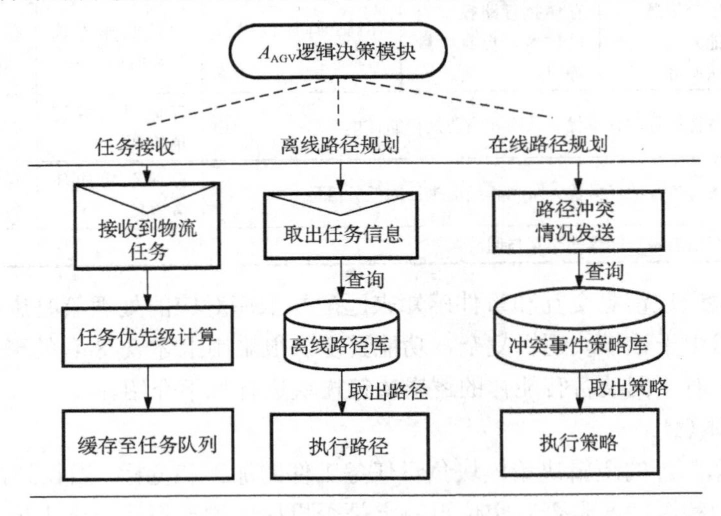

图 8-7　AGV 智能体逻辑决策模块流程图

3. 原料库智能体（A_{MW}）

如图 8-8 所示，A_{MW} 的逻辑决策模块主要负责订单处理、设备选择和工件出库。A_{MW} 通过向云平台发送请求来获得新增订单，由于客户所下订单一般包含多种类型工件，每种工件需要进行多工序加工，所以将订单拆分成工序任务，根据交货期和客户重要程度等指标计算任务的优先级，最后将任务根据优先级插入任务队列中。接着 A_{MW} 从任务队列中取出优先级最高的任务，收集执行调度算法所需信息后选择一组 AGV 和机床来完成任务的运输和加工。选中的 AGV 来到 A_{MW} 出库口后，A_{MW} 控制机械结构将原料从库位运送到 RFID 读写器处进行标签信息初始化，接着再将原料输送至 AGV 上。

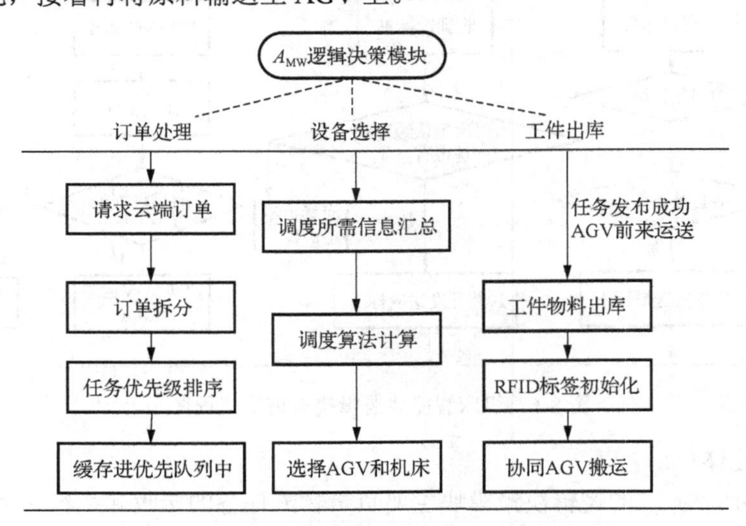

图 8-8　原料库智能体逻辑决策模块流程图

4. 成品库智能体（A_{PW}）

如图 8-9 所示，A_{PW} 的逻辑决策模块只负责工件入库。当工件的所有工序全部完成后，AGV 将工件运送至 A_{PW} 入库口，A_{PW} 协同 AGV 将工件输送至 RFID 读写器处进行信息状态读取、储存和上传，最后通过 A_{PW} 机械装置将工件输送至对应成品库位处。

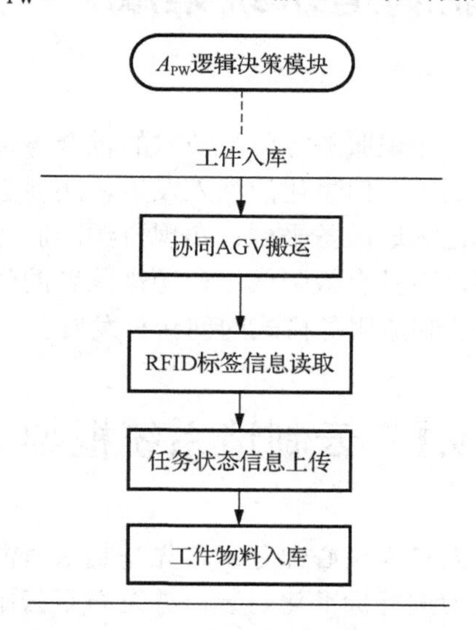

图 8-9　成品库智能体逻辑决策模块流程图

5. 监控智能体（A_C）

由于 A_C 主要负责车间动态扰动事件的监控和处理，所以 A_C 的逻辑决策模块就是根据感应到的扰动事件来匹配和执行知识库中对应的扰动处理策略。

思考与练习

8-1　MAMS 所采用的技术和标准有哪些？它们如何支持系统的实现和集成？
8-2　如何实现不同智能体之间的协作和信息共享？
8-3　MAMS 中的智能体如何实现生产过程的优化和调度？

第 9 章　智能制造系统集成——云制造系统

云计算、物联网、大数据及知识服务等前沿技术的融合与传统制造技术的交汇，孕育了新型的制造形态，不仅推动了制造业信息化的深入发展，还促进了制造企业从生产型向服务型的战略转型。通过构建共享化制造服务平台，实现资源的服务化共享，此举不仅提升了资源拥有者的制造资源利用效率，而且有效降低了资源需求者的生产制造成本，达成了制造服务参与者间的多赢局面，推动了制造服务模式的创新与发展。

9.1　云制造系统框架

云制造框架的构成可概括为三大核心部分：首先是制造资源及制造能力的供应商，他们负责将所拥有的制造资源与能力进行标准化封装，并发布至云制造服务平台，以供外部需求者使用；其次是云制造的运营商，他们负责运营和管理这一服务平台，为用户提供动态、敏捷且灵活的制造云服务，同时高效处理包括计费、议价等在内的服务流程；最后是制造资源的用户，他们根据自身项目的具体需求，从云制造服务平台上申请所需的各类制造资源和服务，从而实现制造项目的顺利进行。此外，云制造运营商还积极支持合作伙伴之间的协同与交互，促进制造资源的优化配置和高效利用。云制造系统框架是指系统的基本结构和组织方式，包括各个组成部分之间的关系和功能划分。以下是一个典型的云制造系统框架，涵盖了关键组件和功能模块。云制造平台的体系架构大致分为五层：物理资源层、虚拟资源层、核心服务层、应用接口层、应用层，云制造系统体系构架如图 9-1 所示。

1. 物理资源层

在云制造平台的架构中，物理资源层构成了其坚实的基础。从制造资源的形态来看，可细分为硬件资源、软件资源和无形资源。其中，硬件资源涵盖了在产品全生命周期中参与加工、实验的关键设备，如数控车床、龙门刨床、加工中心等，以及制造初始阶段所需的原材料和半成品，同时包括支持云制造平台运行所需的服务器、存储器等计算系统硬件基础设施。软件资源则包括支持产品设计、分析、仿真的各类软件，如 PRO/E、MATLAB、ANSYS、MasterCAM 等。而无形资源则涵盖了企业的制造技术、工艺知识产权，以及生产周期中参与管理的人力资源。这些资源的整合与利用，共同支撑着云制造平台的高效运转和制造业的创新发展。

2. 虚拟资源层

云制造虚拟资源层通过集成物联网、信息物理融合系统以及计算系统虚拟化等先进技术，实现了对物理制造资源的全面互联、精准感知和实时反馈控制。在这一层中，物理资源和虚拟资源之间建立了清晰的对应关系，将物理资源抽象为逻辑制造资源，从而解除了对具体实体制造资源的依赖。这一转变使得制造资源在云制造平台上能够以更加灵活、高效的方式被管理和利用。在云制造的架构中，虚拟资源层以其高效的接入与感知能力，实现了物理资源的高利用率和按需调配。云制造资源池的动态性源于物理与虚拟制造资源的紧密耦合，以及模板间灵活的一对一或一对多映射机制，从而确保资源随业务量的波动而相应增减。为确保任务执行的连续性和稳定性，云制造虚拟资源层采用先进的容错技术和多粒子安全隔离技术，有效迁移任务环境，避免因单点故障影响整体任务的执行。

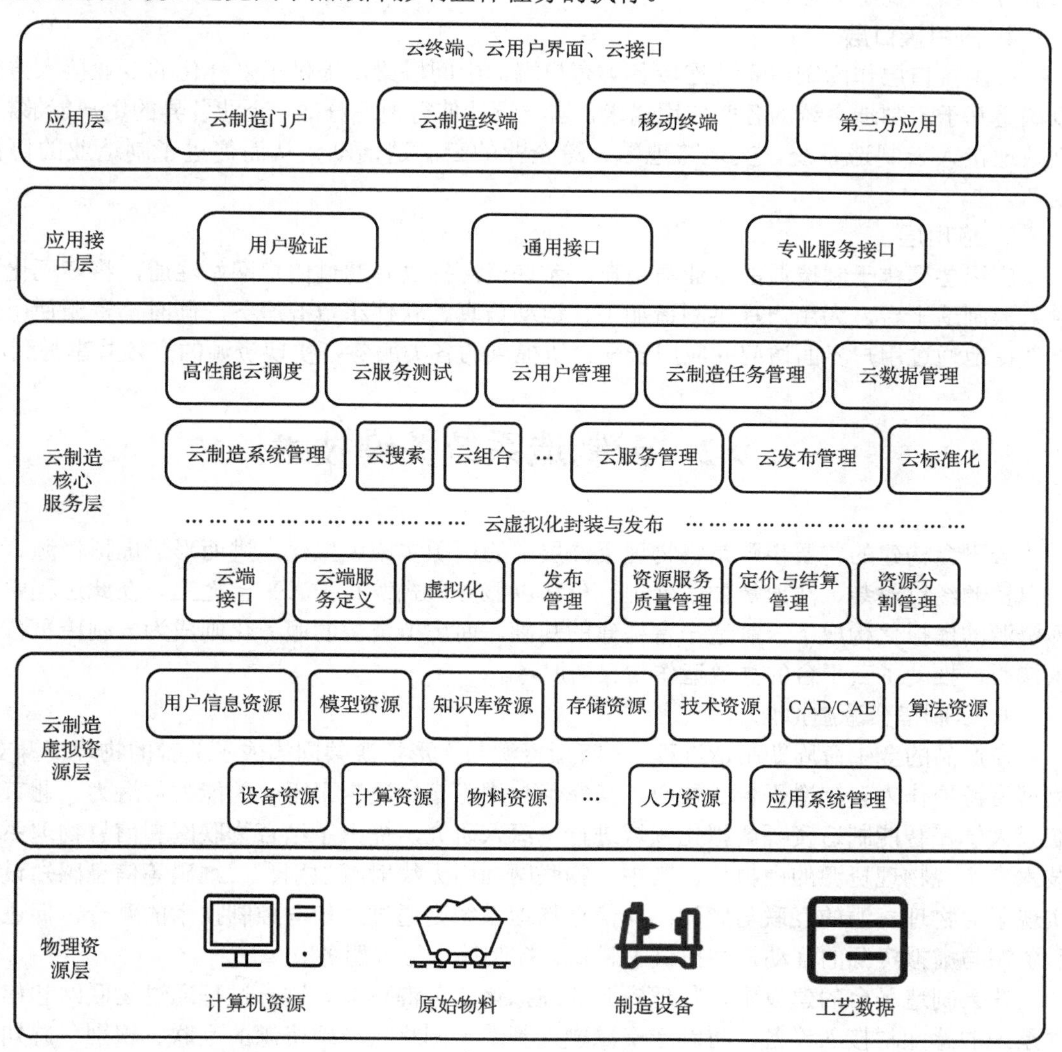

图 9-1　云制造系统体系构架

3. 核心服务层

云制造核心服务层提供了关键性的服务，具体涵盖以下三个方面。

(1) 资源封装：这一服务涵盖了有形物理资源、无形的服务资源以及能力资源等多种类型。在封装过程中，不仅要确保资源的完整性和可用性，还需对封装的资源进行注册和详细的描述，以便在云制造平台上进行统一管理和查询。

(2)资源调度：面对海量且多样化的云池虚拟资源，核心服务层提供动态的优化调度和组合功能。这要求平台能够根据客户端的服务请求，实时分析资源的使用情况和需求，通过智能算法和策略，实现资源的高效调度和组合，从而快速响应并满足客户端的需求。

(3)为确保云服务的稳定运行，实施监管机制至关重要。仅通过云制造平台的可视化监控，我们能对服务状态一目了然，一旦发生问题，便可实现高效、自动化的故障处理与恢复，保障服务持续、稳定地运行。

4. 应用接口层

应用接口层作为制造系统连接各类客户端的中间桥梁，提供了多样化的专业接入方式，以满足基于云制造系统的各类应用需求。这一设计使得地理分散、企业各异的用户能够精确、高效地接入云制造系统，实现跨地域、跨企业的云制造活动，从而促进了制造业的协作与创新。

5. 应用层

应用层聚焦于制造业的企业与用户，允许资源提供者通过门户网站注册，将多元化资源融入云制造平台，为用户提供制造加工、运动仿真、软件租赁等服务。同时，资源使用者能够便捷地通过用户界面访问并应用云平台所提供的各类服务，实现资源的高效共享与利用。

9.2　云制造系统关键技术

云平台构建的首要步骤是将物理资源层中的资源实施虚拟化，进而形成虚拟资源。这些虚拟资源经过封装、注册等技术处理，最终以服务形式发布于云平台之上。在此过程中，物理资源的虚拟化构成了云制造平台搭建的基础，而虚拟资源的服务化则成为云制造平台的技术核心，推动了云平台的高效运作与灵活服务。

1. 云制造资源虚拟化

在产品的全生命周期制造过程中，有形资源与无形资源共同构成了关键的物理资源支撑。物理资源层作为云制造平台的核心，其完善与规模直接决定了平台的能力与潜力。北京航空航天大学在智能制造资源虚拟化领域进行了深入研究，提出了结合物联网和信息物理系统等技术来实现物理资源的虚拟化。其中，物联网利用无线射频识别、二维码等信息感知设备，实现了对物理资源的互联与感知；而信息物理系统则通过通信与控制技术的融合，促进了物理资源与虚拟资源的互动，并提供了感知、控制等全方位服务。

在云制造平台的建设中，物理资源的虚拟化是关键环节。这一过程通过物联网和信息物理系统的感知与接入设备，将制造资源融入制造云网络，实现资源的互联、识别、感知与信息传输。随后，对物理资源进行统一描述，建立物理与虚拟资源间的一对一、一对多或多对一映射关系，并基于模板对虚拟资源进行统一建模与描述，进而接入云制造服务平台，形成虚拟资源池。值得注意的是，物理资源层包含海量资源，其封装接入方法各异。为确保云制造平台的有序规范运行，虚拟资源需遵循一定规范进行有效封装，如完整性要求(确保服务提供时的资源完整性)和隔离性要求(防止接入资源间的交互或影响，保持各资源层次独立)。

2. 云制造资源的服务化技术

云制造平台中，物理资源需先经过虚拟化处理，随后通过封装与发布等关键步骤，方能转化为可供用户调用的云服务。图 9-2 展示了用户、资源和云服务的关系。

在虚拟资源的服务化过程中涉及以下关键技术。

(1) 为确保云服务的高效与规范，需针对不同领域和制造内容制定统一的服务规则，实施建模、封装、注册等标准化流程。

(2) 针对海量的虚拟资源，系统需构建灵活的离散服务优化模型与算法，如基于数据库表的资源匹配调度、基于历史任务统计的任务分解调度等，通过优化配合方式形成高效的资源调度模型，从而确保云服务的高效提供。

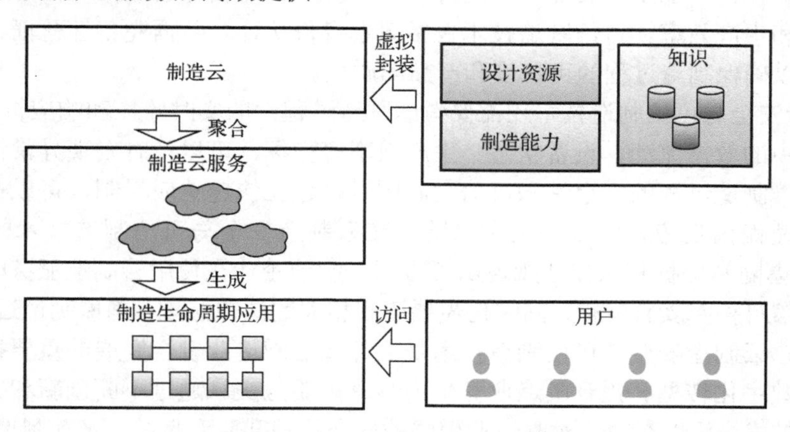

图 9-2　用户、资源和云服务的关系

3. 云服务的综合管理技术

云服务的综合管理技术是在云计算环境中对各种资源和服务进行统一管理和监控的技术。随着云计算的普及和发展，企业和个人用户越来越倾向于将应用程序和数据存储在云端，以获得更高的灵活性、可扩展性和成本效益。然而，随之而来的是对云服务的管理和监控需求也越来越重要。综合管理技术涵盖了多个方面，其中包括资源管理、性能监控、安全管理、自动化运维和成本管理等。资源管理是指对云计算环境中的虚拟机、存储、网络等资源进行统一管理和调度，以实现资源的动态分配和优化。性能监控是对云服务性能的持续监控与深入分析，旨在通过实时追踪和评估各项性能指标，及时察觉并妥善处理潜在的性能问题。安全管理则包括对云服务的安全策略、访问控制、数据加密等进行管理，以保障用户数据的安全性和隐私。

另外，自动化运维技术可以通过自动化的运维工具和流程，实现对云服务的自动化部署、配置、监控和故障恢复，从而提高运维效率和可靠性。成本管理则通过对云服务的成本进行监控和分析，优化资源利用，降低成本，提高投资回报率。综合管理技术的重要性在于帮助用户更有效地管理云服务，提高资源利用率，保障数据安全，提升用户体验。通过综合管理技术，用户可以更好地利用云服务，提高效率，降低成本，实现数字化转型。因此，云服务的综合管理技术是云计算发展的重要支撑，对企业和个人用户都具有重要意义。

4. 云制造安全与可信制造技术

云制造安全与可信制造技术是在云计算环境下应用于制造业的关键技术，旨在保障制造过程和产品的安全性、可靠性和可信度。随着云计算、物联网和人工智能等技术的不断发展，云制造已经成为制造业数字化转型的重要趋势，但同时也带来了一系列安全和隐私风险。因此，云制造安全与可信制造技术的研究和应用对于推动制造业的数字化转型至关重要。

(1) 云制造安全技术是保障云制造环境中数据和信息安全的重要手段。在云制造中，制造企业将生产数据和工艺信息存储在云端，以抵御潜在的数据窃取、篡改和丢失风险，保障制造企业数据的安全与合规。为此，云制造安全技术包括数据加密、访问控制、身份认证、安全监控等多种技术手段，以保障云制造环境的安全性。

(2) 可信制造技术是确保制造过程和产品可信度的关键技术。在云制造中，制造过程涉及多个环节，包括设计、加工、装配、检测等，每个环节都需要保证数据和信息的可信度，以确保产品质量和生产效率。可信制造技术包括数字身份认证、数据完整性验证、溯源追踪等技术手段，可以确保制造过程的可信度和产品的质量。

(3) 云制造安全与可信制造技术还需要考虑制造过程中的实时监控和响应机制。通过实时监控制造过程中的数据流动、设备状态、生产效率等指标，可以及时发现异常情况并采取相应措施，以保障制造过程的安全性和可信度。同时，建立快速响应机制，可以在发生安全事件或故障时快速做出反应，降低损失和风险。在云制造安全与可信制造技术的研究和应用中，还需要考虑隐私保护和法律法规遵从等方面。制造企业在使用云制造服务时需要确保用户数据和隐私信息得到妥善保护，同时也需要遵守相关的法律法规，确保制造过程的合规性。

综合来看，云制造安全与可信制造技术是云计算与制造业融合发展的重要技术支撑，对于推动制造业数字化转型和提升制造业竞争力具有重要意义。通过不断创新和完善云制造安全与可信制造技术，可以有效应对制造业面临的安全挑战和隐私风险，推动制造业向智能化、数字化和可持续发展方向迈进。

9.3　云计算及云边技术与制造系统的结合

云边技术与制造系统结合涉及资源协同、数据协同与服务协同。在资源协同的框架下，当边缘计算节点面临资源不足的情况时，云端能够动态地调用和分配其富余资源以支持边缘节点，从而确保边缘计算任务能够得到足够的计算资源支持，满足其计算需求；数据协同是指边缘负责对执行过程进行监视与反馈，对必要数据进行采集，对云端业务需求进行边缘处理，最后为云端返回处理的数据结果以支持云端服务的运行；服务协同是指云端为边缘训练模型或挖掘知识信息，最终给边缘下发训练好的模型或者参数，边缘使用云端训练好的模型或数据进行实时推理与计算，从而提高边缘服务应用的质量与效率。

在云制造任务调度过程中也存在云边协同的关系，云制造任务调度是为云制造任务选择合适的制造资源，并在制造资源内执行云制造任务的生产过程。这里的制造资源指的是制造资源提供商，可将制造资源提供商视为包含多台设备资源的生产车间，云制造任务调度过程可分为云制造平台内的制造资源配置以及车间内的制造任务生产调度两个环节。因此，可将云制造平台视为云端，制造资源视为生产边缘，云制造平台与生产边缘的功能分述如下。

1. 云制造平台

云制造平台作为集成制造资源的平台，其主要功能是为云制造任务配置合适的制造资源，以实现制造资源整体配置方案的最优化，并保障云制造服务的运行质量。在云制造环境下，制造企业通过云制造平台可以灵活地调配各类制造资源，包括设备、人力、材料等，以满足不同的生产需求和任务要求。首先，云制造平台通过对制造资源的统一管理和调度，实现了资源的高效利用和共享。在传统制造模式下，制造资源的利用率较低，资源之间缺乏有效的协同和共享机制，导致生产效率低下。而云制造平台通过集成各类制造资源，并通过智能调度算法对资源进行优化配置，可以实现资源的高效利用，提升生产效率。其次，云制造平台可以根据不同的制造任务要求和生产计划，为任务分配合适的制造资源。通过对任务的特性、优先级、时间要求等因素进行分析和匹配，云制造平台可以为每个任务分配最适合的资源，以确保任务能够按时完成并达到预期质量标准。这种个性化的资源配置方式可以提高生产灵活性和适应性，满足客户个性化需求。此外，云制造平台还可以通过数据分析和实时监控，对制造资源的运行状态和性能进行监测和评估，及时调整资源配置方案。通过实时反馈和调整，云制造平台可以保障云制造服务的运行质量，确保生产过程的稳定性和可靠性。同时，通过对资源利用情况和生产效率进行分析，可以不断优化资源配置方案，提升整体生产效率和质量水平。

2. 生产边缘

生产边缘是指在制造车间等实际生产环境中，根据云制造平台下达的需求，执行云制造任务，并保障任务的生产执行质量。在高频扰动的车间底层环境下，生产边缘需要具备多方面的功能和特点。首先，生产边缘需要具备实时响应和调整能力。面对车间底层环境的高频扰动，生产边缘需要能够及时处理来自云端的制造任务要求，并根据实际情况灵活调整任务执行计划，以保证任务的顺利执行。其次，生产边缘需要具备数据采集和监控的功能。通过实时监测车间生产环境的各项参数和制造过程的状态，生产边缘可以将相关数据反馈到云端，以便云端对生产过程进行实时分析和调整。此外，生产边缘还需要具备自主决策能力。在高频扰动的环境下，生产边缘需要能够根据本地数据和任务要求做出相应的决策，以保障任务的高质量执行。最后，生产边缘需要保证与云端之间的通信稳定性和安全性，确保任务要求和数据能够可靠地传递和交换，同时保障生产数据的机密性和完整性。

通过生产边缘的有效运作，可以实现云制造任务在实际生产环境中的高效执行，保障制造任务的生产质量和交付周期。生产边缘的发展和应用，对于推动制造业的数字化转型和智能化生产具有重要意义，有助于提升制造业的生产效率和灵活性，推动制造业向智能制造的方向发展。在未来，随着技术的不断进步和创新，生产边缘将发挥越来越重要的作用，成为连接云端和车间现场的关键纽带，为制造企业实现智能化生产提供有力支持。

3. 云制造平台与生产边缘的协同关系

云制造任务调度的整体过程需要云制造平台与生产边缘相互协同才能完成，对云制造平台与生产边缘的协同关系叙述如下。

(1) 云制造服务资源配置过程中的云边数据协同：云制造平台在云制造服务资源配置过程中需要生产边缘的生产能力信息数据对云制造服务资源配置方案进行优化，而生产边缘的生产能力信息数据随派发给生产边缘的任务类别与数量、设备资源状态等因素而不断变化。因此，需要生产边缘结合具体任务与实际车间环境为云制造平台计算边缘的生产能力信息数据，以支持云制造平台的云制造服务资源优化配置。

(2)生产调控过程中的云边服务协同：生产边缘需要不断调控生产方案以适应高频扰动的生产环境，从而保障云制造任务的执行质量。然而在实际情况下，生产任务批量大、种类多，车间扰动的随机性强，生产边缘的计算与存储能力有限，不能满足生产调控模型的参数优化要求，需要云制造平台对生产调控模型进行优化，将优化参数返回给生产边缘以支持生产边缘的生产调控。

9.4 云制造系统案例

【案例 1】 飞利浦数字化技术推动高质量发展。

飞利浦作为健康科技领域的领军企业，其在健康关护的多个环节均展现出深厚的专业实力，覆盖健康生活方式培养、疾病预防、诊断、治疗以及家庭护理等方面。飞利浦在医疗领域具有显著影响力，特别是在诊断影像、图像引导治疗、健康信息化、患者监护以及消费者健康和家庭护理等关键领域均占据重要地位。随着数字化转型的浪潮，飞利浦积极应对，将其企业应用迁移至云端，显著减少了运维成本高达 54%，此举凸显了其在技术创新和业务转型方面的前瞻性。在当今数字经济时代，在数字化浪潮中，企业上云已跃升为行业演进的显著趋势，而“用云量”也成为评判数字经济繁荣程度的核心尺度。飞利浦敏锐地捕捉到这一趋势，并主动融入移动互联、云计算及大数据等尖端技术，以应对中国社会城市化进程加速和人口老龄化加剧所带来的双重挑战。在中国市场，飞利浦更是将此战略转型作为关键发展路径，力求从传统的设备供应商蜕变为全方位的解决方案提供者。

在转型过程中，飞利浦不仅提供优质的产品，还通过与多方生态伙伴的紧密合作，共同打造新型商业模式，为客户创造更大的价值。这一转型不仅展现了飞利浦对市场变化的敏锐洞察，也体现了其持续创新和突破的决心。在医疗健康领域，飞利浦凭借创新的数字化技术深度参与慢性病管理和分级诊疗体系的构建。以北京某医院和康复中心为例，飞利浦与医疗机构紧密合作，为心脑血管疾病术后康复提供前沿的数字化解决方案。随着新型商业模式兴起和业务迅速扩张，传统自建数据中心在满足增长需求方面捉襟见肘。为此，飞利浦选择了云平台作为解决方案，与传统自建 IT 架构相比，该方案展现出更高的灵活性和便利性，同时云上丰富的大数据和人工智能平台得以迅速融入业务系统，极大地提升了服务效率。经过对混合云架构、安全策略、业务连续性以及企业级云管理服务的全面技术评估，飞利浦于 2017 年决定关闭苏州数据中心，并将数千用户的企业应用迁移至阿里云。此次迁移成效显著，不仅 IT 运维成本降低了 54%，新服务器部署时间缩短至数分钟，还实现了服务器资源的动态调配，降低了运维人力成本，使团队能更加专注于业务系统的维护和优化，进一步推动了医疗健康服务的高质量发展。

【案例 2】 老板电器引入宜搭平台，程序开发周期大大缩短。

杭州老板电器股份有限公司(简称“老板电器”)，经过四十余年的不懈发展，已成为行业内的领导品牌，受到社会的广泛认可。早期，公司便通过信息化手段寻求经营效率的提升，长期运用 ERP、CRM、SRM、OA、PLM 等多种企业管理软件。然而，这些系统间的业务流程割裂，缺乏统一的管理与覆盖，形成了“数据孤岛”，这成为其信息化管理的主要瓶颈。为突破这一瓶颈，同时为了全面提升质量管理水平，老板电器采纳了阿里云提供的宜搭低代码应用搭建平台，对物料质量控制、内部质量监管以及供应商质量管理等多个关键领域进行了系统性的优化与升级。在关键物料质量控制环节，各片区的检验员实时录入叶轮上线检查的质量数据，计划、生产和品质人员能够直观地通过图表了解质量波动情况，迅速响应任何异常。在内部质量管理方面，成品终检的检验结果被详细记录，为市场质量反馈提供了追溯依据，并据此评估检验工作量。在引入阿里云的低代码应用搭建平台宜搭后，对于供应商质量管理，平台能够持续收集并分析供应商现场的质量数据，为管理人员提供直观、关键的评估依据。值得一提的是，即便对于没有编程背景的部门业务人员，也能通过宜搭轻松搭建所需应用。该平台的高频核心功能，如表单设计、流程编排、图表展示等，极大地提升了业务人员的开发效率，从构思到实施均能快速完成，显著缩短了系统开发周期。同时，宜搭的灵活性和快速迭代能力有效降低了开发成本，更好地满足了部门品质管理的实际需求。

【案例 3】 协鑫光伏打造企业级数据平台，产品品质大幅提升。

协鑫光伏系统有限公司(简称“协鑫光伏”)，作为苏州地区的光伏材料制造领军企业，以其全球领先的硅片产品在市场中占据显著地位，国内市场流通占比高达 70%，成为行业内的标杆。该企业在技术研发、品质控制和自动化升级等核心领域均展现出卓越的竞争实力，持续引领行业发展。然而，面对传统生产工艺的优化瓶颈，协鑫光伏积极寻求创新突破，将战略目光聚焦于智能制造领域，试图通过数据分析进一步提升产品品质。2016 年，协鑫光伏与阿里云达成战略合作，共同运用云计算、大数据等前沿技术推动内部管理模式的升级，以加强企业的市场竞争力。双方的合作旨在实现生产过程的透明化、管理的数据化，并显著提升产品的良品率。阿里云为协鑫光伏构建了一个全面的企业级数据分析平台，该平台实现了生产数据的长期、低成本存储。协鑫光伏借助大数据分析技术，构建了良品率预测模型和关键参数监控模型，实现了对生产流程的实时监控和预警机制。同时，阿里云 BI 系统提供了多维度统计分析的先进功能，助力协鑫光伏进行深度数据分析。此外，大屏技术的运用使得车间和事业部能够直观地实时查看生产数据，提升了生产管理的透明度和效率。基于协鑫光伏丰富的生产经验，阿里云量身定制了一套全面的解决方案，包括关键参数监控、良品率预测、备件损耗分析和 BI 分析等，帮助协鑫光伏实现了生产效率与产品品质的显著提升。值得一提的是，该解决方案具有高度的可复制性。诸多制造型企业可参考此模式，结合其独特的生产实践，运用云计算与大数据分析技术，搭建企业级数据分析平台，以实现数据存储与分析的稳健高效，进而为企业发展注入源源不断的创新动力。图 9-3 为协鑫光伏大数据平台整体框架图。

【案例 4】 华新水泥智能化升级，分享智能时代红利。

华新水泥股份有限公司(简称“华新水泥”)，是一家拥有百年积淀的知名企业，自 1907 年创立伊始，便持续为全球诸多标志性的建筑工程，供应高质量的水泥材料。时至今日，华新水泥已在全球范围内设立超过 150 个生产基地，实现了业务版图的广泛拓展，不仅涵盖了传统的水泥制造领域，更是深入混凝土、装备制造、环保、新材料等多个领域，展现了多元化的产业布局。同时，华新水泥具备强大的自主研发、设计与制造能力，能够生产各类水泥生产设备，彰显了其技术实力与行业领先地位。在信息化与数字化转型的浪潮中，华新水泥始终走在行业前列，积极拥抱变革。企业早期便成功实施了 ERP 系统，实现了内部管理的数字化与智能化。此外，华新水泥还推出了便捷的网上商城，进一步推动了企业数字化转型的进程，提升了客户服务的效率与体验。这些举措不仅巩固了华新水泥在水泥行业的领先地位，也为行业的未来发展提供了宝贵的经验与启示。然而，随着全球业务的快速扩展，如何统筹管理这些分布广泛的生产基地，成为华新水泥面临的新挑战。为了有效应对当前挑战，华新水泥制定了工业智能化和商业智能化的双重转型战略。工业智能化战略侧重于通过提升生产自动化水平及引入智能化技术，以达到提高生产效率的目的；而商业智能化战略则旨在消除各业务环节间的隔阂，实现业务流程的无缝对接。未来，华新水泥计划借助 AI 技术进行市场预测，以实现更为精准的工厂产能调节。为实现上述“智能化”转型，华新水泥决定将 SAP、CRM、生产发货等核心系统迁移至云端。在深度对比多家云服务商后，华新水泥最终选择华为云作为合作伙伴。自 2019 年 9 月起，华新水泥开始逐步将其业务转移至华为云。这一举措显著提升了华新水泥与其子公司、各业务系统之间的协同效率，并预计每年可节约至少 30% 的运维成本，涵盖电费、维保费和专线费等。展望未来，基于华为云的全栈、全场景 AI 技术服务和鲲鹏云服务，华新水泥将与华为云携手，为更多生产制造行业提供前沿的智能化生产方案，助力更多企业实现智能化升级，共同分享智能时代带来的红利。

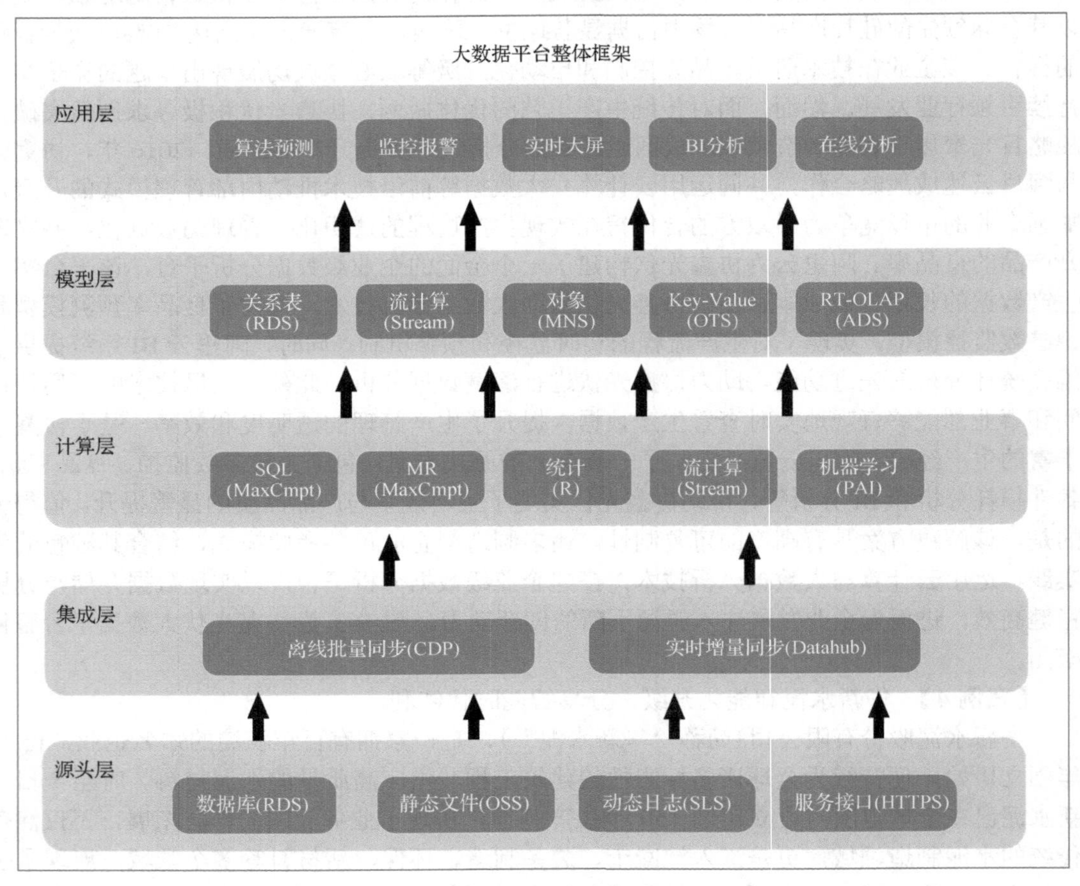

图 9-3　协鑫光伏大数据平台整体框架图

9.5　基于云制造系统的网络协同化制造

基于云制造系统的网络协同化制造是指利用云计算、物联网和大数据等技术，在云端构建数字化的制造平台，实现不同制造环节、企业或区域间的网络化协同合作。这种制造模式通过信息共享、资源整合和智能化决策，实现了跨企业、跨区域和跨领域的协同生产，提升了整体生产效率和灵活性。表 9-1 所示为云制造模式与其他先进制造模式之间的比较。云制造模式以其卓越的系统开放性和广泛的用户参与度，展现为先进制造领域一个显著且重要的发展趋势。

表 9-1　云制造模式与其他先进制造模式之间的比较

项目	柔性制造	网络化制造	云制造
系统功能	合作	资源共享/合作	资源共享/合作
系统开放性	约束多、开放性差	较好开放性	高开放性
资源类型	部门、人、技术等	设备、人、物料、网络、信息等	网络、设备、软件、硬件、逻辑、人、知识等
数据量	吉字节水平	太字节水平	拍字节水平
资源使用	定制	动态配置	按需动态配置
用户参与度	中等	中等	高度
协作范围	少数公司	多个行业的公司	几乎每个行业的公司
关键技术	柔性制造技术、计算机辅助设计、人工智能	服务、动态服务器页面、网络技术	服务、云计算、物联网

9.5.1　云制造网络协同平台架构

在产品开发领域，现代需求的激增凸显了传统系统平台架构的局限性。这一架构，通常设计为包含资源层、工具层和应用程序层，旨在实现资源的集中化和产品开发任务的自给自足。然而，从学术视角审视，实际的产品开发过程通常涉及多方协同、需求精细化的资源计算和高效的协调机制。因此，传统架构在面对复杂多变的产品开发环境时，其效能逐渐减弱，难以满足现代产品开发的全面需求。鉴于此，我们提出了基于云制造的新型平台架构（图 9-4）。该平台在保留传统架构核心优势的基础上，通过集成和拓展云制造技术，构建了一个支持分布式企业间无缝业务协作的先进产品平台。该平台旨在打破传统架构的局限，实现资源的优化配置和高效利用，为产品开发提供更为灵活、高效和协同的解决方案。该平台旨在实现多类资源的高效共享，涵盖制造资源、信息资源、技术资源以及产品开发中涉及的标准化设计资源等，从而显著提升资源利用效率。这一云制造产品协同设计平台架构由五个核心层面构成，即资源层、云技术层、云服务层、应用层以及用户层。

1. 资源层

资源层作为云制造产品协同设计平台的基石，承载着平台所需的核心设计资源，这些资源涵盖了计算能力、专业知识、软件工具、硬件设备以及相关的行业标准。资源层的丰富性为用户在云制造环境中提供了广阔的选择空间，使他们能够灵活地进行产品设计和协同作业。资源层的构建与发展，不仅优化了设计资源的配置，还解决了传统设计过程中的一些固有难题。首先，它有效避免了设计资源的过载与闲置问题。在传统设计流程中，资源分配往往不均衡，某些资源可能因过度使用而负载过重，而其他资源则可能处于闲置状态。然而，在云制造产品协同设计平台中，用户能够根据实际需求，精准选择和使用资源，确保了资源的高效利用，既减少了浪费也避免了过载。其次，资源层打破了软硬件系统的静态性限制。在传统设计中，软硬件系统通常受到其固有的局限，无法灵活适应多变的设计需求。而在云制造产品协同设计平台的资源层中，这些资源通过云计算技术得到了高度集成与灵活调配，能够迅速响应设计过程中的各种变化，为用户提供了更加灵活和高效的设计环境。在传统的设计环境中，软硬件系统的配置和性能是固定的，往往无法满足不同设计任务的需求。而在云制造环境中，资源层可以根据用户的需求动态配置和调整资源，使得用户可以根据实际情况选择适合的软硬件系统进行设计工作，从而提高了设计的灵活性和效率。

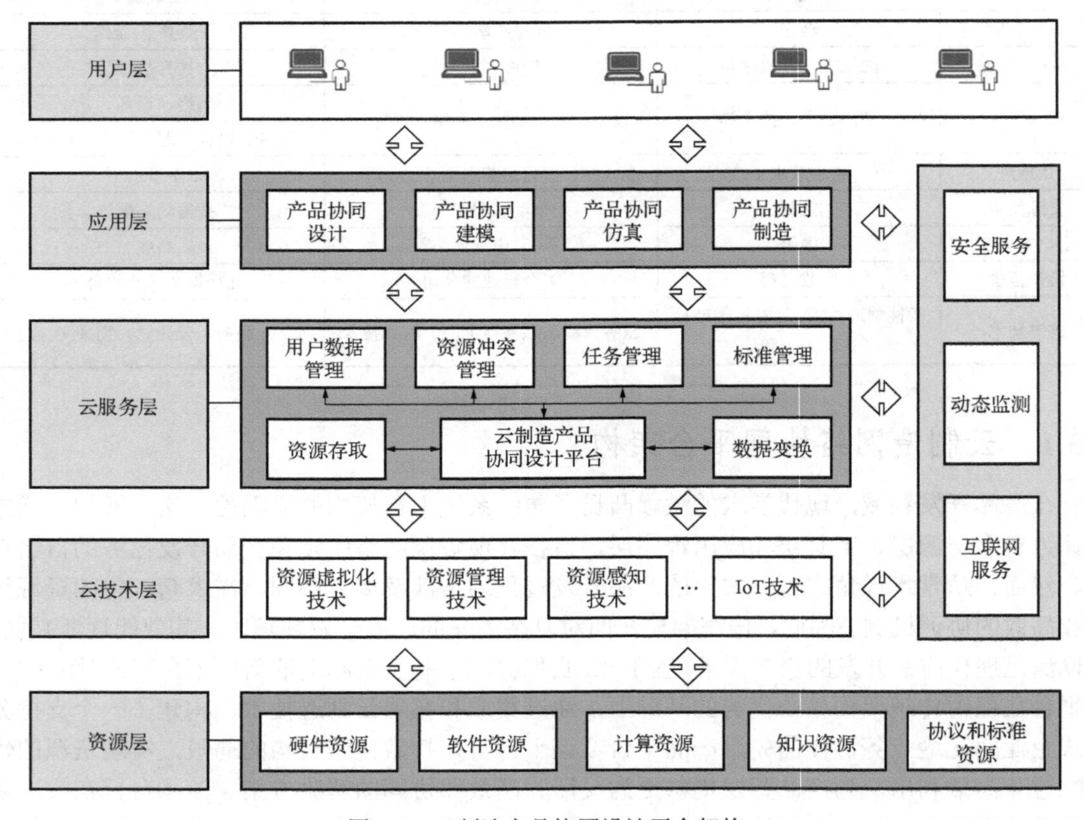

图 9-4　云制造产品协同设计平台架构

2. 云技术层

在云制造产品协同设计平台上，确保产品协同设计顺畅进行的关键一环在于高效解决云制造环境中设计资源的共享难题。面对多样性、异构性和特殊性的设计资源，云技术层扮演着举足轻重的角色，它负责有效整合、共享和管理这些资源，为协同设计提供坚实的技术支撑。云技术层旨在智能感知与控制多样化的设计资源和能力，同时监测、发现和快速共享虚拟资源。其核心技术包括资源虚拟化技术、资源管理技术、资源感知技术和 IoT 技术，这些技术共同为设计资源提供统一标准的描述和封装机制。这些技术的应用可以帮助平台实现设计资源的动态配置和调度，提高资源利用率，同时满足不同用户的设计需求。资源虚拟化技术可以将物理资源抽象为虚拟资源，使得用户可以根据需要动态地分配和使用资源，避免资源的浪费和过载。资源管理技术可以对设计资源进行有效的管理和调度，确保资源的高效利用。资源感知技术可以实现对资源状态和性能的实时监测和感知，帮助平台根据实际情况做出智能决策。而 IoT 技术可以实现对各种设备和资源的连接和通信，实现资源之间的信息共享和协同工作。

通过云技术层的应用，云制造产品协同设计平台可以更好地解决设计资源共享的问题，实现设计资源的高效利用和管理，提高产品协同设计的效率和质量。这些技术的发展和应用将为云制造产品协同设计平台的发展提供有力支持，推动云制造技术在产品设计领域的广泛应用。

3. 云服务层

在云制造产品协同设计平台的架构中，云服务层占据核心地位，其服务核心目标直指设计人员。该平台通过对设计流程进行精细的解析和抽象提炼，能够精准地识别并把握产品设计任务中的核心流程要素，从而确定并优化服务的核心供给内容。这些服务涵盖了用户数据管理、资源服务质量的实时监控、设计任务的合理分配、资源冲突的有效解决以及系统安全的维护等方面，确保了在云端进行的产品设计过程能够实现高效协同和流畅运作。云制造产品协同设计平台中，云服务层扮演着举足轻重的角色，它不仅是平台稳定运行的基石，还承担着资源高效计算与分配、数据智能管理与共享等多重核心功能。从学术视角来看，云服务层的这种综合性作用确保了整个平台的高效协同与稳定运行。

4. 应用层

云制造产品协同设计平台的顶层架构——应用层，集成多个统一的功能接口，旨在实现平台核心功能的无缝调用，为用户提供一体化服务体验。设计人员可以通过这些功能接口进行各种操作和功能调用，以满足不同设计任务的需求。通过应用层提供的功能接口，设计人员可以进行产品协同设计、建模、仿真、制造等多项关键功能的实现。

在实际业务场景中，设计人员拥有高度的灵活性，能够依据设计任务的具体需求，自由组合和配置云制造产品协同设计平台中的各个基本功能接口，以实现最佳的任务适配和完成效率，从而最大化地满足设计任务的各项要求。例如，产品协同设计接口可用于设计人员之间的协同工作，建模接口可帮助创建产品的三维模型，仿真接口可进行产品性能仿真和验证，制造接口则支持制造工艺规划和仿真等功能。

通过应用层的功能接口，设计人员可以在云制造产品协同设计平台上高效进行设计工作，实现产品设计的全过程管理和协同。设计人员可以根据实际需求选择和组合不同功能接口，提高设计效率和质量。应用层功能接口的完善和丰富将为云制造产品协同设计平台的应用提供更多可能性，推动云制造技术在产品设计领域的广泛应用。

5. 用户层

用户层是云制造产品协同设计平台直接面向用户的应用环境，用户可以通过交互界面进行访问和操作。这一层在操作系统中直观地展示了平台的各项功能，使用户能够方便地访问和调用平台的各项功能。

用户层的设计旨在让用户能够轻松地使用云制造产品协同设计平台，实现与平台的互动和操作。通过用户层的交互界面，用户可以直观地了解平台的功能和操作方式，进行产品设计、协同工作、数据管理等操作。用户层的设计要符合用户习惯和操作习惯，提供友好的用户体验，让用户能够方便快捷地完成设计任务。

用户层作为桥梁，成功地将系统环境与系统用户融为一体，实现了人与平台的和谐共融。用户可以通过交互界面直接与平台进行交互，实现用户需求与平台功能的对接。用户层的设计关注用户体验和易用性，使用户能够高效地利用平台的功能，提高设计效率和质量。用户层的设计旨在为用户提供直观、便捷的访问途径，使他们能够直接调用云制造产品协同设计平台的各项功能。这种设计显著提高了设计工作的便捷性和效率，使用户能够更为流畅地参与设计过程，实现高效协同设计。

9.5.2 云制造产品协同设计平台关键技术

云制造产品协同设计平台是一个高度集成的复杂系统，其关键技术体系涵盖了云制造、产品族和产品平台以及产品协同设计等多个领域(图 9-5)。

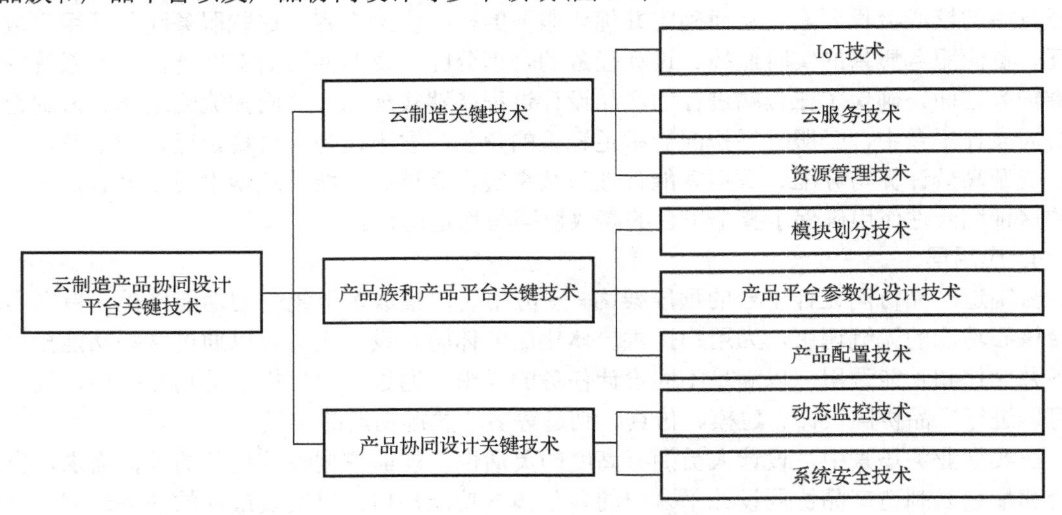

图 9-5 云制造产品协同设计平台关键技术

1. 云制造关键技术

1) 物联网技术

IoT 技术在云制造中的应用可划分为三个核心层次：首先，在制造领域，通过利用传感装置和尖端技术，对制造设备、网络连接以及自动控制机制进行细致入微的精准感知，以确保数据收集的实时性和精确性。然后，致力于推动制造系统中物流和能源管理的智能化进程，同时支持服务层面实现智能运行，这涵盖了服务间的智能交互与高效协作，旨在提升整个制造系统的效率和响应速度。最后，IoT 技术为云制造用户提供了强大的通信支持，实现用户与制造系统间的无缝连接，提升用户体验和响应速度。

2) 云服务技术

在云制造领域，云服务技术凭借 IoT 和虚拟化技术的整合，成功封装了分布式设计资源和制造能力的知识基，实现了资源的高度虚拟化。这些资源广泛涵盖产品全生命周期的软件、硬件、计算能力、专家知识及标准。通过即用即取的服务模式，云服务为用户提供了全生命周期的多样化应用，支持灵活访问和便捷共享设计资源与能力。本质上，云服务的形成是云制造资源和能力服务化转型的必然产物，有力地推动了制造业的数字化转型与智能化升级。云制造系统中用户、资源和云服务之间的紧密关联和互动关系如图 9-6 所示。

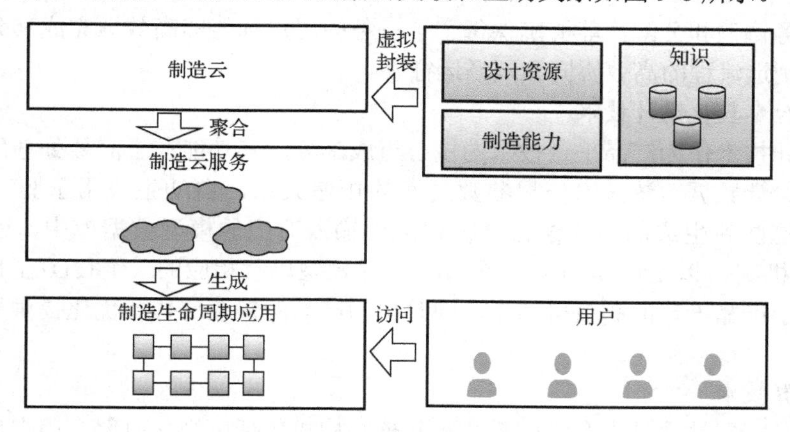

图 9-6　用户、资源和云服务的关系

3) 资源管理技术

在云制造产品协同设计平台的运作中，资源管理占据核心地位，其关键挑战在于如何精准地描述、高效地封装、精确地搜索及迅速地推送那些分散在各地的异构设计资源。为实现高效资源管理，关键技术主要聚焦于以下四个方面：资源的统一分类和细致描述，确保资源信息的准确性和一致性；资源虚拟化技术，通过抽象和封装，将物理资源转化为可在云平台上灵活调用的虚拟资源；资源发现机制，能够快速定位并检索到符合设计任务需求的资源；以及资源绑定策略，确保资源在调用过程中的稳定性和可靠性。这四个方面的综合应用，是云制造产品协同设计平台实现高效资源管理的关键所在。

(1) 资源的统一分类与细致描述：鉴于云服务环境下设计资源分布广泛、异构多样、自主管理、数量庞大且种类繁多等特点，采用了一系列先进技术，如可扩展标记语言 (XML)、Web 服务本体语言 (OWL-S) 和统一建模语言 (UML)，来统一分类和详细描述各类资源。这种标准化的分类和描述方式极大地促进了资源的集成、共享和高效管理。在构建资源描述模板时，充分考虑到资源发现、整合和匹配的需求，确保资源描述的完整性和准确性。

(2) 资源的虚拟化与云服务封装：为了应对资源多地分布和异构性所带来的挑战，采用了资源虚拟化技术，该技术包含两个核心阶段。第一阶段为虚拟描述，它侧重于通过建立统一、全面的虚拟资源数据模型，实现对制造资源信息的精确表达。第二阶段则是服务封装，它侧重于从已建立的虚拟资源数据模型中提炼出设计资源的关键功能特征，并将其封装为云服务。这样的封装过程使得设计资源能够在统一的界面上与云平台进行交互和操作，从而极大地提升了资源在网络上的访问便捷性和统一性。

2. 产品族和产品平台关键技术

1) 模块划分技术

在云制造产品平台中，模块划分技术展现出了其独特的应用价值，主要体现在两个核心方面：首先，以产品的功能和结构为出发点，利用先进的算法对产品进行精细化的单元模块划分，进而构建出一系列标准化的产品模块。这些模块不仅具有高度的可重用性和可配置性，而且通过灵活地选择和组合，能够快速生成多样化的产品，从而满足多变的市场需求。其次，模块划分技术还能够将复杂的制造任务迅速分解为多个可独立调度和管理的子任务。在云制造环境中，这些子任务能够形成明确的映射关系，使得整个制造过程更加清晰和可控。同时，通过有效的任务协调和分配，能够确保每个子任务的用户都能够高效地完成其分配的任务，从而实现整个制造流程的高效协同和顺畅运行。

2) 产品平台参数化设计技术

参数化设计技术作为产品平台技术的核心组成部分，其功能在于高效处理用户交互界面输入的参数化设计数据。该技术依据参数之间的传递关系，自动生成用于驱动结构模型的参数。随后，这些新生成的模块参数会被精准地输入对应的模型数据库中，进而触发模型数据库的更新机制，以生成全新的三维(3D)产品模型以及相应的二维(2D)工程图纸。这一流程不仅实现了产品设计的高效自动化，同时也为产品的快速迭代和优化提供了强有力的技术支持。

3) 产品配置技术

云制造产品配置技术是一个集成系统，其核心构成包括可视化引擎、用户界面、产品评估、配置引擎以及云制造服务这五大模块。图 9-7 直观地展示了产品配置与云制造服务之间的紧密关联。当系统接收到请求时，云制造服务会迅速响应，将所需的产品相关数据传送至系统内部，为产品的配置过程提供必要的数据支持。随后，经过配置处理，系统将生成产品的最终规格及相关信息，以供后续处理使用。配置引擎在整个过程中扮演着至关重要的角色。它基于强制配置规则和一系列约束条件，结合用户的具体输入要求，生成符合规范且有效的产品规格。同时，可视化引擎为用户提供了基于 Web 的动态产品可视化功能，使用户能够直观地查看和操作 3D 产品模型，从而更加便捷地进行产品配置。用户与系统的交互界面设计友好且直观，用户可以通过该界面输入自己的需求，并实时查看配置反馈。这种交互方式不仅提升了用户体验，也确保了产品配置过程的准确性和高效性。

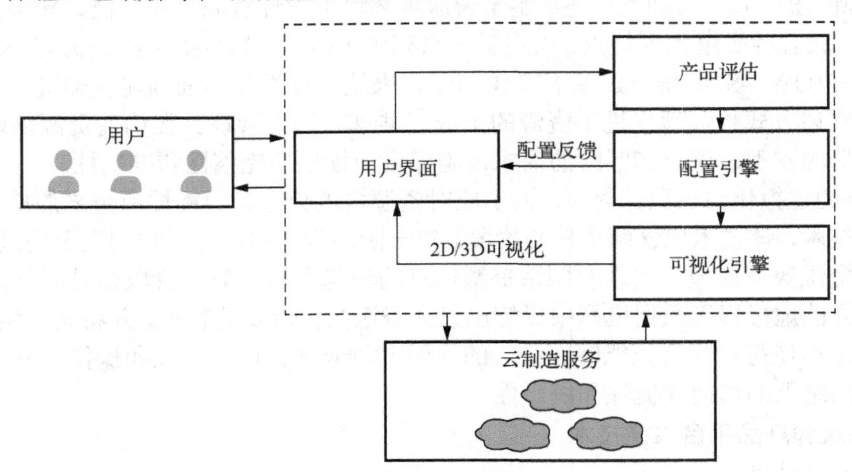

图 9-7 产品配置和云制造服务的关系

3. 产品协同设计关键技术

1) 动态监控技术

在云制造服务的产品协同设计平台中，动态监控技术发挥着核心作用，确保服务的平稳高效运行。该技术主要涵盖以下三个方面的监测功能。

(1) 协作过程监测：为加速复杂设计任务的执行，动态监控技术通过云制造环境的智能冲突检测模型，对协同设计过程中的数据、过程、权限等潜在冲突进行实时监测。一旦发现冲突，系统能够迅速调用冲突消解服务，以优化协作流程，提升整体协作效率。

(2) 资源动态监测：在云制造与资源管理的学术视角下，该技术通过引入前沿的资源监测策略，实现了对资源分配和调用过程的实时、动态监控。这一策略不仅能迅速响应并处理资源故障，有效保障系统稳定性，还显著降低了资源分配和调用对硬件资源的依赖，提升了系统的灵活性和效率。

(3) 系统故障监测：动态监控技术还针对系统的软件和硬件进行实时、全面的监测。一旦发现系统故障，系统会立即启动紧急预案，采取有效措施进行处理，以避免系统崩溃对设计任务和设计资源造成不可逆的损失。这种预防措施极大地提高了系统的稳定性和可靠性。

2) 系统安全技术

在云制造产品协同设计平台的高度开放性环境下，确保系统的安全性成为维系其顺畅运作的核心要素。系统安全技术主要聚焦于两大核心问题的解决：首先是平台的安全性测试，这一环节尤为关键，因为它涉及平台在执行各类设计任务时，能够动态地添加新用户或移除已存在用户的能力。这种动态的用户管理能力不仅要求平台具备高度的灵活性和响应速度，更需要在用户增减的过程中保持系统的稳定与安全，防止任何潜在的安全风险。其次，平台用户权限的授予同样至关重要。在任务协调的过程中，平台必须根据用户的角色和职责，合理、适度地授予他们相应的权限。这既是为了确保用户能够高效、准确地完成设计任务，也是为了防止用户对超出其职责范围的事务进行干预或操作，从而保障整个设计过程的安全与稳定。通过精细化的权限管理，平台能够在保障用户工作效率的同时，最大限度地降低安全风险。

9.5.3　云制造产品协同设计平台系统实例分析

随着产品需求的日新月异，构建一个高效且灵活的产品设计模型变得尤为关键。本节在研究产品协同设计平台体系架构的基础上，以公司和企业实际部署的云制造产品协同设计平台系统(图 9-8)为具体案例，详细阐述云制造产品协同设计平台在实际应用中的表现，同时针对该平台系统的性能表现进行全面评估。在整个产品全生命周期中，该系统均展现出了出色的性能，无论是在产品概念设计阶段、详细设计阶段，还是在生产及后期维护阶段，都能够快速响应各种设计需求变化，确保产品设计的高效性和准确性。同时，该系统还通过与其他系统的集成，实现了数据共享和协同工作，进一步提升了产品设计的质量和效率。

1. 系统功能介绍

某公司部署的云制造产品协同设计平台系统主页整合了五个核心功能模块(图 9-9)，以满足全方位的协同设计需求。①用户数据管理服务：该模块专注于用户权限的精确授权与管理。通过为不同角色的用户设置严格的权限级别，确保设计任务在安全可控的环境下顺利完成，防止数据泄露和误操作。②产品管理服务：此模块致力于产品全生命周期的精细管理。它涵盖了从协同设计、协同建模到协同仿真和协同生产的各个环节，确保产品从概念到生产的每一步都经过精心策划和高效执行。③资源管理服务：该模块专注于资源的全面管理，包括资源的描述、封装、管理和应用。通过这一模块，用户可以快速有效地获取和利用各类资源，提高设计效率和质量。④冲突消解服务：针对任务分配和系统运行中可能出现的冲突，该模块提供了检测分类、解决策略的制定以及智能处理机制。它能够及时发现并解决潜在的冲突问题，保障系统的稳定运行。⑤系统安全服务：此模块负责系统安全的全面监控与保障。系统运行期间，实施动态监控以确保产品平台中实时设计数据、历史设计案例与设计资源的安全性与完整性成为关键，这一监控过程涵盖所有核心参数。

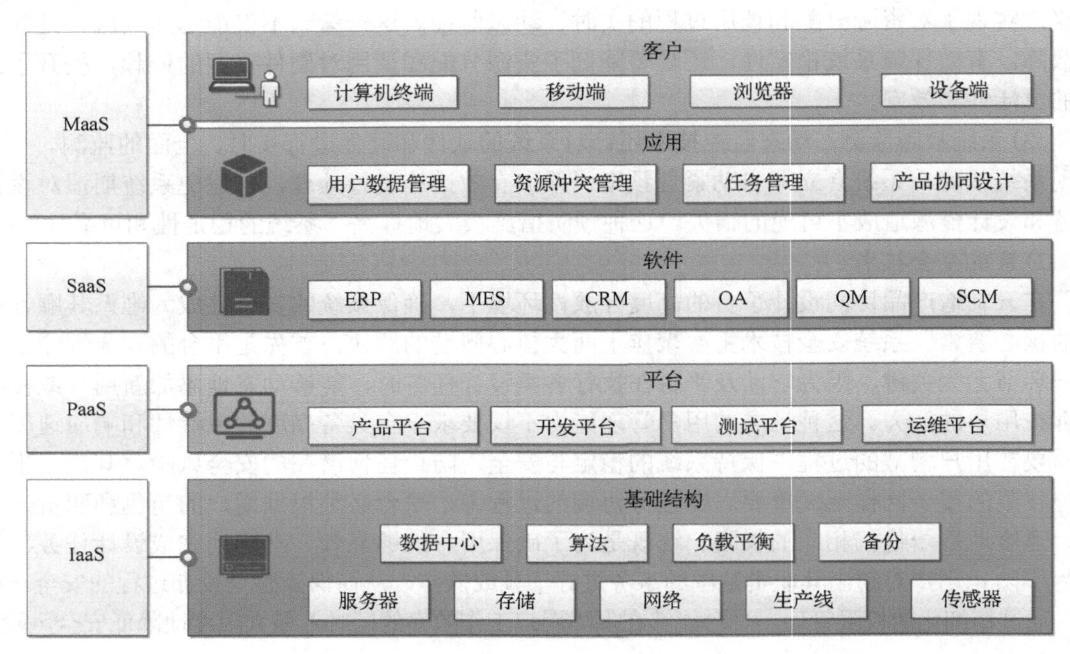

图 9-8　云制造产品协同设计平台系统

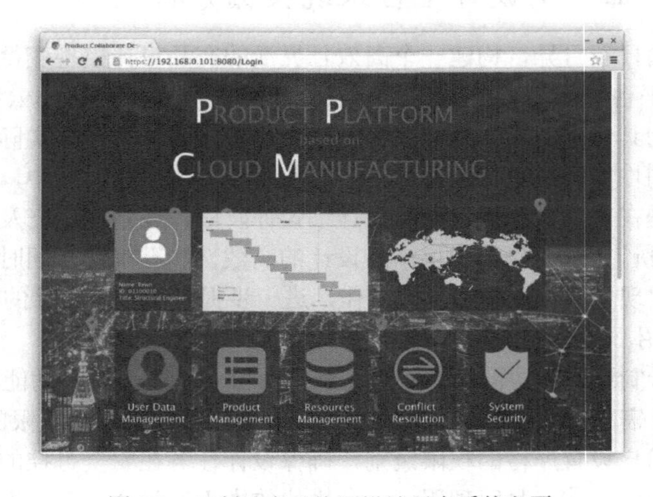

图 9-9　云制造产品协同设计平台系统主页

以数控铣床为案例，详细阐述云制造产品协同设计平台在产品管理服务中的应用，特别聚焦于产品协同设计、建模与仿真的实施情况。

(1) 在产品协同设计应用中，在云计算环境下，云服务器支持计算机辅助设计软件 (CAD) 的调用，以实现对特定部件 3D 结构图和 2D 工程图的快速读取。这一流程显著促进了参数化产品设计方法的应用。具体而言，通过对 3D 模型的深度解析，系统能够精准提取产品模型的关键参数，并基于这些参数对 3D 结构模型的尺寸进行精确调整，确保设计的精确性。同时，这些更新后的模型数据也会被同步至模型存储数据库，确保设计数据的实时性和一致性。这种基于云服务器和 CAD 软件的协同设计方法，极大地提高了产品设计的效率和准确性。

(2) 产品协同建模应用的具体流程可详细阐述如下：首先，基于客户的特定需求，明确目标数控铣床系列。然后，对数控铣床的每一模块进行深入分析，详细理解其参数设定、结构布局以及辅助结构特性，并据此精确选取相应的结构模块代码。紧接着，通过高效整合和灵活组合不同的模块，实现快速生成全新的数控铣床产品设计。在此过程中，确保每一模块的兼容性和整体设计的协调性。最后，针对主要结构模块，进行细致的修改和完善，并妥善保存所有设计数据。这一过程旨在确保最终产品能够精准满足客户的期望和需求，实现设计的高效性和精确性。

(3) 产品协同仿真应用展现出了高度自动化的流程，通过命令流自动执行从数控铣床模型导入、载荷与约束施加到后期处理的整个流程。用户被授予编辑关键信息的权限，如任务编号和名称，同时拥有自定义任务结束时间的灵活性。这一设计显著提升了仿真工作的效率和灵活性。基于用户设定的结束时间，系统采用动态资源调配策略，自动调整计算资源，如中央处理器 (CPU) 的分配数量，以优化资源利用率并确保仿真任务能够准时高效完成。最终，仿真分析的结果将直观地展示在界面上，用户还可以选择将其以超文本标记语言 (HTML) 格式的文件形式导出。

2. 系统对比分析

本书以任务分配时间和任务完成时间为核心衡量标准，选定北京市内的三家制造企业 (编号为 A、B、C) 作为研究案例。在获得企业明确授权后，研究团队深入其制造执行系统和数据库，详细收集了企业在引入前述云制造产品协同设计平台前后的相关数据。这些数据主要聚焦于任务分配和完成的时间消耗。为确保评估结果的代表性，研究团队采用平均值计算方法，对三家企业的任务时间数据进行汇总分析，以作为主要的评估指标。鉴于数据量庞大且复杂，研究团队进一步通过筛选关键节点数据，并以图表形式进行直观展示，从而有效地比较了传统制造模式与云制造模式在任务执行效率方面的差异。

图 9-10 对比分析了两种制造模式在任务分配和完成时间上的表现差异。具体而言，图 9-10 (a) 展示了三家企业在传统制造模式和云制造模式下任务分配时间的平均对比情况，从而揭示了两种模式在任务分配效率上的差异。另外，图 9-10 (b) 通过绘制基于三家企业任务完成时间的散点坐标的拟合线，直观地展示了两种制造模式在任务完成时间上的对比结果。在研究的早期阶段，由于云制造模式内在的复杂性及其涉及的多层次运行机制，其初始响应速度可能相较于传统制造模式略显不足。然而，随着任务量逐渐累积和增加，云制造模式的计算效能和效率开始逐步展现其优越性。具体而言，云制造模式在任务处理时间上逐渐缩短，最终显著优于传统制造模式，这表明云制造模式在应对大规模和高复杂度任务时具有显著的计算和性能优势。

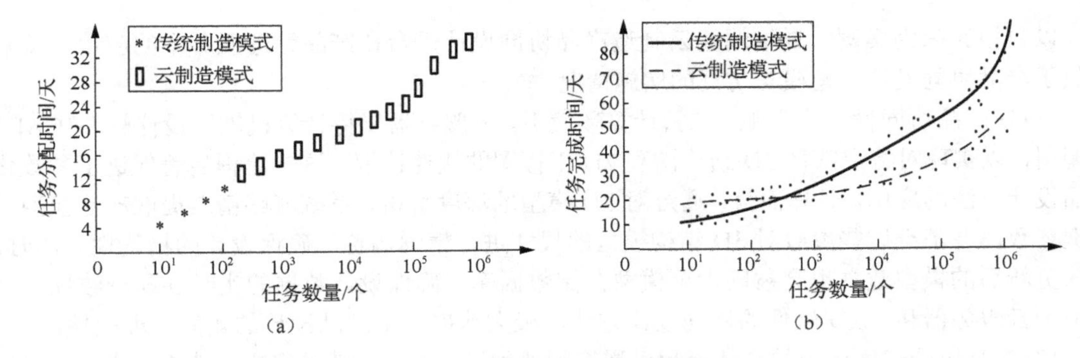

图 9-10　基于两种制造模式分配和完成任务的时间差异

基于对协同设计领域当前态势的详尽调研以及传统制造模式在资源利用与共享方面的细致分析，本节设计并提出了一个具备五层架构的云制造导向的产品协同设计平台。这一架构旨在通过云计算技术优化资源配置，提升设计过程的协同效率。基于云制造技术、产品族与平台技术以及协同设计技术的融合，成功构建了云制造产品协同设计平台原型系统，并在制造企业中得到实践验证。通过与传统制造模式的对比分析，深入探讨了两种模式在任务分配与完成效率上的差异，进而凸显了云制造模式的高效性与先进性。

展望未来，云制造产品协同设计平台在制造企业中的应用将深度融合工程实践，依托云制造模式的敏捷智能特性，贯穿产品全生命周期。在此过程中，平台应凸显云制造模式的优势，促进设计人员、客户及供应商等多方主体的紧密协作与交互，共同驱动产品设计制造流程的持续革新，进而提升设计效率与产品质量。尽管云制造技术已展现出显著的发展潜力，但受限于当前技术和研究时长，仍存在一定的局限性。未来研究可以从以下方向展开：对不同云服务架构的效能进行深入比较研究，以进一步优化资源封装和动态监测等云技术；为迎合增材制造与大数据分析的需求，云制造产品协同设计平台正经历系统功能迭代升级，以达成产品快速制造与市场需求精准预测等高级功能，此举无疑将加速制造业向数字化与智能化转型的步伐。

思考与练习

9-1　什么是云制造系统？

9-2　云制造系统相比于传统制造系统有哪些优势？

9-3　云制造系统的核心技术包括哪些方面？

9-4　请简要说明云计算在云制造系统中的作用。

9-5　什么是物联网在云制造系统中的应用？

9-6　大数据分析如何帮助优化云制造系统？

9-7　云制造系统如何提高制造过程的灵活性？

9-8　人工智能在云制造系统中有哪些应用？

9-9　云制造系统可能面临的安全挑战有哪些？

9-10　未来云制造系统的发展方向是什么？

第 10 章　智能制造系统集成——数字孪生与智能制造

数字孪生作为虚拟模型，可以用于智能制造中的预测性维护、工艺仿真、生产优化和虚拟实验等方面。在智能制造中，数字孪生模型可以帮助企业进行实时监测和预测性分析，从而优化生产过程，提高生产效率和产品质量。

10.1　数字孪生系统概述

数字孪生是由 Michael Grieves 教授提出的“信息镜像模型”演变而来的，数字孪生也可以称为数字镜像或数字化映射。数字孪生是一种基于数字化技术的概念，它通过数字化模型和仿真技术将物理世界中的实体、系统或过程映射到虚拟空间中，并实现对其进行全面、动态、实时的监测、分析、优化和预测。数字孪生技术可以帮助实体系统实现数字化转型，并在虚拟环境中进行模拟和实验，以便更好地理解、预测和优化其行为、性能和运行状态。其主要包括三个部分：①物理空间的物理产品；②以数字化方式建立的与物理实体对应的虚拟产品；③物理产品与虚拟产品之间数据和信息的连接。

数字孪生系统是利用数字化技术构建的物理实体的虚拟模型，旨在模拟、预测和优化实体的运行状态和行为。这个系统通过整合传感器数据、物联网、大数据分析和仿真建模等技术，实现了对现实世界中实体的全面、动态、实时的数字化表示。

10.1.1　系统的主要内涵

数字孪生系统构建主要包含以下几个方面。

1) 车间制造过程关键信息的数字孪生建模

模型构建的目的是将车间的物理实体信息以及实体之间的关联信息进行数字化和模型化。物理空间中离散车间的关键要素包括物理实体要素和信息要素两类。物理实体要素主要有由车间加工设备、物流设备和仓储设备组成的生产系统资源，以及车间环境资源和车间工作人员。构建物体实时元素的数字孪生模型需要对每个物理物体的几何尺寸、物理机制、行为特性和位置信息以及车间布局中物体之间的相互作用进行简单明了的数字表示。信息要素主要是车间设备和人员状况信息、订单处理信息、计划决策信息等。在对车间信息建模时，必须定义统一的语言、格式和标准，并且必须为不同系统中的不同类型的信息创建标准化的描述模型，以便在车间系统内交互共享信息。物理空间中车间要素的建模，是对车间生产过程和各类资源的抽象表达，通过统一的描述形式来简单地表现出车间所有实体对象及其之间的相互关系。

2) 多源异构的动态信息实时感知与集成

离散车间包含各种各样的设备(如机床、AGV、机械手、数字化检测装置等)，信息的来源也繁多，而且不同设备之间的接口和通信协议各不相同，同时车间内设备状态也时刻发生变化。这种情况使得车间信息的动态感知、整合和共享非常复杂。为了实现车间信息的实时感知和不同类型信息之间的交互传输，有必要创建一个车间多源异构信息感知和集成系统，作为车间加工过程数字孪生的信息载体。

3)物理、信息的互动融合

构建离散车间生产过程的数字孪生，需要实现物理车间与孪生信息世界的交互融合，使得物理加工车间的实体对象和其数字化虚拟对象能够实时地保持动态的信息互动。物理车间的最新动态信息需要实时传递给孪生信息空间，作为其最新的处理值和判断条件。同样地，信息空间在根据车间实时的状态信息做出一定的预测和优化后，需要根据预测优化的结果干预物理实体空间，将优化控制指令及时传递给物理加工车间。要实现这样的功能需求，离散制造车间中各生产设备需要装备有全面充足的测量设备、感知设备和控制设备，将车间状态信息进行实时传输。孪生信息空间需要能够接收到离散车间传输的状态信息，完成相应部分的对接处理和预测优化，将控制决策指令传输给离散车间。最后，离散制造车间要能够接收到孪生信息空间传递的指令信息，并通过控制设备完成相应的优化动作的执行。

4)车间系统生产信息的有效管理与良好的人机交互

离散车间生产过程的数字孪生中，信息数据主要有物理车间状态要素信息和孪生信息空间中虚拟车间数据。离散车间生产过程中，车间状态要素信息复杂多源。而虚拟车间镜像于物理车间，两者需要实时信息交互融合，所以需要对车间系统生产信息进行有效的管理。车间数据源于底层设备的采集感知，在传输过程中通常存在异常值、缺失值和偏离值等问题，所以需要对数据进行优化处理。在经过进一步集成处理后，需要在虚拟车间实现底层车间信息的可视化，能够清晰直观地观察车间的加工状态信息。除此之外，针对孪生信息空间的虚拟车间，需要设计友好的人机交互功能，实现在虚拟端对车间加工过程的远程监控。

5)对车间生产过程的模拟仿真、预测和决策优化调整

对车间生产过程的模拟仿真是利用离散车间的孪生模型，在虚拟车间按照工件实际加工的流程复现生产的全过程，包括仓储设备的物料存储模拟仿真、加工设备的加工动作及过程模拟仿真、物流设备的运动轨迹模拟仿真和车间工作人员的作业过程模拟仿真等。离散车间生产过程的模拟仿真不仅是对车间几何形状和空间布局的数据化表示，还在孪生车间中融入现实物理车间的物理规律和运行机理，利用这些规律和机理根据当前的状态来进行分析计算，从而对未来状态做出预测。车间数字孪生体能够通过对车间历史信息数据的分析、学习，根据实时底层车间状态数据对车间生产做出实际性决策优化调整。

10.1.2 系统的功能与优势

数字孪生系统的功能与优势如下所述。

(1)实时性和全面性：数字孪生系统能够实现对物理实体的实时、全面监测和仿真，提供全面的数据支持。

(2)预测性维护：数字孪生系统可以通过预测性分析识别设备或系统的潜在故障，进行预防性维护，缩短停机时间。

(3)工艺仿真和优化：数字孪生系统可以进行工艺和生产流程的仿真，优化工艺参数，提高生产效率和质量。

(4) 智能决策支持：数字孪生系统的数据分析和预测能力可以为企业提供智能决策支持，优化运营管理和制定战略决策。

10.2　面向生产过程的数字孪生体系架构

10.2.1　体系架构的层级

制造车间是一个多技术并存的综合性组织。为了更好地将数字孪生技术应用于制造车间的加工过程，并提高生产效率和智能化水平，需要构建一个面向制造车间生产过程的体系架构，以更好地服务于车间的生产需求。针对制造车间的特征和对其生产过程数字孪生功能需求的分析，结合数字孪生的系统参考架构，本节提出了如图 10-1 所示的面向离散车间生产过程的数字孪生体系架构。

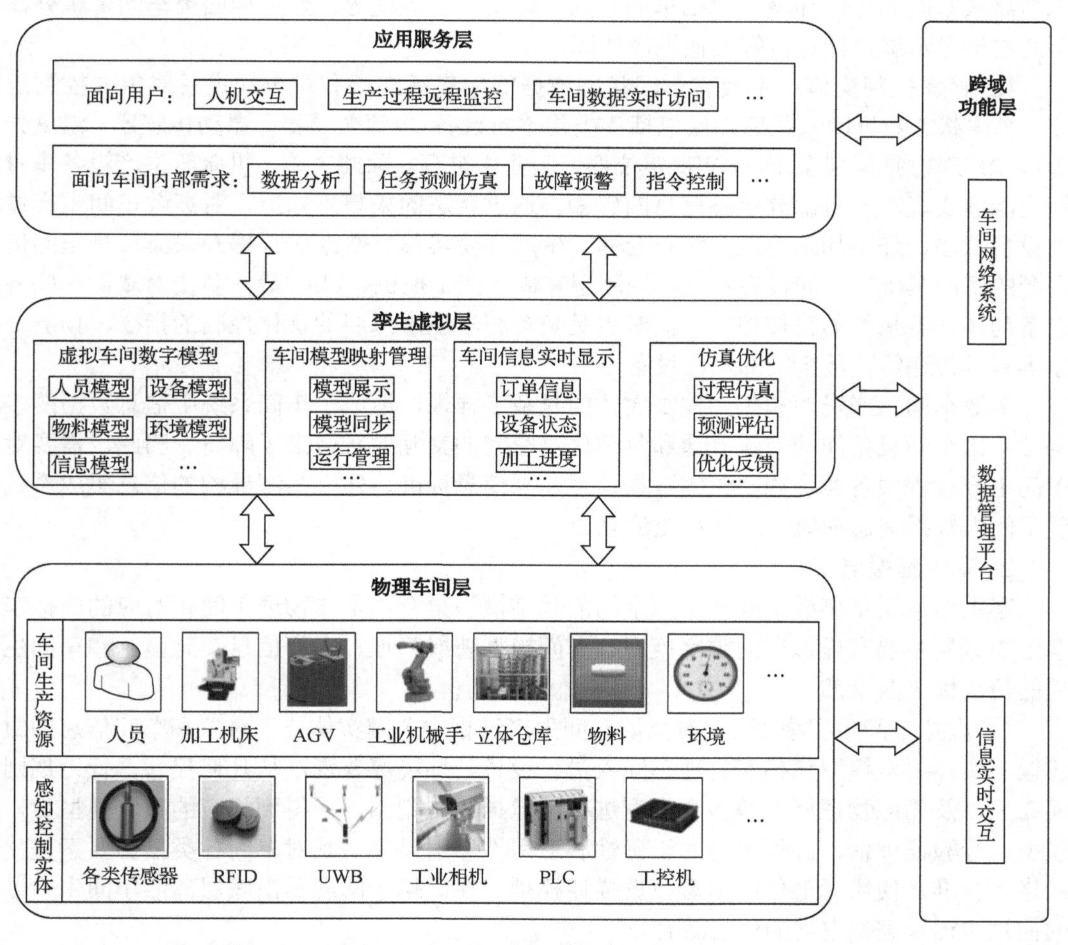

图 10-1　面向离散车间生产过程的数字孪生体系架构

结合图 10-1，制造车间生产过程的数字孪生系统主要分为四个层级，分别是物理车间层、孪生虚拟层、应用服务层和跨域功能层，在此基础上又对每层部分进行了更加细致的组成划分。物理车间层包括离散车间内的生产资源和感知控制实体。孪生虚拟层由虚拟车间数字模型、车间模型映射管理、车间信息实时显示和仿真优化等部分组成。应用服务层由人机交互、生产过程远程监控、故障预警等部分组成。最后，跨域功能层用于体系中各个组成部分之间的信息数据交流和传递，由网络层和数据管理平台组成。

1. 物理车间层

物理车间层主要指实际的离散加工车间，是加工任务和生产过程的底层执行部分。车间主要有车间生产资源和感知控制实体两部分。

(1) 车间生产资源：主要包括离散车间生产过程的人员、设备、物料、环境等。人员指车间生产的操作和管理人员。设备主要包括各种类型的加工机床、AGV、工业机械手、自动仓储单元等的生产加工设备。物料指车间用于零件生产的毛坯材料和加工完成的成品零件。环境指离散车间的生产环境，包括车间布局、温度、粉尘度等。除上述四类车间资源外，还有车间电子显示屏、计算机等其他生产资源。

(2) 感知控制实体：主要有车间状态数据的采集感知层和对车间设备对象的控制层两部分。车间状态数据的采集感知层包括各类传感器设备(电流传感器、振动传感器、温度传感器等)、RFID 射频识别系统、UWB 定位器、工业相机等。除此之外，机床等生产设备本身的系统也能够实现对设备部分状态信息的感知。通过状态的采集感知层，对离散车间生产过程中的设备状态、任务加工情况、物料仓储、生产环境等信息数据进行感知采集，是车间信息数据源的底层基础。车间设备对象的控制层有嵌入式工控机、PLC 等，负责对离散车间各生产设备动作任务执行的直接控制，同时也是负责将孪生虚拟层的优化控制的指令、预测警报信息等直接传递给离散车间的对应设备。

离散车间生产资源和感知控制实体的复杂多样性，造成了车间系统中信息数据的多源异构性，给车间设备间的交流互通和物理信息空间的交互融合带来了障碍。因此，需要对离散车间生产过程中各类资源要素的数据信息建立信息标准，建立多源异构的信息集成系统，实现车间内数据信息的统一感知和交流互通。

2. 孪生虚拟层

孪生虚拟层是离散车间在虚拟空间的数字模型集合，是与物理车间相对应的虚拟车间。孪生虚拟层主要有虚拟车间数字模型、车间模型映射管理、车间信息实时显示和车间生产过程的仿真优化四个部分。

(1) 虚拟车间数字模型：是对离散车间生产过程中关键实体要素对象和车间信息的数字化建模。实体要素模型包括对物理车间人员、设备、环境等要素，从几何尺寸、行为规则、车间布局以及相应物理属性等多个维度进行镜像描述与刻画。在得到相应的数字模型后，再对模型进行验证评估，确保模型的正确性和适用性。信息模型是对车间各类信息要素建立统一的格式标准，使用标准化的信息数据描述模型，在虚拟车间展示出底层离散车间生产过程中的信息传递和虚实空间的信息融合。

(2) 车间模型映射管理：在虚拟车间中实现对物理空间离散车间生产过程的实时映射。根据物理车间的相应规则，实现模型行为管理，对车间各实体要素的物理行为进行实时描述。

经过这样的模型映射管理，虚拟车间不再是单一的模型集合，而是参照物理车间有了自己的运行管理规范，并通过物理车间底层数据的实时驱动，使虚拟车间模型与物理实体对象同步，在虚拟空间展现离散车间生产全过程。

(3) 车间信息实时显示：在虚拟车间中，对物理空间中离散车间生产过程的信息数据进行实时的可视化显示。车间生产过程的信息数据时刻发生变化，通过在虚拟车间中布置 UI 电子信息看板，以丰富的形式动态地展现出对应物理车间对象的数据信息，如设备状态信息、订单信息、任务情况、物流信息等，实现车间数据信息的透明化。

(4) 车间生产过程的仿真优化：在离散车间生产过程中，孪生虚拟层在虚拟车间模型对离散车间生产过程同步映射的基础上，通过车间实时数据的分析，对物理车间对象的运行规律和车间生产状态进行预测评估。同时，将生产过程中得到的决策优化指令传递给物理车间，形成物理车间层与孪生虚拟层之间的信息闭环交流，实现信息物理的交互融合。在车间生产前，可以通过虚拟车间模型，对车间待执行生产任务进行仿真分析，通过任务生产过程的模拟，预先得到车间执行情况。通过这样的任务仿真分析，在实际生产前能够及时发现可能出现的问题，并对生产计划进行必要的优化调整。

孪生虚拟层的各功能部分都建立在虚拟车间模型之上，其具有数字虚拟性、多源集成性、物理规则性、可交互性和仿真预测性等众多特征，是离散车间生产过程数字化在虚拟空间的数字化孪生映射。

3. 应用服务层

应用服务层直接面向用户人员和实际的离散车间生产过程所需的功能要求，集成了物理车间层和孪生虚拟层的各类信息数据结果，提供了相应的功能服务。

(1) 面向用户，为了提高用户应用体验，该层级提供了良好的人机交互应用、生产过程远程动态监控和车间信息数据实时访问等服务。用户能以第一人称视角在虚拟车间漫游，观察虚拟空间中的对象模型状态和生产任务的执行情况，从而对实际离散车间的生产过程进行远程的动态监控。通过鼠标对车间要素模型点击拾取，用户可以对相应的实体对象进行详细状态信息的了解，对车间内相关信息数据进行实时的访问，并通过 UGUI 设计出的虚拟电子看板实时动态地展现给用户。

(2) 面向离散车间生产过程的内部功能需求，该层级提供了车间生产任务的仿真优化、生产过程数据分析、故障预警和调度决策优化指令控制等功能服务。该部分的功能服务，基于孪生虚拟层中对车间生产的仿真优化，将虚拟车间中根据物理车间状态得到的仿真预测结构和优化控制指令等实际应用到离散车间的生产加工中，配合车间排产和调度系统，控制具体对象执行相关任务动作。

4. 跨域功能层

跨域功能层在体系架构中主要起到信息支撑的作用，为其他功能组成部分之间提供信息数据的交流传递功能。该功能层主要由网络层和数据管理平台组成。

(1) 网络层：主要包括离散车间系统中相关的基础网络设备，如以太网、路由器、交换机等。本书研究的车间系统中，采用开放式系统互联通信模型建立车间网络系统，将离散车间各设备要素进行网络连接，使不同的设备系统之间实现安全可靠的数据通信。同时，网络层也是各功能层级之间连接交互的基础。通过系统网络，物理车间底层数据能够上传，为孪生虚拟层和应用服务层提供实时数据支持。孪生虚拟层和应用服务层的优化管控等指令信息也能够传输至底层离散车间。

(2)数据管理平台：离散车间生产系统的复杂性和设备资源的多样性，造成了系统信息数据多源异构性，这就需要良好的数据管理平台来进行全面的数据管理。数据管理平台包括对离散车间采集感知的信息数据进行分析处理，对多源异构的数据进行统一集成，以及对不同用途数据进行分类。利用车间系统的实时数据库，对离散车间的生产数据和虚拟空间的优化控制指令信息进行分类存储，并提供相应数据实时访问的功能。数据管理平台是车间系统的信息集成环境，为系统架构中各层级提供数据保证，通过对数据的分析与处理，实现数据资源的结构化、规范化，提高数据资源的利用率。

10.2.2　层级之间的相互关系

在制造车间生产过程的数字孪生体系架构中，各个层级之间不是相互独立的。通过体系内网络连接和层级间信息数据的交流互通，各层级间相互融合。图10-2为各层级之间的关系简图。

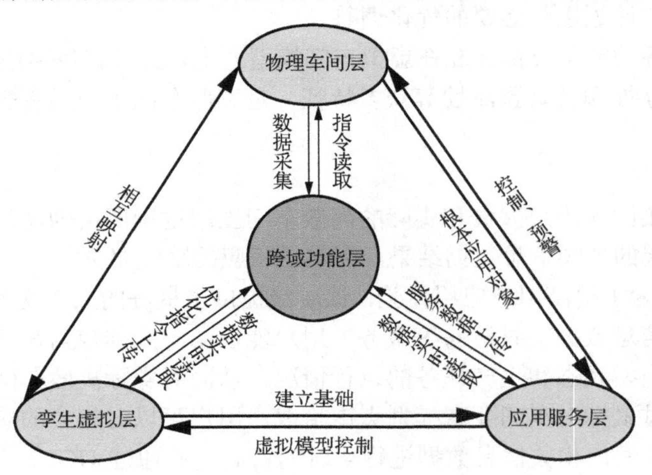

图10-2　体系架构中的层级关系

1)物理车间层和孪生虚拟层

物理车间层和孪生虚拟层之间是相互映射的关系。两层级之间，经由网络相互连接，可以进行实时动态的信息数据交互。从离散车间底层感知获取的信息数据，经过分析处理后实时传递映射到孪生虚拟层，驱动虚拟车间模型使之与相应实体对象在位置、动作、任务对象上实现同步，在孪生虚拟层中真实地模拟刻画出离散车间的生产过程，并使得相关车间生产信息能够实时动态地展示。同时，孪生虚拟层通过对物理车间生产信息数据的积累，对模型进行不断地改进优化，从而得到更为完整、真实的镜像虚拟车间。虚拟车间得到的仿真预测结果和优化控制指令也能够实时传递给具体的物理车间对象，对物理车间层的生产过程进行适当的调控指导。物理车间层与孪生虚拟层在相互镜像映射的关系中彼此促进，使得离散车间生产过程不断优化。

2)物理车间层和应用服务层

物理车间层是应用服务层的应用和服务根本，为应用服务层中的远程动态监控和数据信息实时访问提供了数据支持。离散车间生产过程中的状态和信息变化能够在应用服务层中以多样化的形式反映出来，使得用户能够迅速深入地了解离散车间的生产加工状态和各类信息数据。同时，应用服务层中面向离散车间生产过程的内部功能需求，可以对车间生产数据进行分析，将分析得出的故障预警信息和优化控制指令发送至物理车间层。

3) 孪生虚拟层和应用服务层

应用服务层的各项服务功能建立在孪生虚拟层上，基于虚拟车间设计出良好的人机交互接口，向用户提供了人机交互功能服务，将操作控制指令发送至虚拟车间，对相应的虚拟模型进行控制。应用服务层通过与孪生虚拟层中车间信息显示和生产过程仿真优化部分相结合，面向离散车间生产过程的内部需求，提供了车间生产仿真预测、优化反馈等服务。

4) 跨域功能层与其他层级

跨域功能层为其他三个层级提供信息数据管理与交流的功能，是整个体系架构的连接支撑部分。其中，网络层将离散车间内部资源要素以及各层级连接起来，将从车间采集感知的数据上传至跨域功能层的数据管理平台，经过分析处理后，可被孪生虚拟层和应用服务层实时地访问利用。同样地，仿真预测结果和优化控制指令也通过跨域功能层传递给物理车间层。

10.3　面向智能制造的数字孪生建模关键技术

10.3.1　数字孪生建模内容

1. 孪生模型构建的基本要求

在数字孪生系统中，业务系统是指与数字孪生技术相结合的企业管理系统或软件应用，用于对接、支持或优化企业内部的管理流程和业务操作。这些业务系统在数字孪生中扮演着重要的角色，与数字孪生技术相互配合，共同支持企业的运营和决策。

(1) 数据共享与交互：业务系统和数字孪生技术之间的数据交互，使得数字孪生能够充分利用不同系统的数据，提升决策的准确性和实时性。

(2) 业务流程优化：数字孪生通过对业务系统中的数据进行模拟和分析，为企业提供业务流程优化的方案，提高效率，降低成本。

(3) 决策支持：结合业务系统的数据和数字孪生模型，为管理层提供更精准的决策支持，支持策略制定和业务发展规划。

(4) 实时监控与反馈：通过与业务系统的集成，数字孪生能够实现对实时运营状态的监控和反馈，及时调整业务策略和运营方案。

2. 数字孪生车间构建流程

制造车间生产资源种类多样，分布式的生产过程具有一定的复杂性。因此，在车间孪生建模前，需要先理清车间建模过程，明确孪生建模步骤，为建立全面精确的孪生虚拟车间构建良好的基础。对车间各单元进行分析，建立高精度的物理对象孪生模型，包括三维实体模型、设备关系模型和业务流程模型等。通过制造车间中实时的生产数据驱动，实现孪生虚拟车间与实际制造车间的同步仿真运行，为后续的制造车间生产过程监控、仿真等提供基础的环境。

制造车间生产的数字孪生车间构建流程包括 3 个步骤：制造车间系统分析、车间要素三维模型构建和不同三维模型融合，如图 10-3 所示。

(1) 制造车间系统分析：对离散车间的各种组成要素进行不同维度的分析，将制造车间生产系统划分为整体布局、制造资源、加工环境等子系统。与此同时，分析车间设备、流程、产品等需要的建模对象信息，并且明确各对象的属性及其对象之间的相互关系。

(2) 车间要素三维模型构建：在离散车间生产系统中，定义车间生产过程中，引起车间生产状态变化的实体要素、活动和事件的行为逻辑。对各要素从外观、尺寸、结构关系等方面进行三维模型的构建。在此基础上，以车间生产过程为主线，结合实体要素对象运行的物理准则和运行规律，建立三维模型行为逻辑。最终，通过各要素模型的构建和布局，建立三维孪生虚拟车间。

(3) 不同三维模型融合：为了确保离散车间多层次模型之间的正确关系，需要将高精度的车间要素三维模型和信息模型结合起来，用于检查最终模型的准确性和一致性。对于验证检测后不符合准确性和一致性要求的模型，会重新进行建模。

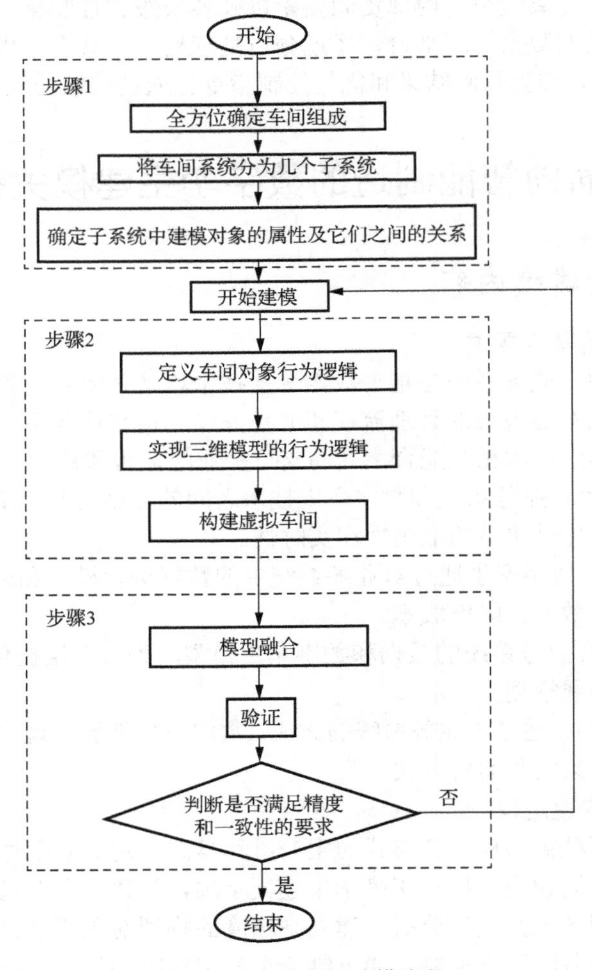

图 10-3　孪生车间建模流程

3. 车间要素三维建模过程

离散车间三维建模的主要内容有：车间要素对象的三维模型建立，虚拟车间三维场景构建与优化，以及车间模型动态行为的实现。

离散车间要素三维模型的构建需要按照一定的步骤流程来进行，以保证建模工作的顺利进行，进而提高建模效率。具体建模流程如图 10-4 所示。

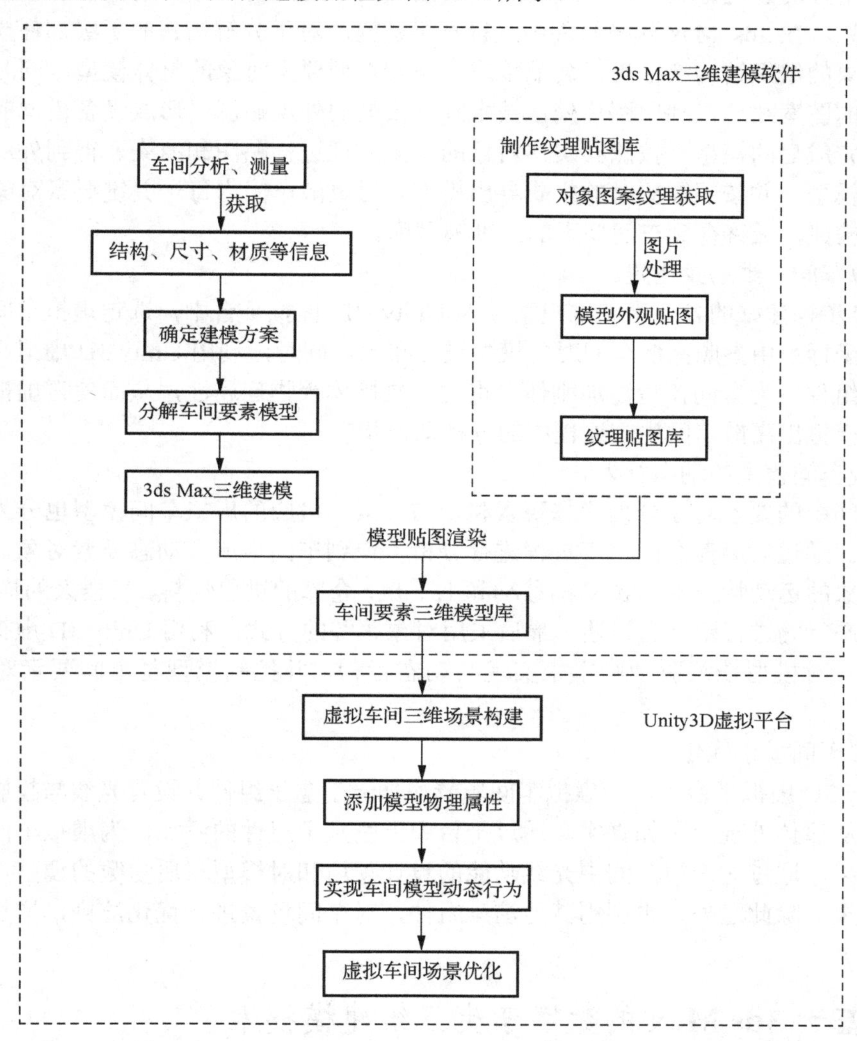

图 10-4　制造车间要素三维建模过程

(1) 确定建模方案。

在模型构建之前需要对实际离散车间内部各要素对象进行分析测量。根据分析结果和测量的数据，设计模型尺寸比例、物理结构以及特征体现形式，对模型的外观轮廓进行确定，进而确定对应的建模方案。

(2) 分解车间要素模型。

离散车间存在诸多较大的要素对象，这类要素的三维模型由其他众多较小的子部件模型组成。为了保证三维模型细节上的真实度，需要对较大的要素对象进行分解建模，使得大型要素对象分解后的各子部件能够在 3ds Max 建模软件中独立建模。由于离散车间大型要素结构的复杂性，其模型的分解工作会比较繁杂。

(3) 车间要素对象三维模型的建立。

根据确定好的建模方案，对分解后的模型按照具体的几何尺寸、结构特征以及对象的材质属性等信息，在 3ds Max 建模软件中进行三维建模。对于分解构建的子级部件模型，需要根据要素对象的组织结构特征进行装配集成，得到大型要素对象的整体模型。同时，需要获取要素对象的图案纹理，利用图片处理技术制作模型的外观贴图，形成设备模型的纹理贴图库。对构建完成后的模型，按照其实体对象的图案纹理进行贴图和渲染，得到外观更为逼真的三维贴图模型，并按照需要时的格式导出模型。对离散车间内每一关键要素对象进行以上三维模型的构建，最终得到车间要素的三维模型库。

(4) 虚拟车间三维场景构建。

将第(3)步构建好的各要素三维模型导入 Unity 3D 虚拟平台中，选定虚拟车间的原点位置，在同一坐标系中参照离散车间对各模型进行布局。同时，利用 Unity 3D 虚拟平台所提供的各类功能组件，为车间模型添加刚体、重力、碰撞体等物理属性，从而使得虚拟车间能够更加真实地模拟出离散车间生产过程中的各种动作状态。

(5) 实现车间模型的动态行为。

离散车间中的要素对象分为静态要素和动态要素，对应的虚拟车间模型也分为静态模型和动态模型。通过对离散车间生产过程进行分析，得到车间中所有动态要素对象，进而需要根据要素对象的运动特征(如 AGV 的移动和上下货、仓库的进出物料、机器人的抓取等)，对其模型的动态行为进行定义和描述。最后采用对象跟踪的方式，利用 Unity 3D 虚拟平台提供的运动组件，对模型挂载驱动脚本来实现其动态行为，并控制模型与车间要素对象的动作相同。

(6) 虚拟车间场景优化。

在 Unity 3D 虚拟平台中，为虚拟车间场景添加天空盒子组件并设置光线与投影效果，使得虚拟车间从整体外观上更加真实。通过平台中天空盒子组件的添加，为虚拟车间环境模拟出天空的效果。通过对虚拟车间中光线功能的设计使用和对模型材质参数的调整，渲染出光照和阴影效果。除此之外，也利用其他渲染组件，对车间场景进行优化渲染，增加虚拟车间的真实感。

10.3.2　基于 3ds Max 的数字孪生三维建模技术

虚拟车间是物理层离散车间在虚拟空间的孪生映射，构建真实度高、沉浸感强的三维虚拟车间，对离散车间生产过程的数字孪生技术研究和应用十分重要。离散车间要素对象的三维模型是构建虚拟车间的基础，因此需要对车间各生产要素对象建立逼真且动作运行流畅的三维模型。本节研究基于 3ds Max 三维建模和相关的优化技术，利用 3ds Max 建模软件进行车间要素对象的三维建模，并对模型进行优化处理，从而降低其在 Unity 3D 虚拟平台中运行时所需要的硬件条件。

1. 3ds Max 三维建模方法与步骤

3ds Max 建模软件向用户提供了简单高效的三维建模方法，主要包括旋转建模、loft 放样建模、ProBoolean 建模、复制堆积建模和依附建模等建模方法。旋转建模主要用来对以中心轴为对称中心的旋转体进行三维建模，这类物体的主体形状相对简单，能够用直线绘制工具画出中心轴的二维截面图，再通过旋转拉伸或剪切得到相应的三维实体模型。loft 放样建模主要用于具有相同截面形状的物体沿某一固定轨迹的三维建模，建模时先确定并绘制出放样轨迹，根据放样轨迹画出截面图形，然后通过 loft 放样成形等得到需要的实体三维模型。ProBoolean 建模是一种用于 3D 建模的软件工具和技术，广泛应用于工业设计、建筑、动画和游戏开发等领域。其核心原理是通过布尔运算(联合、差和交集)对三维几何体进行逻辑操作，从而生成复杂的 3D 模型。这种方法具有高效性、灵活性和精确性的优势，能够快速生成和修改模型，确保设计的准确性和一致性。复制堆积建模主要用于模型阵列或外形结构不规则的堆积模型，需要先对单个物体进行详细建模，然后通过复制、位移或旋转等规则或不规则的排列方式得到需要的模型阵列或堆积。依附建模主要用于不能独立存在，需要依附于其他物体形态的三维建模，这类物体模型大多形态复杂或扭曲变形。

2. 三维模型优化的关键技术

在虚拟车间运行的过程中，大量数据传输运算和渲染模型的驱动对计算机设备的 CPU 和 GPU 会造成较大的运行压力。为了提高虚拟车间运行的流畅度和实时性，需要对构建的三维模型进行一定的优化。针对 3ds Max 建模软件构建的离散车间模型采用了以下几种模型优化技术。

(1) LOD 技术：细节层次(levels of detail，LOD)技术是一种用于 3D 建模和计算机图形学的优化技术，通过动态调整模型的细节层次，根据对象与视点的距离使用不同分辨率的模型，从而提高渲染效率和性能。具体方法包括根据对象与视点的距离选择不同分辨率的模型(细节层次)，实时监测视距和场景变化进行动态细节调整，以及为每个 3D 对象预先创建多个分辨率的模型版本(多分辨率模型)，在渲染过程中根据需要自动切换使用。该技术广泛应用于游戏开发、虚拟现实(VR)、增强现实(AR)以及影视动画中，能够在保证视觉质量的前提下，显著减少计算资源的消耗，提升系统性能。在本书中，以距离、尺寸和运行速度作为参考标准，距离观察人员或观察视点远的模型，可以进行适当简化，绘制较为粗糙的几何细节从而降低模型复杂度。反之则对模型进行较为细致的细节绘制。同样地，对于整体几何尺寸较小或动态速度较快的模型，对其细节部分也进行较为粗化的建模。

(2) 实例化技术：在离散车间要素模型构建或建立虚拟车间场景过程中，当出现三维模型几何尺寸和形状一样，但出现位置不同的情况时，可以利用实例化技术进行三维建模的优化。利用实例化技术，可以对重复的对象构建一个几何模型并进行存储，其他相同实体的对象模型可通过对此模型进行实例化来得到。同样地，在场景构建中，对于相同的实例对象也只需要建立并存储一个对象模型，通过实例化技术重复应用模型时，只需要更改位置和旋转缩放等状态即可。三维建模和场景构建中实例化技术的运用，使得构建相同数量的同类物体模型时，模型构建多边形数目所需要的运行和存储资源较少。在本书中，对离散车间三维建模时，对相同类型型号的机床、机械手、AGV、立体仓库等车间生产资源对象的建模和车间厂房及场景的构建中都运用了实例化技术，对车间三维模型进行优化。

(3) 纹理映射技术：为了使建立的车间三维模型更加地接近离散车间实体对象，简单的颜色变化已经无法满足，所以在三维建模过程中运用了纹理映射技术。纹理映射又称纹理贴图，是将二维纹理平面的纹理元素映射到三维物体模型表面的过程，其具体的通俗表现就是将二维的图像贴合到三维模型表面从而增加模型的真实感。纹理映射技术的应用，是将三维模型表面以参数的形式转变到二维纹理坐标系当中。在二维纹理平面中，纹理可以看作是一个由颜色值组成的二维数组。每个颜色值称为纹理元素或纹理像素。每个纹理像素在纹理中都有一个唯一的地址。这个地址可以看作是由列值和行值组成的，分别用 u 和 v 表示。纹理坐标值位于纹理空间中，相对应的行值和列值分别用 t_v 和 t_u 表示。为了适应不同尺度的纹理，需要对纹理坐标进行规范化处理，将其限制在[0,1]区间内，如图 10-5 所示。

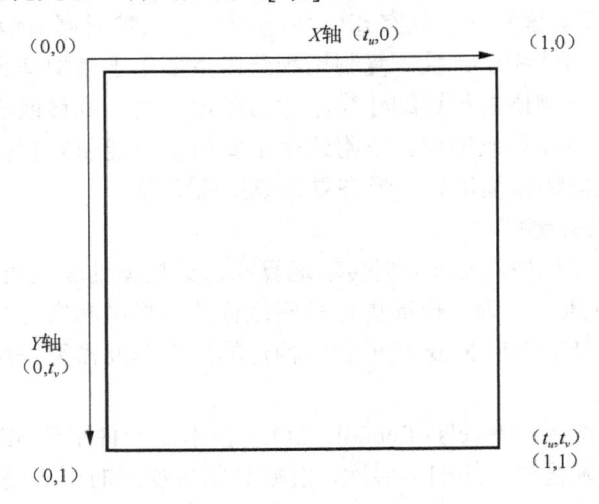

图 10-5 纹理空间坐标

假设三维模型的表面指向三维空间中的正交坐标系 (x,y,z)，通过求解其映射到二维纹理坐标系 (u,v) 的参数值，从而得到模型表面各点的纹理像素值，并利用纹理像素值来完成三维模型的纹理贴图。设空间参数为 (δ,ψ)，则三维空间中各坐标轴的空间参数描述为 $x(\delta,\psi)$，$y(\delta,\psi)$，$z(\delta,\psi)$，则纹理空间坐标向空间参数的映射函数为

$$\delta = f(u,v) \tag{10-1}$$

$$\psi = g(u,v) \tag{10-2}$$

进而得到纹理空间坐标轴的空间参数描述函数为

$$u = r(\delta,\psi) \tag{10-3}$$

$$v = s(\delta,\psi) \tag{10-4}$$

3. 3ds Max 三维建模及格式输出

根据离散车间中各类要素对象的结构特征，利用 3ds Max 建模软件，选择适当的建模方法分别进行三维建模，并对模型进行优化处理。以车间 AGV 为例，完成后的三维模型如图 10-6 所示。3ds Max 软件构建好的三维模型默认格式为 3ds Max(.max)保存格式，这种格式的模型文件与 Unity 3D 虚拟平台之间的相互兼容性比较差。这样的模型直接导入 Unity 3D 平台中会出现模型失真、无法显现、贴图丢失等问题，严重影响模型的真实性。除此之外，3ds Max 软件中建模坐标系和模型尺寸比例与 Unity 3D 虚拟平台不一致，所以需要进行坐标和尺寸比例的转换。

为了使构建好的车间三维模型能够与 Unity 3D 虚拟平台很好地兼容，需要在 3ds Max 软件中将最终完成的三维模型输出为 Autodesk(.FBX)格式的模型。模型格式输出时的相关参数按图 10-7 所示来进行设置。对“几何体”参数的选择设置，保证模型细节的兼容，防止模型转变格式导出后失真。对“嵌入的媒体”参数的选择，保证模型输出时贴图和纹理映射的模型优化不会丢失。对高级选项中“单位”参数的比例因子选择和“轴转化”参数的设置，保证模型在 Unity 3D 虚拟平台中坐标系的正确转换和模型尺寸比例的调整。其他参数选项可根据具体要求进行设置或保持默认设置，参数设置好后单击“确定”按钮，等待模型完成.FBX 格式的输出。

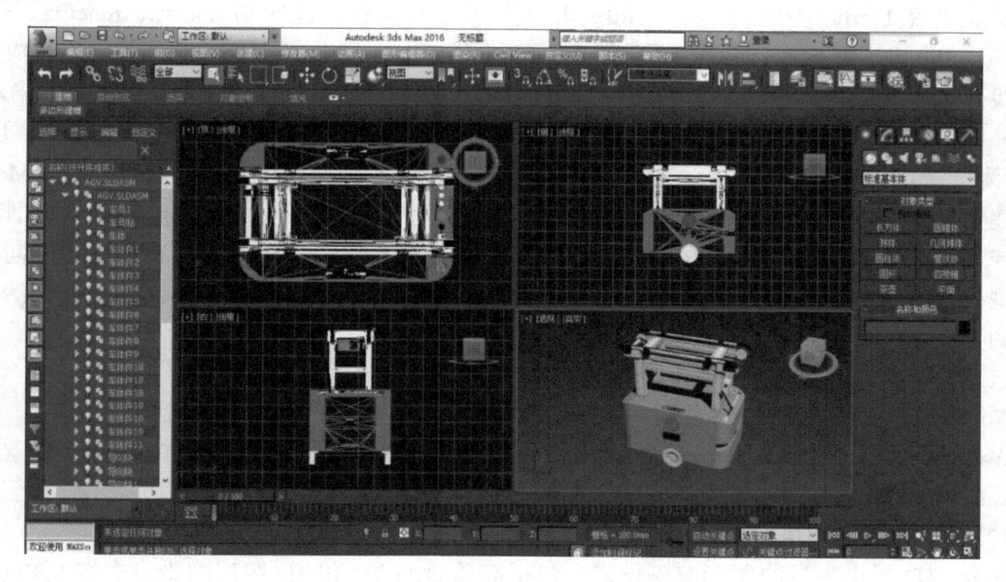

图 10-6　AGV 三维建模示意图

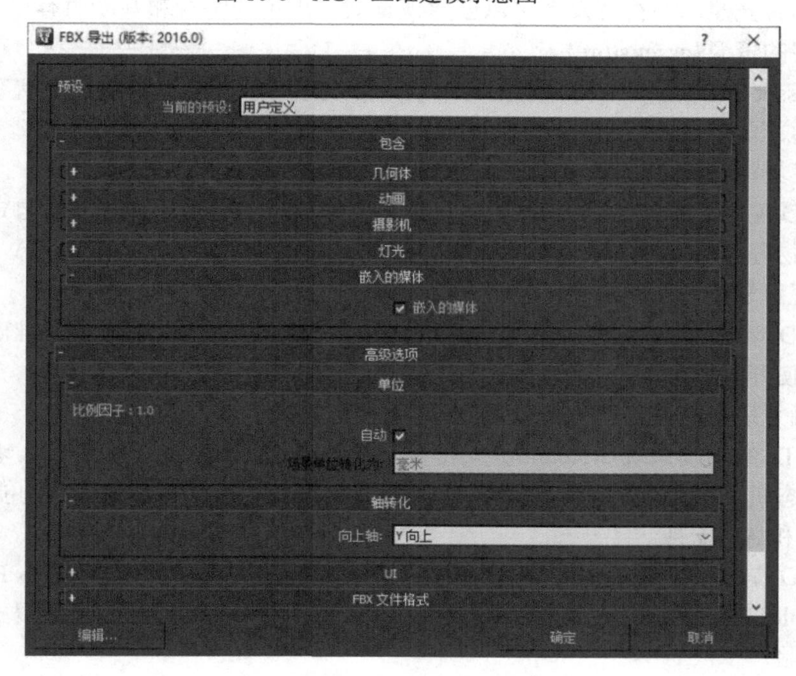

图 10-7　模型格式输出的参数设置

10.3.3 基于 Unity 3D 的孪生车间构建技术

1. Unity 3D 虚拟平台简介

Unity 3D 是由 Unity Technologies 开发的一款跨平台游戏引擎，用于创建视频游戏和其他交互式 3D 内容。Unity 3D 提供了一个综合开发环境，支持 2D 和 3D 图形的制作，并且包含了一整套用于渲染、物理计算、脚本编写、动画、音效处理等方面的工具。开发者可以使用 C#编程语言在 Unity 中进行开发。Unity 3D 支持多平台发布，包括 Windows、macOS、iOS、Android、Linux、WebGL、游戏主机(如 PlayStation、Xbox、Nintendo Switch)等，使其成为现代游戏开发和互动内容制作的重要工具之一。Unity 3D 能够运行在 Windows 和 macOSX 系统上，可以将创建的项目系统发布至 PC、WebGL(需要 HTML5)、Android 等平台上。Unity 3D 作为一个虚拟环境创建平台，操作简单，容易学习，通过文件格式的设置可与 3ds Max 等三维建模软件很好地兼容。除此之外，Unity 3D 虚拟平台提供了强大的场景渲染、物理特性、脚本控制等功能组件，能够更好地提供虚拟环境在外观和物理规律方面的真实性。面向对象的模型处理与控制方式，也方便了对单个模型对象的处理和控制。Unity 3D 虚拟平台的主要特色如下。

(1) 跨平台支持。

Unity 3D 支持多平台开发和发布，允许开发者将他们的作品部署到各种平台，包括 Windows、macOS、iOS、Android、Linux、WebGL 以及主要的游戏主机(如 PlayStation、Xbox、Nintendo Switch)，这大大简化了跨平台内容的制作和发布过程。

(2) 强大的图形渲染。

Unity 3D 提供先进的图形渲染技术，包括高质量的 2D 和 3D 图形渲染，支持 PBR(物理级渲染)和实时光照，使得开发者可以创建视觉效果出色的游戏和互动内容。

(3) 丰富的资源(asset store)。

Unity Asset Store 是一个资源丰富的市场，开发者可以在这里购买或免费下载各种资产，包括模型、纹理、动画、音效、脚本和插件，极大地加快了开发进程和效率。

(4) 高度灵活的脚本编写。

Unity 3D 使用 C#作为主要脚本语言，提供了丰富的 API，允许开发者自定义游戏逻辑、用户界面、物理效果等。其灵活的编程环境支持开发复杂的互动行为和系统。

(5) 物理引擎。

Unity 3D 集成了强大的物理引擎(如 Box2D 和 NVIDIA PhysX)，支持准确的物理模拟和碰撞检测，使开发者能够轻松实现逼真的物理效果和互动。

(6) 动画系统。

Unity 3D 的动画系统(Mecanim)支持复杂的动画控制和混合，允许开发者创建逼真的角色动画和状态机。其强大的工具集成了动画剪辑、骨骼动画、面部动画等功能。

(7) VR 和 AR 支持。

Unity 3D 提供了全面的 VR 和 AR 支持，兼容主要的头戴设备(如 Oculus Rift、HTC Vive、Microsoft HoloLens 等)，并且支持 ARKit 和 ARCore，使开发者能够创建沉浸式的虚拟现实和增强现实体验。

(8)社区和资源。

Unity 3D 拥有一个活跃的开发者社区，提供了大量的教程、文档和支持资源，帮助开发者解决问题并不断提升技能。

(9)实时协作和版本控制。

Unity 3D 支持实时协作和版本控制，通过服务(如 Unity Collaborate)，多个开发者可以同时在同一个项目上工作，并且可以方便地进行版本管理和项目同步。

(10)高效的工作流和集成。

Unity 3D 的编辑器提供直观的界面和高效的工作流，集成了多种开发工具和插件，支持与外部软件(如 Photoshop、Maya、Blender)的无缝集成，使开发过程更加顺畅和高效。

2. 孪生车间场景构建

对离散车间要素对象三维建模并完成模型优化后，得到 Autodesk(.FBX)格式车间模型库。需要将模型库中的模型导入在 Unity 3D 平台中创建的项目中，并按照实际离散车间的布局，构建虚拟车间场景，具体的场景构建流程如图 10-8 所示，主要包括以下几个步骤。

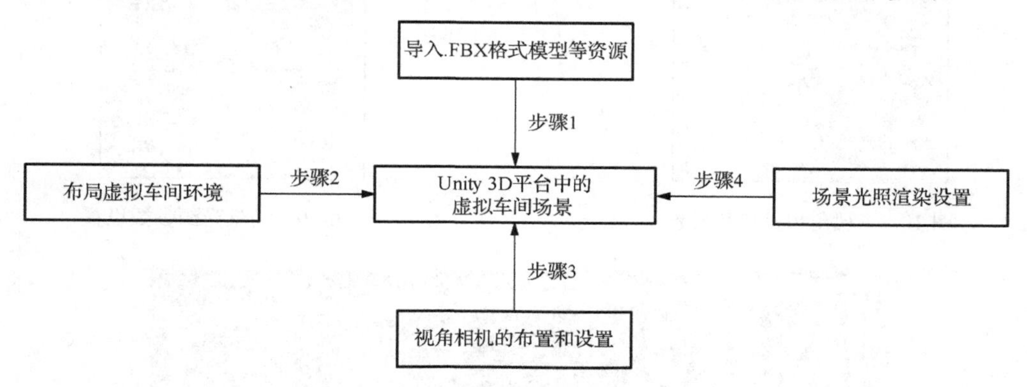

图 10-8　虚拟车间场景构建流程

步骤 1：在 Unity 3D 平台中新建一个项目文件，创建一个空的新场景。将建好的车间模型库中 Autodesk(.FBX)格式的车间要素三维模型导入项目中，建立场景模型资源库。然后根据具体需要，增添项目中图片、文字字体、材质等资源。

步骤 2：根据场景搭建的进度需要，从项目模型资源库中将需要的车间对象模型添加到虚拟车间场景中。在虚拟车间中设置坐标系，参照离散车间布局，对模型的大小位置等参数进行调整，使得虚拟车间布局与实际离散车间相同。

步骤 3：添加虚拟车间相机组件，根据车间视角需求调整相机的距离、角度以及相关的性能参数。其中一个相机参数调整界面如图 10-9 所示。通过对“Transform”栏的参数进行设置来调整相机的大小、位置和角度，使相机拥有合适的视角。选中“Camera”组件，使相机具备视野特性，选择远景投影视角并设置好合适的视角范围。其他参数可按具体需求调整或保持默认设置。

步骤 4：视角相机设置调整好后，需要对虚拟车间场景添加光照效果，增加虚拟车间的亮度，提高可视性和虚拟车间环境的逼真度。Unity 3D 平台中提供了方向光源、点光源、聚光灯、区域光等多种常见的光照组件。以照亮整个车间场景的方向光源为例，其参数设置界面如图 10-10 所示。方向光源模拟的是太阳光的照射，可以各个方向照亮整个虚拟车间。通过参数设置，可以调整光源位置、角度以及光线的各个属性，没有具体特殊需要的参数保持默认设置。

通过以上的场景构建流程，经过相应渲染工作后，能够得到如图 10-11 所示的虚拟车间的场景模型。

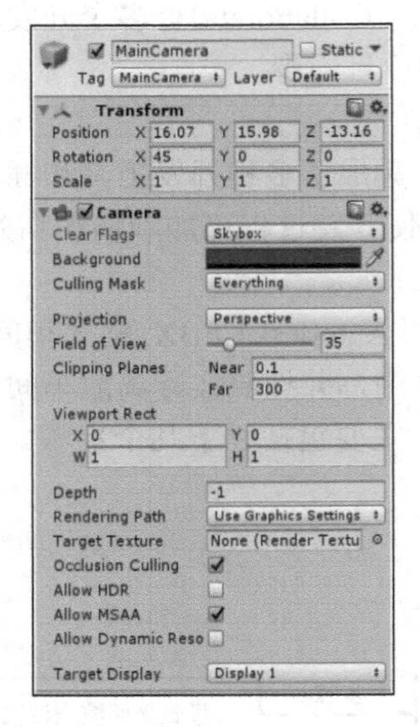

图 10-9　视角相机参数设置

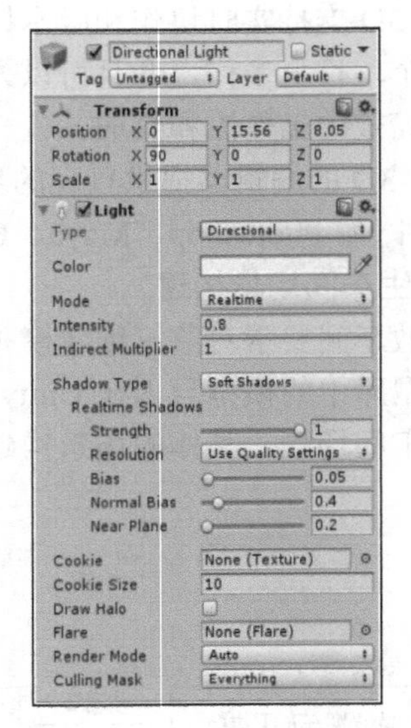

图 10-10　场景光源参数设置

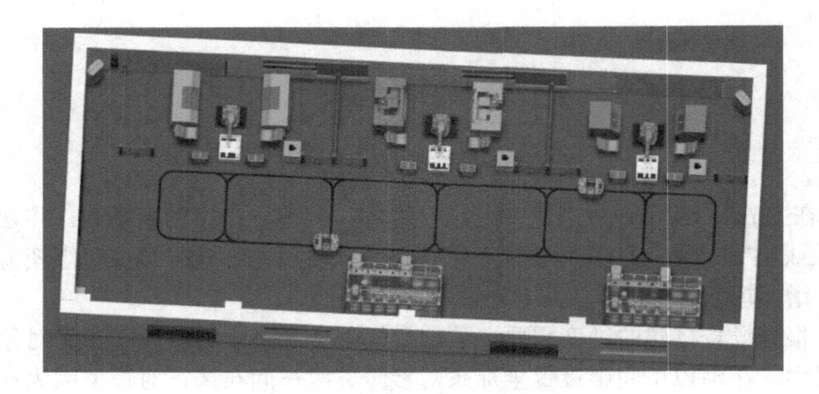

图 10-11　虚拟车间场景示意图

3. 孪生车间构建动态行为技术

通过上述虚拟车间场景的构建，只是实现了孪生车间与物理车间在静态下保持一致。为了使虚拟车间能够实现对物理车间生产过程的映射，需要对虚拟环境中车间要素三维模型动态行为的实现进行研究。通过采用面向对象模型跟踪的方式来实现三维模型的动态行为。以制造车间各动态要素和其对应模型为对象，通过要素在生产过程中的动态分析，来定义其模型可能存在的动态行为。通过对模型对象的实时跟踪，当新的驱动数据输入时，模型能在定义的动态行为之间连贯地变换状态，从而实现对制作车间生产过程的映射。

三维模型在虚拟车间的动态行为主要有平移、旋转和缩放或是它们的组合动作，所以，实现虚拟车间动态行为的理论基础是研究三维模型的这些动态行为原理。下面对模型最常见的三种动作变换原理进行讲解。

1) 平移动作

模型的平移是指模型的三个位置坐标值按某一方向进行变换得到新的位置坐标。假设空间中某点 A_i 的坐标为 (x,y,z)，将点沿三个坐标轴方向分别平移 dx 、 dy 、 dz 的距离后到点 A_j (x_1,y_1,z_1) 位置。矩阵变换表示为

$$[x_1,y_1,z_1,1]=[x\ ,y\ ,z\ ,1]\begin{bmatrix}1&0&0&0\\0&1&0&0\\0&0&1&0\\\mathrm{d}x&\mathrm{d}y&\mathrm{d}z&1\end{bmatrix}=[x+\mathrm{d}x,y+\mathrm{d}y,z+\mathrm{d}z,1] \tag{10-5}$$

式中，矩阵 $M_1=\begin{bmatrix}1&0&0&0\\0&1&0&0\\0&0&1&0\\\mathrm{d}x&\mathrm{d}y&\mathrm{d}z&1\end{bmatrix}$ 为平移变换矩阵； $x_1=x+\mathrm{d}x$ ； $y=y+\mathrm{d}y$ ； $z=z+\mathrm{d}z$ 。

2) 旋转动作

在 Unity 3D 虚拟平台中，模型的旋转是通过坐标旋转轴与对应轴上的旋转角度组成的四维旋转矩阵来实现的。假设空间中某点 B_i 的角度坐标为 (x,y,z)，将其绕 X 轴旋转 θ 角度后到点 B_j (x_1,y_1,z_1)，矩阵变换表示为

$$[x_1,y_1,z_1,1]=[x\ ,y\ ,z\ ,1]\begin{bmatrix}\cos\theta&\sin\theta&0&0\\-\sin\theta&\cos\theta&0&0\\0&0&1&0\\0&0&0&1\end{bmatrix}=\left(x\cos\theta-y\sin\theta,x\sin\theta+y\cos\theta,z,1\right) \tag{10-6}$$

式中，矩阵 $T_1=\begin{bmatrix}\cos\theta&\sin\theta&0&0\\-\sin\theta&\cos\theta&0&0\\0&0&1&0\\0&0&0&1\end{bmatrix}$ 为 X 轴的旋转矩阵。

同样地，将点绕 Y 轴旋转 α 角度的矩阵变换表示为

$$[x_1,y_1,z_1,1]=[x\ ,y\ ,z\ ,1]\begin{bmatrix}\cos\alpha&0&-\sin\alpha&0\\0&1&0&0\\\sin\alpha&0&\cos\alpha&0\\0&0&0&1\end{bmatrix}=\left(x\cos\alpha+z\sin\alpha,y,z\cos\alpha-x\sin\alpha,1\right) \tag{10-7}$$

绕 Z 轴旋转 β 角度的矩阵变换表示为

$$[x_1,y_1,z_1,1]=[x\ ,y\ ,z\ ,1]\begin{bmatrix}1&0&0&0\\0&\cos\beta&\sin\beta&0\\0&-\sin\beta&\cos\beta&0\\0&0&0&1\end{bmatrix}=\left(x,y\cos\beta-z\sin\beta,y\sin\beta+z\cos\beta,1\right) \tag{10-8}$$

式中，矩阵 $T_2 = \begin{bmatrix} \cos\alpha & 0 & -\sin\alpha & 0 \\ 0 & 1 & 0 & 0 \\ \sin\alpha & 0 & \cos\alpha & 0 \\ 0 & 0 & 0 & 1 \end{bmatrix}$，$T_3 = \begin{bmatrix} 1 & 0 & 0 & 0 \\ 0 & \cos\beta & \sin\beta & 0 \\ 0 & -\sin\beta & \cos\beta & 0 \\ 0 & 0 & 0 & 1 \end{bmatrix}$ 分别为 Y 轴和 Z 轴的旋转矩阵。

3)缩放动作

模型的缩放动作通过三个坐标方向上的缩放因子组成的四维比例矩阵来实现。假设空间中某点 C_i 的坐标为 (x,y,z)，经过缩放动作后到 C_j (x_1,y_1,z_1) 的位置，X 轴、Y 轴、Z 轴方向上的缩放因子分别为 e、j、k。矩阵变换表示为

$$[x_1, y_1, z_1, 1] = [x, y, z, 1]\begin{bmatrix} e & 0 & 0 & 0 \\ 0 & j & 0 & 0 \\ 0 & 0 & k & 0 \\ 0 & 0 & 0 & 1 \end{bmatrix} = [ex, jy, kz, 1] \tag{10-9}$$

4. 虚拟车间模型的驱动方式

在孪生车间中，车间要素模型的驱动是通过车间数据来实现的。在 Unity 3D 虚拟平台中车间要素模型是按层次集成的，父模型下面可以分布多个子级模型，模型整体的动态行为由各层级子模型的驱动合成。仓库模型存取物料的动作由实际的离散车间仓库的存取库位号数据驱动。AGV 模型的动态行为由当前点位、下一点位、目标点位以及装卸物料信号等数据驱动。机械手模型需要各轴角度、夹具类别以及夹具开关信号等数据驱动。各类加工机床模型需要各个轴坐标值、主轴转速、卡盘信号、机床门开关信号等机床的状态数据驱动。总而言之，孪生车间由物理车间生产过程中的实际数据进行驱动，车间模型的动态驱动过程如图 10-12 所示。物理车间生产过程中的车间数据信息存于车间数据库中，孪生空间中的车间模型通过实时访问车间信息数据库获取对应的驱动数据，在对数据进行处理后用于模型的动态驱动，从而实现孪生车间对物理车间生产过程的映射。

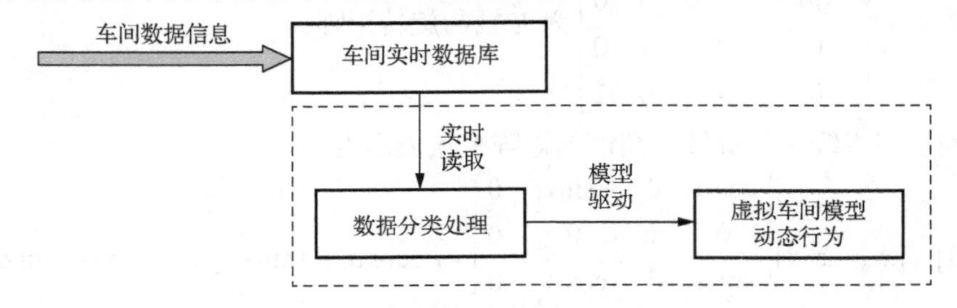

图 10-12　孪生车间模型动态驱动过程

10.4　数字孪生系统案例

1)电网生产企业数字孪生案例

随着新型电力系统建设，电网特高压线路超长距、跨级跨区特点，对传统分级分区的通信调度运行向数字化转型提出新的挑战，如何实现与电网融合的通信故障端到端快速诊断处

置、与电网事件关联的运行风险隐患预警、随电网需求动态优化的通信方式编排是大电网骨干光通信系统调控运行的核心问题。

因此，分析电网通信系统跨级跨区关系和特点，研究电网通信系统数字孪生网络架构、孪生体建模及感知交互技术，实现通信系统数字化建模和智能感知交互，实现通信系统真实世界的系统与数字世界的系统同步运行，极大提升电网通信系统智慧运行协同优化和决策的数字化、可视化、互动化和智能化水平，全面支撑电网通信运行满足可观、可测、可控的能力要求。图 10-13 是某地电网企业数字孪生模型。

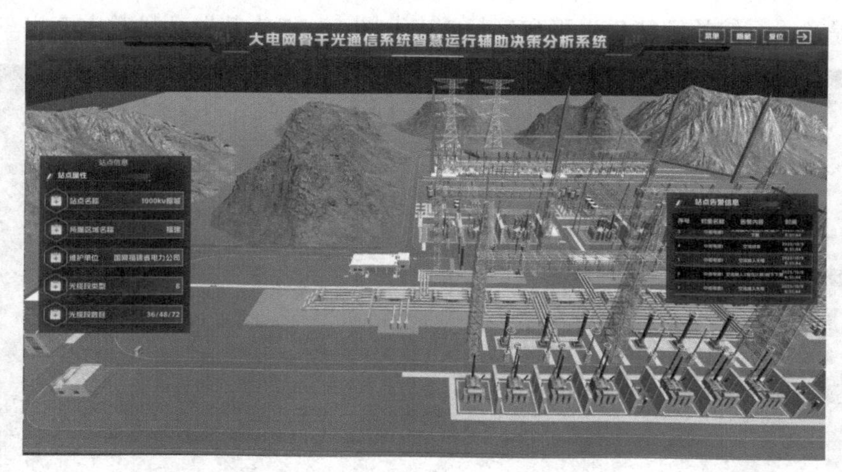

图 10-13　某地电网企业数字孪生模型

2）航空航天企业数字孪生案例

针对我国航空航天产业制造存在的供需结构错配、跨区域跨企业大规模协同难、分布式资源配置效率低、社会化协作生产管控难等痛点问题，围绕面向制造资源标准可信接入和多源异构数据融合、智能制造单元自组织协同生产与动态自适应优化控制、分布式智能工厂一体化决策管控等科学技术，研究分布式智能工厂生产资源、设备、物料等要素的协同控制方法，实现分散制造资源的物联交互与自组织协同控制；研究制造过程产品质量和设备状态网络化、可视化管控方法，建立全要素采集、全过程管控、全生命周期优化的数字孪生智能车间管控平台。图 10-14 是北京某航天智能制造车间数字孪生系统示例。

3）发动机行业数字孪生案例

数字孪生技术在智能工厂中发挥着关键作用，通过创建物理实体的虚拟模型，实现设备监控与维护、生产过程优化、虚拟调试与测试、工厂管理与优化、培训与技能提升、产品生命周期管理以及协同与集成等多方面的功能。它能够实时监控设备状态，预测性维护设备，优化生产流程和质量控制，并在虚拟环境中进行调试和测试，从而降低风险和成本。数字孪生还支持资源优化和实时决策，提供虚拟培训环境和操作指导，覆盖产品全生命周期管理，提升产品性能和用户体验，并实现供应链和系统的集成协同，通过精准的虚拟映射和实时数据交互，显著提高工厂的运营效率、生产质量和决策能力，为智能制造提供强有力的技术支撑。按照数字孪生车间构建方法，在某发动机制造车间构建数字孪生系统。首先，建立了智能工厂数字孪生系统体系架构。利用基于点云拟合的三维几何模型构建方法、面向数据交互的 OPC UA 信息建模方法以及多源异构数据集成及虚实映射数据快速匹配技术对系统进行详细构建。基于点云拟合的三维几何模型构建方法通过激光扫描等技术采集点云数据，并使用算法将其转换为精确的三维几何模型。面向数据交互的 OPC UA 信息建模方法通过建立标准化的信息模型，实现不同系统之间的数据一致性和高效交互。多源异构数据集成及虚实映射数据快速匹配技术则整合多种数据来源，进行数据清洗和标准化处理，通过高效算法实现虚拟模型和物理实体之间的数据同步。这些技术共同作用，为数字孪生系统提供了精确的三维模型、标准化的信息交互以及高效的数据集成和匹配能力，从而实现物理实体与虚拟模型的无缝连接，提升了系统的智能化水平和运行效率。图 10-15 为某发动机数字孪生车间示例图。

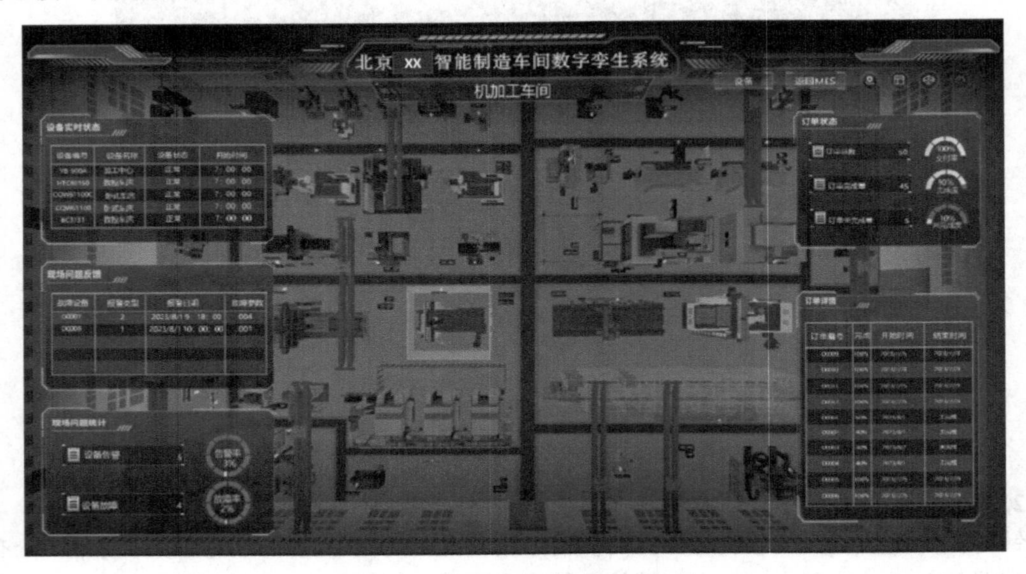

图 10-14　某航天智能制造车间数字孪生系统

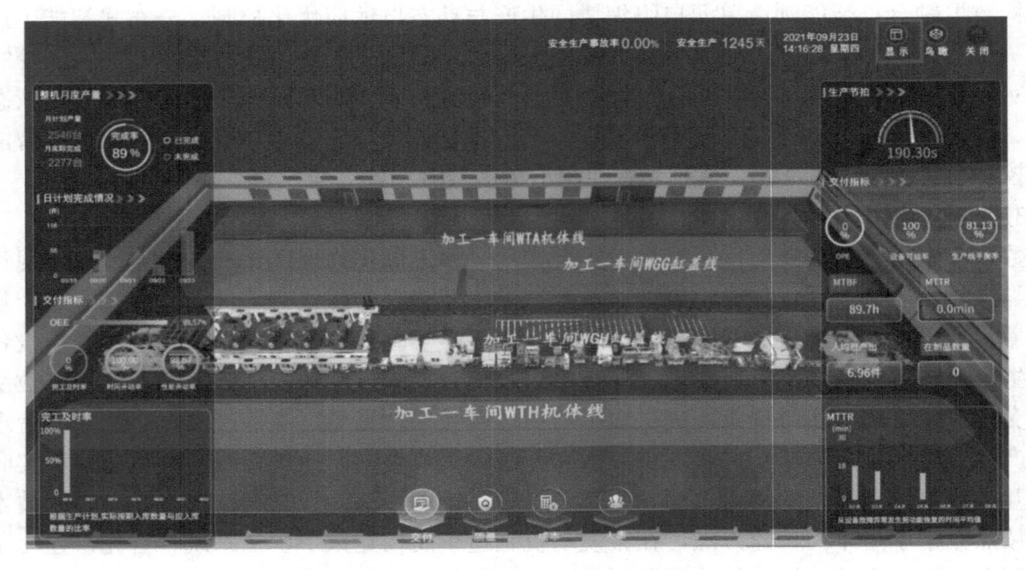

图 10-15　某发动机数字孪生车间示例图

10.5　数字孪生的未来发展方向展望

1) 深度集成 AI 和机器学习

智能化预测和决策：基于 AI 和机器学习，数字孪生将能更准确地预测实体的行为和状态，并为企业提供更智能化的决策支持。

自主学习和优化：数字孪生模型将能够自主学习实体的运行规律，并优化运行方案，实现自主化的运营和决策。

2) 实时性和全面性进一步提升

实时更新与反馈：随着传感器和物联网技术的进步，数字孪生将实现更实时的数据采集和模型更新，提供更及时的反馈和决策支持。

全球化数字孪生网络：数字孪生将实现跨地域、跨行业的数字化模型建立和共享，构建全球范围内的数字孪生网络。

3) 跨行业应用和拓展

扩展到更多领域：数字孪生技术将不仅局限于制造业，还将扩展到医疗、城市规划、交通运输等领域，提供更广泛的应用场景。

多领域协同创新：不同行业之间数字孪生模型的交叉应用，将促进各行业之间的协同创新和信息共享。

4) 虚拟化与实体融合

虚拟和实体融合：数字孪生技术将逐渐实现虚拟世界和实体世界的融合，为人们提供更真实的虚拟化体验和服务。

增强现实应用：结合增强现实技术，数字孪生将更直观地呈现在现实世界中，为用户提供更沉浸式的体验。

5) 数据安全和隐私保护

数据安全和隐私保护：针对数字孪生系统中数据的安全和隐私问题，将提出更完善的解决方案，确保数据安全和隐私保护。

思考与练习

10-1　数字孪生的含义？

10-2　数字孪生系统的含义？

10-3　数字孪生系统的组成部分有哪几个方面？

10-4　制造车间数字孪生体系架构主要包括哪几个方面？

10-5　数字孪生模型构建的基本要求有哪些？

10-6　制造车间数字孪生车间的构建流程包含哪几个步骤？每个步骤的内容是什么？

10-7　3ds Max 三维建模方法有哪些？

10-8　3ds Max 三维模型优化的关键技术有哪些？

10-9　阐述纹理映射技术中三维模型向二维纹理映射的函数表达过程。

10-10　阐述基于 Unity 3D 的孪生场景构建步骤。

参考文献

陈鸣，朱海华，张泽群，等，2018. 基于信息素的多 Agent 车间调度策略[J]. 中国机械工程, 29(22):2659-2665.

张映锋，赵曦滨，孙树栋，等，2012. 一种基于物联技术的制造执行系统实现方法与关键技术[J]. 计算机集成制造系统，18(12):2634-2642.

邹萍，张华，马凯蒂，等, 2020. 面向边缘计算的制造资源感知接入与智能网关技术研究[J]. 计算机集成制造系统, 26(1): 40-48.

CAI Q X, TANG D B, ZHU H H, et al., 2018. Research on key technologies for immune monitoring of intelligent manufacturing system[J]. The international journal of advanced manufacturing technology, 94(5): 1607-1621.

DANGANA M, HUSSAIN S, ANSARI S, et al., 2024. A Digital Twin(DT) approach to Narrow-Band Internet of Things (NB-IoT) wireless communication optimization in an industrial scenario[J]. Internet of things, 25: 101113.

GU W B, LIU S Q, GUO Z Y, et al., 2024. Dynamic scheduling mechanism for intelligent workshop with deep reinforcement learning method based on multi-agent system architecture[J]. Computers & industrial engineering, 191: 110155.

GUO L, HE Y L, WAN C C, et al., 2024. From cloud manufacturing to cloud–edge collaborative manufacturing[J]. Robotics and computer-integrated manufacturing, 90: 102790.

LI X W, HUANG Z X, NING W H, 2023. Intelligent manufacturing quality prediction model and evaluation system based on big data machine learning[J]. Computers and electrical engineering, 111: 108904.

LIU C C, ZHU H H, TANG D B, et al., 2023. A transfer learning CNN-LSTM network-based production progress prediction approach in IIoT-enabled manufacturing[J]. International journal of production research, 61(12): 4045-4068.

LIU J, CHEN Y L, LIU Q Z, et al., 2023. A similarity-enhanced hybrid group recommendation approach in cloud manufacturing systems[J]. Computers & industrial engineering, 178: 109128.

NIU H Y, WU W M, XING Z C, et al., 2023. A novel multi-tasks chain scheduling algorithm based on capacity prediction to solve AGV dispatching problem in an intelligent manufacturing system[J]. Journal of manufacturing systems, 68: 130-144.

PRAJAPATI D K, MATHIYAZHAGAN K, AGARWAL V, et al., 2024. Enabling industry 4.0: assessing technologies and prioritization framework for agile manufacturing in India[J]. Journal of cleaner production, 447: 141488.

SHENG J Z, ZHANG Q Y, LI H, et al., 2023. Digital twin driven intelligent manufacturing for FPCB etching production line[J]. Computers & industrial engineering, 186: 109763.

SU J Y, HUANG J, ADAMS S, et al., 2022. Deep multi-agent reinforcement learning for multi-level preventive maintenance in manufacturing systems[J]. Expert systems with applications, 192: 116323.

TAN K H, LIM C P, PLATTS K, et al., 2006. An intelligent decision support system for manufacturing technology investments[J]. International journal of production economics, 104(1): 179-190.

TSOKOV T, KOSTADINOV H, 2024. Dynamic network-aware container allocation in Cloud/Fog computing with mobile nodes[J]. Internet of things, 26: 101211.

VrABIČ R, ERKOYUNCU J A, FARSI M, et al., 2021. An intelligent agent-based architecture for resilient digital twins in manufacturing[J]. CIRP annals, 70(1): 349-352.

WANG H, WANG C Z, LIU Q, et al., 2024. A data and knowledge driven autonomous intelligent manufacturing system for intelligent factories[J]. Journal of manufacturing systems, 74: 512-526.

Xu Z C, ZHU T, LUO F L, et al., 2024. A review: insight into smart and sustainable ultra-precision machining augmented by intelligent

IoT[J]. Journal of manufacturing systems, 74: 233-251.

ZHANG J W, CUI H L, YANG A L, et al., 2023. An intelligent digital twin system for paper manufacturing in the paper industry[J]. Expert systems with applications, 230: 120614.

ZHANG W Y, ZHANG X H, GAN J, 2024. Integrated decision of production scheduling and condition-based maintenance planning for multi-unit systems with variable replacement thresholds[J]. Journal of manufacturing systems, 74: 647-664.

ZHANG Y, ZHU H H, TANG D B, et al., 2022. Dynamic job shop scheduling based on deep reinforcement learning for multi-agent manufacturing systems[J]. Robotics and computer-integrated manufacturing, 78: 102412

ZHENG C, DU Y Y, SUN T F, et al., 2023. Multi-agent collaborative conceptual design method for robotic manufacturing systems in small- and mid-sized enterprises[J]. Computers & industrial engineering, 183: 109541.

ZHU H H, WANG J J, LIU C C, et al., 2024. An MBD-driven order remaining completion time prediction method based on SSA-BiLSTM in the IoT-enabled manufacturing workshop[J]. International journal of production research, 62 (10) : 3559-3584.

ZHU H H, GAO J, LI D B, et al., 2012. A Web-based product service system for aerospace maintenance, repair and overhaul services[J]. Computers in industry, 63 (4) : 338-348.